Pseudo-Bosoni e Loro Stati Coerenti

Fabio Bagarello

Pseudo-Bosoni e Loro Stati Coerenti

Springer

Fabio Bagarello
Dipartimento di Ingegneria
Università degli Studi di Palermo
Palermo, Italy

ISBN 978-3-031-61184-1 ISBN 978-3-031-61185-8 (eBook)
https://doi.org/10.1007/978-3-031-61185-8

This book is a translation from the English language edition: Pseudo-Bosons and Their Coherent States, by Fabio Bagarello, published by Springer Nature Switzerland AG in 2022.

This Springer imprint is published by the registered company Springer Nature Switzerland AG
The registered company address is: Gewerbestrasse 11, 6330 Cham, Switzerland

Cos'è la matematica? È solo uno sforzo sistematico di risolvere enigmi posti dalla natura.

Shakuntala Devi

La matematica non riguarda numeri, equazioni, calcoli, o algoritmi: riguarda la comprensione.

William Paul Thurston

La ricerca è ciò che sto facendo quando non so cosa sto facendo.

Wernher von Braun

Prefazione

Fare ricerca è divertente! Mi piace quando trovo qualcosa di poco chiaro, e mi piace di più quando capisco cosa sta succedendo. Il punto è che, citando George Bernard Show, *la scienza non risolve mai un problema senza crearne altri dieci*. Per questo motivo, di tanto in tanto, mi costringo a smettere di dedicarmi a nuovi problemi e cerco di utilizzare costruttivamente del tempo per riassumere ciò che ho fatto fino a quel momento. E il modo migliore per chiarire lo stato dell'arte è mettere insieme tutti i risultati dandogli la forma di un libro autoconsistente. Tuttavia, lungo il cammino, a volte incontro bivi che mi portano in direzioni diverse rispetto a quelle che avevo in mente all'inizio della mia avventura. Questo è particolarmente vero per queste note, che, nella mia idea originale, avrebbero dovuto essere un breve articolo su un argomento molto specifico, la formula di Baker-Campbell-Hausdorff per gli operatori pseudo-bosonici. Preparando questo articolo mi sono reso conto che, in relazione a questa formula, c'era molto altro da dire, e da diversi punti di vista: i dettagli matematici sono rilevanti, ma anche le applicazioni fisiche sono di interesse, ovviamente. Allora ho iniziato ad aggiungere materiale al manoscritto originale, e il nuovo materiale richiedeva sempre più discussioni, lemmi, teoremi, test di convergenza, ... E, a un certo punto, è diventato evidente che non stavo più scrivendo un (ormai, lungo) articolo, ma qualcosa di diverso. Per questo motivo ho anche aggiunto del materiale introduttivo nei Capitoli 2 e 3, nel tentativo di rendere il risultato finale, come già ho anticipato, il più possibile autosufficiente. Il risultato è un libro che riguarda essenzialmente vari aspetti degli *operatori scala*[1] di un tipo speciale. Questi sono versioni deformate degli operatori bosonici di distruzione e creazione che tutti coloro che lavorano in meccanica quantistica conoscono molto bene. Discuteremo i set di vettori su cui agiscono, alcune loro apparizioni in meccanica quantistica, nonchè gli stati coerenti collegati a questi operatori di distruzione deformati. Discuteremo anche estensioni alle distribuzioni del nostro framework, e l'uso dei nostri particolari stati coerenti nel calcolo delle probabilità di transizione.

[1] Purtroppo non ho trovato una traduzione migliore di questa per *ladder operators*. Ci dovremo accontentare ...

Spero davvero che la lettura di queste note sarà interessante, e forse ispiratrice, per voi. Nel frattempo ... buona lettura!

Ringraziamenti

Scrivere un libro è un compito arduo! Servono risultati da descrivere, tempo per metterli nella giusta prospettiva, più tempo per scrivere, e ancora altro tempo per finalizzare il progetto. Nel frattempo la vita continua (e molto probabilmente non si preoccupa affatto del tuo libro e di qualsiasi altro progetto tu possa avere!) ...

Ma il tempo non è l'unico ingrediente! Più del tempo, ho bisogno di amici che mi aiutino durante il mio lavoro, e di un ambiente amichevole intorno a me per lavorare senza distrazioni ... o con distrazioni piacevoli. E i miei amici meritano molti ringraziamenti per il loro continuo sostegno. Quindi, grazie Jean Pierre (Gazeau), Camillo (Trapani), Franco (Oliveri), Francesco (Gargano), Miloslav (Znojil), Sergii (Kużel), Hiroshi e Atsushi (Inoue), Andreas (Fring) e Joshua (Feinberg). Siete stati preziosi, e molto pazienti, tutti questi anni! E non è ancora finita! Vorrei anche ringraziare Federico Roccati per avere letto il manoscritto in una versione quasi definitiva. E permettetemi di ringraziare anche i miei meravigliosi *magnifici sei*, sempre al mio fianco, in un modo o nell'altro: Angelo, Cosimo, Fino, Graziella, Ina, Vincenzo. Grazie mille ...

Come sempre, dedico questo libro ai miei amati genitori, Giovanna e Benedetto, e a Federico, Giovanna e Grazyna, con tutto il mio amore. Non riesco davvero a immaginare qualcosa di meglio che condividere i miei giorni con voi!

Palermo
15 ottobre 2021

Prefazione alla traduzione in italiano

Questa traduzione nasce dalla mia curiosità, come del resto frutto della curiosità era anche il libro nella sua versione originale. Ma si tratta di un interesse di natura diversa: mentre l'originale era la sintesi di una serie di ricerche fatte ed in fieri, e quindi aveva una natura puramente scientifica, questa traduzione è stata voluta, in primis, dalla Dott.ssa Scalone (che ringrazio molto) della Springer che mi ha chiesto se fossi interessato a vedere cosa l'intelligenza artificiale sarebbe riuscita a produrre traducendo il mio testo dall'inglese. Visto il gran parlare che si fa ultimamente di IA, e di ChatGPT, mi sono detto: *perchè no!* Infatti, un progetto di questa natura mi avrebbe messo in una situazione ideale per capire quanto sia affidabile l'IA per una traduzione scientifica. E quindi ho accettato con piacere, e devo confessare che il risultato è stato discreto. Tuttavia mi fa piacere (in fondo) aggiungere che *si potrebbe fare di meglio*. Infatti, rileggendo il risultato della traduzione di ChatGPT, sono dovuto intervenire molte volte per cambiare qualcosa che non mi piaceva stilisticamente (e fin qui, non è colpa della IA), ma anche qualche parola sbagliata (qualche maschile scambiato col femminile e viceversa, ad esempio), o qualcosa che proprio non aveva senso (ma poca roba, in realtà). Il risultato è quello che avete tra le vostre mani (o sul vostro tablet ...). Voglio quindi puntualizzare che tutto ciò che vi piacerà è senza dubbio merito mio, mentre tutto quello che vi farà storcere il naso è colpa di ChatGPT. Tanto, almeno ancora per un pò, è difficile che ChatGPT possa smentirmi ...

Un ultimo commento mi sembra doveroso: chi fa ricerca, volente o nolente, usa l'inglese per comunicare, per leggere e per scrivere. La terminologia scientifica è quindi *fortemente inglese*. Questo vuol dire che tradurre un libro scientifico in italiano (anche un proprio libro!) può porre chi traduce di fronte a dei termini che semplicemente non hanno analogo in italiano. E quindi ci vuole della fantasia, ed il risultato non sempre risulta particolarmente elegante o gradevole. Scusatemi! Ho fatto del mio meglio, ma il mio meglio spesso è stato appena sufficiente ... Ed il mio pensiero va a chi traduce un testo letterario, che si trova davanti gli stessi problemi che ho incontrato io, ma *moltiplicati per* 10^{10}: non è certo la stessa cosa tradurre un testo di matematica ed un testo di Daniel Pennac, o di James Joyce, giusto per citare due grandi letterati dalla prosa non completamente *lineare*. Lavorare su questa traduzione mi ha spinto ad apprezzarli ancora di più …

Palermo
27 febbraio 2024

Indice

1 Introduzione

Queste note si basano su una semplice osservazione, che è apparsa sempre più evidente durante i miei recenti tentativi di utilizzare stati coerenti nel calcolo di alcune probabilità di transizione per alcuni specifici sistemi meccanici quantistici descritti da Hamiltoniane non autoaggiunte. La mia idea era di estendere ciò che era stato originariamente fatto in [31], in connessione con il modello di Swanson, ad altre situazioni fisiche interessanti. Poiché l'Hamiltoniana di Swanson è manifestamente non autoaggiunta, e poiché può essere scritta in termini di operatori scala pseudobosonici, sembrava naturale utilizzare stati coerenti di un tipo speciale, gli stati bi-coerenti, per calcolare l'integrale funzionale per il modello. Tuttavia, cercando queste altre applicazioni, mi sono reso conto che molte affermazioni ragionevoli sugli stati bi-coerenti sono state fatte negli ultimi anni, ma solo poche di esse sono state dimostrate in dettaglio. Molte formule sembrano naturali, anche perché sono le esatte controparti delle formule analoghe per gli stati coerenti. Ma è chiaro che se qualcosa è *ragionevole* non significa necessariamente che sia anche *vera*. Ad esempio, gli autostati di un Hamiltoniana non autoaggiunta H con spettro puramente discreto non risultano essere necessariamente una base in $\mathcal{H}$, lo spazio di Hilbert dove H è definita. Tuttavia, nella letteratura fisica questo è spesso dato per scontato, proprio perché è ragionevole.

Un altro esempio importante (per noi) della differenza tra ciò che è ragionevole e ciò che è vero è fornito dalla formula di Baker-Campbell-Hausdorff (BCH) collegata all'operatore di spostamento e agli operatori di annichilazione e creazione bosonica. Questa formula si trova ovunque nella letteratura fisica sugli stati coerenti ma, quando ho provato a cercare una sua dimostrazione matematicamente rigorosa, è stato abbastanza difficile trovare qualcosa. Due monografie orientate matematicamente su questo e su argomenti correlati sono [50, 79], dove in effetti sono dedotti alcuni risultati interessanti, matematicamente rigorosi, collegati alla formula BCH. Ce ne sono pochi altri, [108] ad esempio, ma non molti. Questo fatto mi ha sorpreso, poiché gli operatori scala bosonici c e $c^\dagger$, che obbediscono alla regola di commutazione $[c, c^\dagger] = 1\!\!1$, si incontrano frequentemente in meccanica quantistica. Qui $1\!\!1$ è l'operatore identità nello spazio di Hilbert $\mathcal{H}$ dove gli operatori c e $c^\dagger$ agiscono.

F. Bagarello, *Pseudo-Bosoni e Loro Stati Coerenti*,
https://doi.org/10.1007/978-3-031-61185-8_1

Ma c e $c^\dagger$ sono illimitati e quindi uguaglianze come

$$e^{zc^\dagger - \overline{z}c} = e^{zc^\dagger} e^{-\overline{z}c} e^{-\frac{1}{2}|z|^2} = e^{-\overline{z}c} e^{zc^\dagger} e^{\frac{1}{2}|z|^2}$$

appaiono, quantomeno, pericolose. Naturalmente, $D(z) = e^{zc^\dagger - \overline{z}c}$ è un operatore unitario, e quindi può essere definito in tutto $\mathcal{H}$. Ma che dire di $e^{zc^\dagger}$? E di $e^{-\overline{z}c}$? E, ancora peggio, che dire dei loro prodotti? Questi sono tutti operatori illimitati, e dovrebbero essere soddisfatte serie condizioni sui loro domini e sulle loro immagini, se abbiamo bisogno di dare un significato alla formula BCH sopra[1]. Il problema è ancora più complicato se c e $c^\dagger$ sono sostituiti dagli operatori pseudo-bosonici a e b, come in [14]. Essi soddisfano la regola di commutazione $[a, b] = \mathbb{1}$, in un senso appropriato, ma non c'è bisogno di richiedere che risulti $b = a^\dagger$. Infatti, il caso interessante è proprio quando questa uguaglianza non è vera. In questo caso, l'analogo dell'operatore di spostamento $D(z)$ sopra è $e^{zb - \overline{z}a}$, che non è unitario, e non è neanche necessariamente limitato. Tuttavia, questo è esattamente il tipo di operatori che appare quando si lavora con stati bi-coerenti, ed in questa prospettiva è molto rilevante per noi. Questo spiega perché il mio interesse originale è passato da una migliore comprensione della formula BCH *standard*, alla possibilità di estendere questa formula in altri contesti, e agli operatori pseudo-bosonici in particolare, mantenendo il rigore matematico delle mie derivazioni. È stato quindi del tutto naturale vedere se questa formula BCH estesa potesse essere utilizzata in connessione con qualche nuovo tipo di stati coerenti, ancora collegati con la struttura pseudo-bosonica, e vedere se questa nuova classe di vettori, chiamati stati bi-coerenti, possa essere di qualche utilità nel calcolo di alcuni integrali funzionali particolari e di alcune probabilità di transizione. Per evitare tutte le possibili costrizioni e limitazioni legate all'uso del teorema spettrale, che di solito non è lo strumento più appropriato quando si tratta di operatori illimitati e non autoaggiunti, ho deciso di utilizzare, nella maggior parte dei casi, un *approccio di forza bruta*, dimostrando la convergenza delle serie rilevanti, ma adottando un controllo preliminare per verificare che le formule che stavo considerando fossero ben definite. Per questo motivo, abbastanza spesso, i risultati che sono discussi in alcune parti di queste note non sono nuovi. In particolare, la maggior parte dei risultati discussi nel Capitolo 4 possono sembrare molto noti a qualsiasi fisico. Tuttavia, almeno questa è la mia speranza, possono essere di qualche interesse per le persone più interessate al rigore matematico in meccanica quantistica. Fortunatamente, ce ne sono molte! Dovrei aggiungere che, a mia conoscenza, il modo in cui questi *risultati ben noti* sono dedotti qui non è considerato altrove nella letteratura esistente. Per questo motivo, in un certo senso, queste note hanno una doppia natura: da un lato, sono organizzate come una monografia pedagogica sugli stati coerenti e bi-coerenti e su argomenti correlati, ma, dall'altro lato, contengono anche alcuni nuovi risultati, insieme ad alcuni vecchi risultati dedotti in nuovi modi.

[1] In realtà, la formula BCH è qualcosa di più generale. Coinvolge l'uguaglianza $e^Z = e^X e^Y$, dove X, Y e Z sono tutti operatori. Tuttavia, in vista del nostro interesse per gli stati coerenti, chiameremo formula BCH quella in cui X e Y sono proporzionali a operatori scala di qualche tipo, come c e $c^\dagger$, o altri operatori scala che considereremo nel seguito.

Il manoscritto è organizzato come segue:

Nel Capitolo 2, dopo alcuni preliminari di analisi funzionale, richiameremo alcuni fatti ben noti sulle relazioni di commutazione canonica (CCR). Nella seconda parte del capitolo mostreremo come queste relazioni possano essere deformate in un modo che produce una matematica interessante e che può essere applicata a diversi sistemi fisici. Saranno considerate diverse situazioni, con un focus generale sulla natura di tipo scala degli operatori coinvolti nei commutatori deformati.

Nel Capitolo 3 adatteremo l'analisi condotta per le CCR deformate ad altre situazioni interessanti. In particolare, discuteremo cosa succede quando si deformano le relazioni di anti-commutazione canonica (CAR) e le relazioni di commutazione *quoniche*. Dopo di che, introdurremo brevemente un'algebra di Heisenberg generalizzata, e mostreremo come anche questa possa essere deformata. Il Capitolo 3 contiene anche una sezione sui cosiddetti *operatori scala astratti*, dove, come per l'algebra di Heisenberg generalizzata, ciò che è rilevante è la regola di commutazione tra l'operatore scala e l'Hamiltoniana del sistema fisico.

Nel Capitolo 4 adottiamo il già citato *approccio di forza bruta* per dedurre la formula BCH e molte altre formule che, in un modo o nell'altro, sono collegate ad essa e agli operatori di spostamento, ed a altri operatori analoghi che giocheranno un ruolo in queste note, in connessione con stati coerenti e stati bi-coerenti. L'approccio che seguiamo implica molti calcoli e stime, ma crediamo che chiarisca diversi aspetti della formula BCH che spesso non vengono veramente considerati nella letteratura.

Il Capitolo 5 è dedicato a una descrizione piuttosto generale degli autovettori degli operatori di annichilazione considerati nel Capitolo 2, considerando diverse classi di questi *stati bi-coerenti* (BCSs), ogni classe associata a operatori di distruzione (o di abbassamento) di un certo tipo. In particolare, mostriamo come tutti questi BCSs risultino essere esempi particolari di un teorema piuttosto generale che fornisce condizioni sufficienti molto miti per l'esistenza dei BCSs stessi. Nello stesso capitolo discutiamo anche il ruolo degli operatori di tipo spostamento nella costruzione di questi vettori. Questo non è un compito facile, come vedremo, poiché si perde l'unitarietà dell'operatore di spostamento originale $D(z)$.

Il Capitolo 6 contiene alcuni esempi molto specifici dei nostri BCSs per le varie classi di deformazioni considerate nei Capitoli 2 e 5.

Motivati da sistemi fisici interessanti e da alcuni problemi di meccanica quantistica, nel Capitolo 7 proponiamo un'estensione sia degli operatori scala che dei BCSs allo spazio delle distribuzioni. In particolare, introduciamo le nozioni di pseudo-bosoni deboli e di BCSs deboli.

Il Capitolo 8, dopo una discussione piuttosto generale sull'evoluzione temporale dei sistemi quantistici guidati da Hamiltoniane non autoaggiunte, contiene un'applicazione dei BCSs al calcolo di alcune probabilità di transizione, utilizzando l'approccio tipico dell'integrale funzionale. In particolare, mostriamo come utilizzare gli BCSs dei cosiddetti *operatori scala traslati* in questo tipo di calcoli, producendo sia risultati esatti che risultati approssimati, e confrontando tali risultati per validare il nostro approccio.

Nel Capitolo 9 proponiamo le nostre conclusioni e i nostri piani per il futuro.

Concludiamo questo libro con diverse Appendici, che contengono alcuni risultati tecnici che vengono utilizzati nella parte principale del manoscritto, o che semplicemente sono interessanti per noi.

Bosoni e pseudo-bosoni 2

In questo capitolo, dopo una breve riassunto di alcuni risultati di analisi funzionale che sono rilevanti per noi, e delle CCR, descriveremo in dettaglio un modo interessante per deformare queste ultime, e discuteremo cosa otteniamo da questa deformazione.

2.1 Alcuni ingredienti matematici essenziali

Questa breve sezione è destinata a fornire un riassunto di fatti rilevanti di analisi funzionale che saranno utilizzati nella parte rimanente di queste note. Altre proprietà utili saranno introdotte dove necessario. Rimandiamo il lettore interessato a uno qualsiasi dei molti bei libri esistenti su questo argomento. Qui, giusto per citarne alcuni, suggeriamo [79, 106, 109–111]. Naturalmente, se il lettore ha già qualche conoscenza di analisi funzionale e di teoria degli operatori, può tranquillamente saltare questo paragrafo.

Uno spazio di Hilbert $\mathcal{H}$ è uno spazio vettoriale lineare su $\mathbb{C}$ dotato di una mappa $\langle .,. \rangle : \mathcal{H} \times \mathcal{H} \to \mathbb{C}$, chiamata *prodotto scalare*, che ha le seguenti proprietà:

1. $\langle f, g \rangle = \overline{\langle g, f \rangle}, \quad \forall f, g \in \mathcal{H}$;
2. $\langle f, \alpha g + \beta h \rangle = \alpha \langle f, g \rangle + \beta \langle f, h \rangle$, $\forall f, g, h \in \mathcal{H}$ e $\forall \alpha, \beta \in \mathbb{C}$;
3. $\langle f, f \rangle \geq 0, \quad \forall f \in \mathcal{H}$, e, in particolare, $\langle f, f \rangle = 0$ se e solo se $f = 0$.

Il prodotto scalare può essere utilizzato per definire una *norma* su $\mathcal{H}$: $\|f\| := \sqrt{\langle f, f \rangle}$, $f \in \mathcal{H}$. Lo spazio $\mathcal{H}$ dotato di un prodotto scalare $\langle .,. \rangle$, e la sua norma connessa $\|.\|$, è uno spazio di Hilbert se è anche completo in norma, cioè, se tutte le sequenze $\{f_n \in \mathcal{H}\}$ che sono di Cauchy in norma[1] ammettono limite in $\mathcal{H}$: esiste un elemento $f \in \mathcal{H}$ e, $\forall \epsilon > 0$, $\exists M_\epsilon > 0$ tale che, per tutti gli $n > M_\epsilon$, risulta $\|f_n - f\| < \epsilon$. Scriviamo di solito $f = \lim_{n,\infty} f_n$ o, a volte, $f = \|.\| - \lim_{n,\infty} f_n$, se vogliamo sottolineare la topologia in cui si ha la convergenza. Per semplificare la

[1] Questo significa che, $\forall \epsilon > 0$, esiste un intero $N_\epsilon > 0$ tale che, per tutti gli $n, m > N_\epsilon$, $\|f_n - f_m\| < \epsilon$.

F. Bagarello, *Pseudo-Bosoni e Loro Stati Coerenti*,
https://doi.org/10.1007/978-3-031-61185-8_2

notazione, a volte, scriveremo anche $f_n \to f$. Valgono le seguenti *disuguaglianze di Schwarz* e *triangolari*: $|\langle f, g\rangle| \leq \|f\|\|g\|$ e $\|f+g\| \leq \|f\| + \|g\|$, $\forall f, g \in \mathcal{H}$.

Dato un insieme di vettori $\mathcal{F}_e = \{e_n \in \mathcal{H},\ n \geq 0\}$, questo è chiamato *ortonormale* se $\langle e_n, e_m\rangle = \delta_{n,m}$, $n, m \geq 0$. Dato $\mathcal{F}_e$, ortonormale o no, questo insieme è detto essere *totale* in $\mathcal{H}$ (a volte chiamato anche *completo*) se l'unico vettore di $\mathcal{H}$ che è ortogonale a tutti gli e_n è il vettore zero: se $g \in \mathcal{H}$ è tale che $\langle g, e_n\rangle = 0\ \forall n \geq 0$, allora $g = 0$. Se $\mathcal{F}_e$ è ortonormale, allora il fatto che $\mathcal{F}_e$ sia totale è equivalente al suo essere una base per $\mathcal{H}$:

Teorema 2.1.1 *Sia $\mathcal{F}_e = \{e_n \in \mathcal{H},\ \langle e_n, e_m\rangle = \delta_{n,m},\ n, m \geq 0\}$ un insieme ortonormale di vettori di $\mathcal{H}$. Le seguenti affermazioni sono equivalenti:*

1. *$\mathcal{F}_e$ è totale in $\mathcal{H}$.*
2. *$\mathcal{F}_e$ è una base per $\mathcal{H}$. Questo significa che, $\forall f \in \mathcal{H}$, f può essere espanso come segue:*

$$f = \sum_{n=0}^{\infty} \langle e_n, f\rangle e_n. \tag{2.1}$$

3. *$\mathcal{F}_e$ soddisfa la seguente uguaglianza:*

$$\langle f, g\rangle = \sum_{n=0}^{\infty} \langle f, e_n\rangle\langle e_n, g\rangle, \tag{2.2}$$

   $\forall f, g \in \mathcal{H}$.

4. *$\mathcal{F}_e$ soddisfa l'identità di Parseval:*

$$\|f\|^2 = \sum_{n=0}^{\infty} |\langle f, e_n\rangle|^2, \tag{2.3}$$

   $\forall f \in \mathcal{H}$.

Osservazioni (1) Il motivo per cui chiamiamo $\mathcal{F}_e$ una base è collegato all'espansione in (2.1), che estende allo spazio di Hilbert infinito-dimensionale l'espansione *standard* per gli spazi vettoriali di dimensione finita. In generale, un insieme (non necessariamente ortonormale) $\mathcal{F}_g = \{g_n \in \mathcal{H},\ n \geq 0\}$ è una base per $\mathcal{H}$ se, per tutti $h \in \mathcal{H}$, esiste un insieme di coefficienti $\{c_n(h)\}$ (dipendenti da h) tale che

$$h = \sum_{n=0}^{\infty} c_n(h) g_n. \tag{2.4}$$

Ritorneremo su questa situazione più generale nella Sezione 2.1.2.

(2) In particolare, come già anticipato, questo Teorema afferma che, per insiemi ortonormali, $\mathcal{F}_e$ è totale se e solo se $\mathcal{F}_e$ è una base. Va sottolineato che, quando si perde l'ortonormalità, si perde anche questa equivalenza: se $\mathcal{F}_g = \{g_n \in \mathcal{H}\}$ è

una base per $\mathcal{H}$, allora $\mathcal{F}_g$ è totale in $\mathcal{H}$. Ma, se $\mathcal{F}_g$ è totale in $\mathcal{H}$, allora $\mathcal{F}_g$ non deve necessariamente essere una base. Ci riferiamo a [48, 81] per risultati generali sulle basi, e a [14] per alcuni risultati sulle basi in relazione alle Hamiltoniane non autoaggiunte, che sono rilevanti per queste note.

(3) Lo *span lineare* di $\mathcal{F}_e$, $\mathcal{L}_e = l.s.\{e_n\}$, è l'insieme di tutte le combinazioni lineari finite degli e_n. Questo insieme è denso in $\mathcal{H}$: dato un arbitrario $h \in \mathcal{H}$, ed un qualsiasi $\epsilon > 0$, è possibile trovare un elemento di $\mathcal{L}_e$, $h_M := \sum_{k=0}^{M} h_k e_k$, $M < \infty$, tale che $\|h - h_M\| \leq \epsilon$.

(4) A volte, anche in vista dell'equivalenza tra (2.2) e (2.3), chiameremo identità di Parseval anche l'uguaglianza in (2.2).

Analizziamo adesso brevemente la nozione di operatore su $\mathcal{H}$. Naturalmente, esistono generalizzazioni agli spazi di Banach o ad altri spazi vettoriali, ma poiché non sono così rilevanti per noi qui, non includeremo questi casi nella nostra discussione. Un'estensione della nozione di operatore in un contesto distribuzionale sarà invece considerata nel Capitolo 7.

Definizione 2.1.2 *Una mappa T che associa a ciascun elemento di un sottospazio di $\mathcal{H}$, $\mathcal{D} \subseteq \mathcal{H}$, un altro elemento di $\mathcal{H}$ è un operatore lineare se*

$$T(\alpha_1 f_1 + \alpha_2 f_2) = \alpha_1 T(f_1) + \alpha_2 T(f_2), \quad \forall \alpha_1, \alpha_2 \in \mathbb{C}, \quad \forall f_1, f_2 \in \mathcal{D}. \tag{2.5}$$

L'insieme $\mathcal{D}$ è chiamato il dominio di T, e viene spesso indicato come $\mathcal{D}(T)$, mentre l'insieme $R(T) := \{Tf, \forall f \in \mathcal{D}(T)\}$, è il range di T. Il nucleo di T è l'insieme $ker(T) = \{f \in \mathcal{D}(T) : Tf = 0\}$.

L'insieme $\mathcal{D}(T)$ potrebbe coincidere o meno con $\mathcal{H}$. Inoltre, chiedere che T mappi $\mathcal{H}$ in sé stesso non è essenziale, e non è sempre il caso. Ma è quasi immediato generalizzare la Definizione 2.1.2, e tutto ciò che è discusso in questa sezione, agli operatori lineari che operano tra diversi spazi di Hilbert. Questa estensione non è particolarmente rilevante per noi, e non sarà discussa qui.

Ad ogni operatore lineare T può essere associata una norma, definita in uno dei seguenti modi, tutti equivalenti,

$$\|T\| = \sup_{f \in \mathcal{H}, f \neq 0} \frac{\|Tf\|}{\|f\|} = \sup_{\|f\|=1} \|Tf\| = \sup_{\|f\|=\|g\|=1} |\langle Tf, g\rangle| \tag{2.6}$$

Osserviamo che stiamo usando la stessa notazione per la norma dell'operatore e per la norma dei vettori poiché non c'è possibilità di confusione. Un operatore T è *continuo* se, data una sequenza di vettori $\{f_n \in \mathcal{D}(T)\}$ convergente a $f \in \mathcal{D}(T)$, allora la sequenza $\{Tf_n\}$ converge a Tf.

Introduciamo $\mathcal{B}(\mathcal{H}) = \{T, \text{ operatore lineare su } \mathcal{H} : \|T\| < \infty\}$, l'insieme di tutti gli operatori limitati su $\mathcal{H}$. È possibile dimostrare che un operatore lineare T è limitato se e solo se T è continuo.

$\mathcal{B}(\mathcal{H})$ è un algebra (in realtà, un'algebra C^*, [46]). L'essere un'algebra è una caratteristica importante poiché ciò significa che, tra le altre proprietà, gli operatori limitati possono essere moltiplicati, restituendo ancora operatori limitati: se $T, S \in \mathcal{B}(\mathcal{H})$ allora $TS, ST \in \mathcal{B}(\mathcal{H})$. Questo ha un'interpretazione interessante, in vista dell'equivalenza discussa prima: il prodotto di operatori continui è ancora continuo. È anche possibile vedere che, per ogni operatore limitato T, è sempre possibile assumere che $\mathcal{D}(T) = \mathcal{H}$. Questo perché, se T è limitato, possiamo sempre introdurre un nuovo operatore $\hat{T}$, chiamato l'*estensione* di T, che coincide con T nello spazio dove T era originariamente definito, $\mathcal{D}$, ma può anche essere definito opportunamente al di fuori di $\mathcal{D}$. Questa estensione è unica se $\mathcal{D}$ è denso in $\mathcal{H}$.

Osservazione Il caso di $\mathcal{D}$ denso in $\mathcal{H}$ è particolarmente istruttivo, poiché il ruolo della limitatezza di T è essenziale nella costruzione di $\hat{T}$. Infatti, sia $f \in \mathcal{H}$, $f \notin \mathcal{D}$. Allora Tf non è definito. Ma, poiché $\mathcal{D}$ è denso in $\mathcal{H}$, esiste una sequenza $\{f_n \in \mathcal{D}\}$ tale che $f_n \to f$ nella norma di $\mathcal{H}$. Allora $\{f_n \in \mathcal{D}\}$ è una sequenza di Cauchy, e, usando il fatto che T è limitato, anche $\{Tf_n\}$ è una sequenza di Cauchy: $\|Tf_n - Tf_m\| \leq \|T\| \|f_n - f_m\| \leq \epsilon$, per n, m sufficientemente grandi. Concludiamo che, poiché $\mathcal{H}$ è completo, esiste un vettore unico $g \in \mathcal{H}$ tale che $Tf_n \to g$. Allora definiamo $\hat{T} f = g$. Quindi $D(\hat{T}) = \mathcal{H}$.

L'inverso di un operatore lineare $T \in \mathcal{B}(\mathcal{H})$ è un altro operatore lineare, che indichiamo con T^{-1}, che per il momento immaginiamo essere limitato, tale che $TT^{-1} = T^{-1}T = \mathbb{1}$. Qui $\mathbb{1}$ è l'operatore identità su $\mathcal{H}$, che appartiene chiaramente a $\mathcal{B}(\mathcal{H})$, poiché $\|\mathbb{1}\| = 1$. È noto che non tutti gli operatori ammettono un inverso. Ad esempio, una matrice A (che può essere vista come un operatore su uno spazio di Hilbert di dimensione finita) può essere invertita solo se il suo determinante è non nullo. In generale, l'esistenza di T è equivalente al fatto che $R(T)$ sia denso in $\mathcal{H}$ insieme all'esistenza di un numero $\alpha > 0$ tale che $\|Tf\| \geq \alpha \|f\|$, $\forall f \in \mathcal{H}$. Supponiamo ora che T non sia definito in tutto $\mathcal{H}$: $T : \mathcal{D}(T) \to R(T)$, e che T non possa essere esteso a tutto $\mathcal{H}$ come abbiamo mostrato prima. Questo caso è rilevante per gli operatori *non limitati*, cioè per quegli operatori lineari su $\mathcal{H}$ che non appartengono a $\mathcal{B}(\mathcal{H})$. Discuteremo brevemente alcuni fatti sugli operatori non limitati nella Sezione 2.1.1.

Sebbene non tutti gli operatori abbiano un inverso, tutti gli operatori ammettono *aggiunto*. Dato un operatore $T \in \mathcal{B}(\mathcal{H})$ il suo aggiunto $T^\dagger$ è definito dall'uguaglianza

$$\langle f, T^\dagger g \rangle = \langle Tf, g \rangle, \quad \forall f, g \in \mathcal{H}. \tag{2.7}$$

Questa mappa, a volte chiamata *involuzione* o *coniugazione*, soddisfa le seguenti proprietà: $(T + S)^\dagger = T^\dagger + S^\dagger$; $(\alpha T)^\dagger = \overline{\alpha}\, T^\dagger$; $(ST)^\dagger = T^\dagger S^\dagger$ e $(T^\dagger)^\dagger = T$, per tutti i possibili $T, S \in \mathcal{B}(\mathcal{H})$ e $\forall \alpha \in \mathbb{C}$. Inoltre, $\|T^\dagger\| = \|T\|$ e $\|T^\dagger T\| = \|T\|^2$. La prima uguaglianza implica che, se T è limitato, anche $T^\dagger$ è limitato. Estenderemo la definizione dell'aggiunto per gli operatori non limitati più avanti in questa sezione. Qui ci concentriamo sugli operatori limitati, e su alcune particolari famiglie di operatori. In particolare, un operatore lineare U è *unitario* se $UU^\dagger = U^\dagger U = \mathbb{1}$.

Un operatore lineare P è una *proiezione ortogonale* se $P^2 = P^\dagger = P$. È facile verificare che $\|P\| = \|U\| = 1$. Questo significa che entrambi sono limitati. Un operatore $A \in \mathcal{B}(\mathcal{H})$ è *normale* se $AA^\dagger = A^\dagger A$ o, introducendo il commutatore $[X, Y] = XY - YX$ tra gli operatori limitati X e Y, se $[A, A^\dagger] = 0$. Quindi, A è normale se commuta con $A^\dagger$. Ovviamente, questo è il caso se $A = A^\dagger$. In questo caso diciamo che A è *autoaggiunto*. Un operatore limitato $V \in \mathcal{B}(\mathcal{H})$ è *positivo* se $\langle Vf, f\rangle \geq 0, \forall f \in \mathcal{H}$. L'insieme di tutti gli elementi positivi di $\mathcal{B}(\mathcal{H})$ è solitamente chiamato $\mathcal{B}_+(\mathcal{H})$. Qualsiasi $V \in \mathcal{B}_+(\mathcal{H})$ è necessariamente autoaggiunto: $V = V^\dagger$. Il viceversa è chiaramente falso: è sufficiente considerare l'operatore $V = -1\!\!1$. V è autoaggiunto, ma $\langle Vf, f\rangle = -\|f\|^2 < 0$, per tutti gli $f \in \mathcal{H}$ non nulli. Un'analisi generale del cosiddetto *spettro* di un operatore è al di fuori dell'ambito di queste note. Avremo bisogno solo di alcune nozioni sugli *autovalori* ed *autovettori* (o autostati), restringendoci qui agli operatori autoaggiunti limitati. Sia $S \in \mathcal{B}(\mathcal{H})$, $S = S^\dagger$. Un vettore non nullo $f \in \mathcal{H}$ è chiamato un *autovettore* di S con autovalore λ se vale $Sf = \lambda f$. I seguenti fatti sono ben noti: ogni autovalore di $S = S^\dagger$ è reale e $\langle f, g\rangle = 0$, se f e g sono autostati di S corrispondenti a diversi autovalori (reali): $Sf = \lambda f$ e $Sg = \mu g$, $\mu \neq \lambda$. Uno degli aspetti interessanti degli autovalori di un operatore, che di solito non viene indagato nei manuali di meccanica quantistica, [49, 94, 95], è che un operatore può avere tutti autovalori reali anche se non è autoaggiunto. Questo è infatti uno degli aspetti chiave nello sviluppo recente della meccanica quantistica *PT* o *pseudo Hermitiana*, [12, 42, 100], che è anche molto rilevante nell'analisi proposta in queste note. Incontreremo diversi esempi di questa situazione più avanti. Ma, in realtà, è abbastanza facile costruire esempi di operatori manifestamente non autoaggiunti che posseggono solo autovalori reali: supponiamo per un momento che H sia una matrice Hermitiana[2] $n \times n$, che agisce sullo spazio di Hilbert $\mathcal{H}_n = \mathbb{C}^n$ dotato del suo prodotto scalare naturale $\langle .,. \rangle$: $H = H^\dagger$. Chiamiamo $E_1, E_2, \ldots, E_n$, gli autovalori di H, coincidenti o meno, e $f_1, f_2, \ldots, f_n$ i suoi relativi autovettori: $Hf_j = E_j f_j$, $j = 1, 2, \ldots, n$. Come detto prima, ogni E_j è reale. Consideriamo ora una matrice invertibile, non unitaria[3], $n \times n$ S: $\det(S) \neq 0$ e $S^{-1} \neq S^\dagger$. Naturalmente, non è difficile trovare esempi concreti di questo tipo di matrici. In queste condizioni, $H_S = SHS^{-1}$ non è Hermitiana, $H_S \neq H_S^\dagger$, ma possiede gli stessi autovalori reali di H, con autovettori $f_j^{(S)} = Sf_j$, che sono tutti non nulli: $H_S f_j^{(S)} = E_j f_j^{(S)}$. È chiaro che la situazione è ancora più ricca (e spesso più complicata) negli spazi di Hilbert di dimensione infinita. Potrebbe essere interessante notare che questo risultato su H_S può essere compreso come segue: è vero che $H_S \neq H_S^\dagger$, ma è tuttavia possibile definire su $\mathcal{H}_n$ un diverso prodotto scalare, $\langle .,. \rangle_{T_S}$, e una relativa coniugazione $\sharp$, tale che $H_S^\sharp = H_S$. Più in dettaglio, introduciamo la matrice $T_S = (SS^\dagger)^{-1} = (S^\dagger)^{-1}S^{-1} = (S^{-1})^\dagger S^{-1}$, e un nuovo prodotto scalare $\langle f, g\rangle_{T_S} = \langle T_S f, g\rangle$, $f, g \in \mathcal{H}_n$. Questo è effettivamente un prodotto scalare poiché T_S è una matrice strettamente positiva. In particolare, è chiaro che

---

[2] Per le matrici usiamo spesso la parola Hermitiana, piuttosto che autoaggiunta, seguendo la nomenclatura spesso adoperata in fisica.

[3] Altrimenti la costruzione sarebbe ancora valida, ma banale.

$\langle T_S f, f \rangle = \|S^{-1} f\|^2 > 0$ per tutti i vettori f non nulli. Possiamo quindi definire, in analogia con (2.7), una mappa di coniugazione $\sharp$ come segue:

$$\langle Xf, g \rangle_{T_S} = \langle f, X^\sharp g \rangle_{T_S},$$

$f, g \in \mathcal{H}_n$. È chiaro che $\sharp$ dipende da S. In particolare, se $S = 1\!\!1$, $\sharp = \dagger$. Ora, è possibile verificare che $\langle H_S f, g \rangle_{T_S} = \langle f, H_S g \rangle_{T_S}$, il che implica che $H = H^\sharp$. Infatti, con calcoli facili,

$$\begin{aligned}\langle H_S f, g \rangle_{T_S} &= \langle \big((S^{-1})^\dagger S^{-1}\big)\big(SHS^{-1}\big) f, g \rangle = \langle S^{-1} f, HS^{-1} g \rangle = \\ &= \langle S^{-1} f, S^{-1} SHS^{-1} g \rangle = \langle (S^{-1})^\dagger S^{-1} f, SHS^{-1} g \rangle = \langle f, H_S g \rangle_{T_S},\end{aligned}$$

come dovevamo dimostrare. La conclusione è quindi la seguente: nel caso considerato sopra l'involuzione *naturale* $\dagger$ su $\mathcal{H}_n$ dovrebbe (o potrebbe) essere sostituita da un'involuzione diversa, $\sharp$. Tuttavia, come sottolineato in [33], se anche un solo autovalore E_{j_0} di H ha una parte immaginaria non nulla, allora non è possibile trovare **alcun** prodotto scalare $<< .,. >>$ su $\mathcal{H}_n$ tale che $<< Hf, g >>=<< f, Hg >>$. In altre parole, in questo caso H non può essere Hermitiano rispetto ad alcuna possibile coniugazione.

2.1.1 Un breve cenno agli operatori non limitati

Dedichiamo ora qualche parola agli operatori non limitati. Vogliamo sottolineare che la *lista di fatti* che forniremo qui potrebbe apparire estremamente concisa, ed in effetti lo è. Tuttavia, sarà sufficiente per i nostri scopi. Ci riferiamo a [79, 106, 109–111] per molti più dettagli su questi e altri interessanti argomenti di analisi funzionale.

Un operatore limitato T su $\mathcal{H}$, vedi (2.6), deve avere norma finita: $\|T\| < \infty$. Non è quindi una grande sorpresa che un operatore non limitato debba violare questo limite: A è non limitato se $\|A\| = \infty$. Non è difficile costruire semplici esempi di operatori non limitati. Ad esempio, sia $\mathcal{F}_e$ come nel Teorema 2.1.1, e introduciamo un operatore W che agisce su $\mathcal{F}_e$ come segue: $We_n = (1+n^2)e_n$, $n \geq 0$. In altre parole, e_n è uno autostato di W con autovalore $1 + n^2$. Poiché gli e_n sono normalizzati, abbiamo

$$\|W\| = \sup_{\|f\|=1} \|Wf\| \geq \sup_{n\geq 0} \|We_n\| = \sup_{n\geq 0}(1+n^2)\|e_n\| = \sup_{n\geq 0}(1+n^2) = \infty.$$

Quindi W è non limitato. Osserviamo che W può essere pensato come l'inverso di un operatore limitato, B, che agisce su $\mathcal{F}_e$ come segue: $Be_n = (1+n^2)^{-1}e_n$. In questo caso è facile verificare che $\|B\| \leq 1$, e che $BWe_n = WBe_n = e_n$, per tutti n. Questo semplice esempio mostra che esistono operatori limitati che sono invertibili, ma il cui inverso è non limitato. Quindi $\mathcal{B}(\mathcal{H})$ è chiuso sotto l'azione di $\dagger$ (se $S \in \mathcal{B}(\mathcal{H})$ allora $S^\dagger \in \mathcal{B}(\mathcal{H})$), ma non è chiuso sotto l'inversione: se $S \in \mathcal{B}(\mathcal{H})$, anche se S^{-1} esiste (cosa che non è garantita, come abbiamo già osservato), non sappiamo a priori se S^{-1} appartiene o meno a $\mathcal{B}(\mathcal{H})$.

Un altro esempio, che è molto illuminante per quello che discuteremo più avanti in queste note, è il seguente: *non è possibile trovare due elementi A e B in $\mathcal{B}(\mathcal{H})$ tali che* $[A, B] = \mathbb{1}$. Infatti, supponiamo al contrario di poterlo fare: abbiamo quindi $A, B \in \mathcal{B}(\mathcal{H})$ tali che $[A, B] = \mathbb{1}$. Allora, un semplice argomento di induzione su n mostra che $(n+1)B^n = AB^{n+1} - B^{n+1}A$, $\forall n \geq 0$. Ma allora

$$(n+1)\|B^n\| = \|(n+1)B^n\| = \|A\,B^{n+1} - B^{n+1}\,A\| \leq 2\,\|A\|\,\|B^{n+1}\| \leq \\ \leq 2\,\|A\|\,\|B\|\,\|B^n\|.$$

Quindi, se $\|B^n\| \neq 0$, $(n+1) \leq 2\,\|A\|\,\|B\|$ per tutti gli $n \in \mathbb{N}$, il che è incompatibile con l'ipotesi che sia A che B siano limitati. Se invece $\|B^n\| = 0$, allora $B^n = 0$. Questo, da solo, non implicherebbe automaticamente che risulti anche $B = 0$. Tuttavia, poiché abbiamo $n\,B^{n-1} = [A, B^n] = [A, 0] = 0$, allora avremmo anche $B^{n-1} = 0$. E così via. In questo modo, concludiamo che $B = 0$, per cui $[A, B] = 0$, il che è in contrasto con la nostra ipotesi originale sul commutatore, $[A, B] = \mathbb{1}$. Quindi concludiamo che, se $[A, B] = \mathbb{1}$, almeno uno dei due operatori A e B deve essere non limitato.

Per un operatore non limitato T il dominio di definizione, $\mathcal{D}(T)$, è un sottospazio di $\mathcal{H}$. Ma, per essere significativo, $\mathcal{D}(T)$ deve essere *abbastanza grande*. In particolare, $\mathcal{D}(T)$ deve essere denso in $\mathcal{H}$. Ad esempio, $\mathcal{D}(W)$, il dominio dell'operatore W introdotto prima, può essere scritto come segue:

$$\mathcal{D}(W) = \left\{ f = \sum_n c_n e_n \in \mathcal{H} : \sum_n |c_n|^2 (1 + n^2)^2 < \infty \right\},$$

poiché la condizione di sommabilità sui $\{c_n\}$ richiesta dalla definizione di $\mathcal{D}(W)$ garantisce che $Wf \in \mathcal{H}$, se $f \in \mathcal{D}(W)$. Ora, $\mathcal{D}(W)$ è denso in $\mathcal{H}$ poiché contiene $\mathcal{L}_e = l.s.\{e_n\}$, lo span lineare dei vettori di $\mathcal{F}_e$, che è a sua volta denso in $\mathcal{H}$, poiché $\mathcal{F}_e$ è una base per $\mathcal{H}$. Concludiamo allora che W è densamente definito.

Siano $\hat{T}$ e T due operatori su $\mathcal{H}$. In analogia con quanto abbiamo discusso per gli operatori limitati, $\hat{T}$ è un *estensione* di T, e scriviamo $\hat{T} \supset T$, se $\mathcal{D}(\hat{T}) \supset \mathcal{D}(T)$ e se $\hat{T} f = Tf$, $\forall f \in \mathcal{D}(T)$. È utile notare che, rispetto agli operatori limitati, non è possibile estendere in generale T all'intero $\mathcal{H}$.

Un operatore T su $\mathcal{H}$ è *chiuso* se, per ogni sequenza $\{f_n \in \mathcal{D}(T)\}$ convergente a $f \in \mathcal{H}$ e tale che $\{Tf_n\}$ converge a g, allora $f \in \mathcal{D}(T)$ e $g = Tf$. Equivalentemente, T è chiuso se il suo *grafo*, $\Gamma_T = \{(f, Tf),\ f \in \mathcal{D}(T)\}$ è chiuso in $\mathcal{H} \times \mathcal{H}$.

L'operatore T è *chiudibile* se ha un'estensione chiusa. Ogni operatore chiudibile ha un'estensione minima, la sua *chiusura*, $\overline{T}$. Non tutti gli operatori (densamente definiti) sono chiudibili: T è chiudibile se e solo se, per tutte le sequenze $\{f_n \in \mathcal{D}(T)\}$ convergenti a 0 e tali che $Tf_n \to g$, allora $g = 0$. Possiamo definire $\overline{T}$ come segue:

$$\overline{T} f = \|.\| - \lim_n Tf_n,$$

dove $f \in \mathcal{D}(\overline{T}) = \{g \in \mathcal{H} : \exists\{g_n\} \subset \mathcal{D}(T) \text{ con } g_n \to g, \text{ e} : \exists \, \|.\| - \lim_n Tg_n\}$, il *dominio della chiusura* di T. È possibile dimostrare che, se $A \in \mathcal{B}(\mathcal{H})$ è chiudibile, allora $\overline{A} \in \mathcal{B}(\mathcal{H})$ pure. Un'altra interessante relazione tra operatori limitati e chiusi è la seguente: *ogni operatore lineare chiuso definito in tutto $\mathcal{H}$ è limitato.*

Come per il caso limitato, è anche possibile introdurre l'aggiunto di operatori illimitati. Tuttavia, a causa dell'esistenza di problemi di dominio, dobbiamo essere più attenti. Sia A un operatore illimitato su $\mathcal{H}$ e definiamo l'insieme $D(A^\dagger) = \{g \in \mathcal{H} : \exists g_A \in \mathcal{H} \text{ per cui } < f, g_A >=< Af, g >, \forall f \in D(A)\}$. Quindi, preso $g \in D(A^\dagger)$, poniamo $A^\dagger g = g_A$. $A^\dagger$ è l' *aggiunto* di A. Se A è densamente definito, allora $A^\dagger$ è chiuso. Inoltre, A è chiudibile se e solo se $D(A^\dagger)$ è denso in $\mathcal{H}$. Infine, se A è chiudibile, allora $(\overline{A})^\dagger = A^\dagger$. Questi e altri risultati sugli operatori illimitati si possono trovare, ad esempio, in [109].

Il ruolo della mappa aggiunta è molto importante per l'applicazione in meccanica quantistica, poiché tutte le osservabili di un dato sistema fisico sono solitamente assunte essere operatori autoaggiunti (limitati o no), [49, 94, 95]. Abbiamo già visto cosa significa questo requisito per gli operatori limitati, e abbiamo anche commentato la possibilità di avere diversi aggiunti collegati a diversi prodotti scalari definiti sullo stesso spazio di Hilbert. Ora discutiamo brevemente cosa sia un operatore autoaggiunto illimitato. Questa nozione sarà fornita in relazione ad un prodotto scalare fissato.

Prima di tutto, un operatore lineare densamente definito T su $\mathcal{H}$ è *simmetrico* se $T \subset T^\dagger$, cioè se $T^\dagger$ è un'estensione di T: $\mathcal{D}(T) \subset \mathcal{D}(T^\dagger)$ e $Tf = T^\dagger f$, $\forall f \in \mathcal{D}(T)$. Equivalentemente, si può dire che T è simmetrico se $\langle Tf, g\rangle = \langle f, Tg\rangle$, $\forall f, g \in \mathcal{D}(T)$. Incidentalmente osserviamo che questa è esattamente la definizione di operatore autoaggiunto per gli operatori limitati, con $\mathcal{D}(T) = \mathcal{H}$. Per gli operatori illimitati questa condizione non è sufficiente per concludere che T è autoaggiunto. Infatti diciamo che T è autoaggiunto se $T = T^\dagger$, cioè se T è simmetrico e se $\mathcal{D}(T) = \mathcal{D}(T^\dagger)$. La teoria degli operatori autoaggiunti illimitati è estremamente ricca e non sarà ulteriormente discussa qui, eccetto per alcuni risultati che sono utili per noi. Ad esempio, il teorema spettrale è uno strumento molto potente per gli operatori autoaggiunti, ma non vale per gli operatori simmetrici. Rimandiamo il lettore interessato a [109–111] per ulteriori dettagli. Qui vogliamo solo notare che, come per il caso limitato, gli autovalori di un operatore simmetrico[4] sono reali, e che gli autovettori corrispondenti a autovalori diversi sono ortogonali. Inoltre, ogni operatore simmetrico A è sicuramente chiudibile, poiché $\mathcal{D}(A^\dagger) \supset \mathcal{D}(A)$, che è denso. Quindi $\mathcal{D}(A^\dagger)$ è anche denso in $\mathcal{H}$, e ciò implica la chiudibilità di A. Il seguente risultato fornisce delle condizioni su un operatore lineare A che garantiscono che A sia autoaggiunto.

Teorema 2.1.3 *Sia A un operatore simmetrico su $\mathcal{H}$. Le seguenti affermazioni sono equivalenti: (1) A è autoaggiunto; (2) A è chiuso e $ker(A^\dagger \pm i\,1\!\!1) = \{0\}$; (3) $R(A \pm i\,1\!\!1) = \mathcal{H}$.*

---

[4] Quindi a fortiori per gli operatori autoaggiunti.

A volte è utile trovare condizioni che assicurino che un dato operatore non limitato simmetrico ammetta un'estensione autoaggiunta. In linea di principio, tale estensione non deve essere unica, e infatti possono esistere diverse estensioni degli stessi operatori. Qui citiamo solo quella che è rilevante per noi, la cosiddetta *estensione di Friedrichs*. Per far ciò abbiamo bisogno della seguente definizione: un operatore densamente definito e simmetrico A su $\mathcal{H}$ è limitato dal basso se esiste un $\alpha \in \mathbb{R}$ tale che $\langle f, Af\rangle \geq \alpha\|f\|^2$, $\forall f \in \mathcal{D}(A)$. In particolare, se $\alpha = 0$, abbiamo $\langle f, Af\rangle \geq 0$, $\forall f \in \mathcal{D}(A)$, e A è positivo, in analogia con la definizione fornita in $\mathcal{B}(\mathcal{H})$. Ogni operatore S limitato dal basso ammette un'estensione autoaggiunta (di Friedrichs) che è ancora limitata dal basso e con lo stesso valore di α. In particolare, se A è positivo, simmetrico e densamente definito, allora A ammette un'estensione autoaggiunta.

2.1.2 Sistemi biortogonali

In queste note saremo interessati principalmente a quelle che potremmo chiamare *osservabili non autoaggiunte*. Come vedremo, alcuni operatori rilevanti che non sono autoaggiunti, e neanche simmetrici, appariranno come ingredienti essenziali della nostra analisi. Per le Hamiltoniane non autoaggiunte, tuttavia, i relativi autovettori, se esistono, non sono in generale mutuamente ortogonali. Quindi il Teorema 2.1.1 non vale, poiché si basa sull'ipotesi di ortogonalità. Naturalmente, questo potrebbe non sembrare un problema particolare: se partiamo con autovettori di un operatore non autoaggiunto A che, per semplicità, consideriamo per il momento limitato, $Ac_j = a_j c_j$, se tutti gli autovalori a_j sono non degeneri allora l'insieme $\{c_j\}$ potrebbe non essere ortogonale, in generale, ma i vari c_j sono sicuramente linearmente indipendenti. Quindi potremmo adottare la *procedura di Gram-Schmidt* di ortogonalizzazione per produrre un insieme diverso di vettori, $\{c_j'\}$, combinazioni lineari dei c_n, che soddisfano la $\langle c_n', c_m'\rangle = \delta_{n,m}$. Tuttavia, ogni c_n' non è più, in generale, un autostato di A: in altre parole, passando da $\{c_j\}$ a $\{c_j'\}$, acquisiamo l'ortogonalità, ma perdiamo la natura di autovettori che avevamo per l'insieme originale. Se vogliamo mantenere quest'ultima proprietà, un possibile approccio consiste nel sostituire insiemi ortogonali con insiemi di vettori biortogonali, poiché questi insiemi producono ancora *espansioni facili* per i vettori in $\mathcal{H}$, come discuteremo di seguito.

L'estensione meno *problematica* delle basi ortonormali sono le cosiddette *basi di Riesz*: un insieme $\mathcal{F}_f = \{f_n \in \mathcal{H},\ n \geq 0\}$ è una base di Riesz se esiste un operatore limitato T su $\mathcal{H}$, con inverso limitato, insieme a una base ortonormale $\mathcal{F}_e = \{e_n \in \mathcal{H},\ n \geq 0\}$, tale che $f_n = Te_n$, per ogni $n \geq 0$. È chiaro che $\mathcal{F}_f$ è totale in $\mathcal{H}$. Infatti, supponiamo che il vettore $h \in \mathcal{H}$ sia ortogonale a tutti i vettori f_n: $\langle h, f_n\rangle = 0$ per tutti gli n. Allora abbiamo $0 = \langle h, Te_n\rangle = \langle T^\dagger h, e_n\rangle$, $\forall n$, che implica che $T^\dagger h = 0$, usando il fatto che $\mathcal{F}_e$ è totale a causa del Teorema 2.1.1. Ora, poiché $T^\dagger$ è invertibile, $h = 0$, che è quello che dovevamo dimostrare.

Ovviamente, ogni base ortonormale è una particolare base di Riesz, corrispondente alla scelta $T = T^{-1} = \mathbb{1}$. Considerata adesso una base di Riesz $\mathcal{F}_f$, è chiaro che $\langle f_n, f_m\rangle \neq \delta_{n,m}$, in generale. Tuttavia, se consideriamo un terzo insieme di vettori $\mathcal{F}_g = \{g_n = (T^{-1})^\dagger e_n,\ n \geq 0\}$, è facile verificare che (i) $\mathcal{F}_g$ è anch'essa una base di Riesz, e (ii) $\langle f_n, g_m\rangle = \delta_{n,m}$ per tutti n, m: $\mathcal{F}_f$ e $\mathcal{F}_g$ sono *biortonormali*. In questo caso, qualsiasi vettore $f \in \mathcal{H}$ può essere espanso come segue:

$$f = \sum_{n=0}^{\infty} \langle f_n, f\rangle\, g_n = \sum_{n=0}^{\infty} \langle g_n, f\rangle\, f_n. \tag{2.8}$$

Infatti, ad esempio, preso $f \in \mathcal{H}$, possiamo scrivere

$$f = TT^{-1}f = T\sum_{n=0}^{\infty}\langle e_n, T^{-1}f\rangle e_n = \sum_{n=0}^{\infty}\langle (T^{-1})^\dagger e_n, f\rangle (Te_n) = \sum_{n=0}^{\infty}\langle g_n, f\rangle f_n,$$

a causa della continuità di T, ed utilizzando le relazioni di f_n e di g_n con e_n.

Possiamo ulteriormente generalizzare le basi di Riesz considerando le cosiddette *basi di Schauder*. Un insieme $\mathcal{F}_l = \{l_n \in \mathcal{H},\ n \geq 0\}$ è una base di Schauder per $\mathcal{H}$ se ogni vettore $f \in \mathcal{H}$ può essere scritto, univocamente, come una combinazione lineare (in generale) infinita degli l_n: $f = \sum_{n=0}^{\infty} c_n(f) l_n$. Qui $c_n(f)$ sono numeri complessi che dipendono dal vettore f che vogliamo espandere. Questa dipendenza deve poi essere continua: se $\{f_j \in \mathcal{H}\}$ converge a f, allora $c_n(f_j)$ deve convergere a $c_n(f)$, per tutti gli n fissati, quando j diverge. È chiaro che questa definizione estende quelle che abbiamo già visto finora; se $\mathcal{F}_l$ è una base ortonormale, allora $c_n(f) = \langle l_n, f\rangle$ mentre, se $\mathcal{F}_l$ è una base di Riesz con base biortonormale $\mathcal{F}_s = \{s_n\}$, allora $c_n(f) = \langle s_n, f\rangle$. In entrambi i casi la continuità è garantita dalla diseguaglianza di Schwarz. Ad esempio, in quest'ultima situazione, se $f_j \to f$, allora $|c_n(f) - c_n(f_j)| = |\langle s_n, f\rangle - \langle s_n, f_j\rangle| \leq \|s_n\|\|f - f_j\| \to 0$ quando $j \to \infty$, per tutti n fissati. Si è usato il fatto che, essendo $\mathcal{F}_s = \{s_n\}$ una base di Riesz, $\|s_n\|$ è uniformemente limitato in n. Ad esempio, se identifichiamo $\mathcal{F}_s$ con $\mathcal{F}_g$ in (2.8), vediamo che $\|g_n\| = \|(T^{-1})^\dagger e_n\| \leq \|(T^{-1})^\dagger\|\|e_n\| = \|T^{-1}\|$, che è indipendente da n.

Non è difficile vedere che potremmo avere basi biortonormali che non sono basi di Riesz. Un tale esempio è il seguente, con la notazione di (2.8):

$$f_n = (1+n^2)e_n, \qquad g_n = (1+n^2)^{-1}e_n, \qquad n \geq 0,$$

dove $\mathcal{F}_e = \{e_n\}$ è una base ortonormale fissata per $\mathcal{H}$. $\mathcal{F}_f$ e $\mathcal{F}_g$ sono effettivamente basi biortonormali, poiché $\langle f_n, g_m\rangle = \langle e_n, e_m\rangle = \delta_{n,m}$ e

$$\sum_{n=0}^{\infty}\langle f_n, f\rangle g_n = \sum_{n=0}^{\infty}\langle g_n, f\rangle f_n = \sum_{n=0}^{\infty}\langle e_n, f\rangle e_n = f,$$

per tutti $f \in \mathcal{H}$. Tuttavia, $\mathcal{F}_f$ e $\mathcal{F}_g$ non sono basi di Riesz poiché $f_n = We_n$, dove W è l'operatore introdotto all'inizio della Sezione 2.1.1. Abbiamo già visto che W è illimitato, con inverso limitato. Questo non è compatibile con la definizione di base di Riesz.

In generale, $(\mathcal{F}_f, \mathcal{F}_g)$ sono due basi biortonormali se l'espansione in (2.8) vale per tutti $f \in \mathcal{H}$, e se sono biortonormali: $\langle f_n, g_m \rangle = \delta_{n,m}$. Ricordiamo che ogni base $\mathcal{F}_f$ in $\mathcal{H}$ possiede un unico insieme biortonormale $\mathcal{F}_g$ che è anche una base: in altre parole, l'espansione in (2.8) è unica, [48, 81, 123].

È utile sottolineare due principali differenze tra insiemi ortogonali e non ortogonali di vettori, al fine di mostrare che perdere l'ortonormalità può produrre conseguenze spiacevoli. Questa è un'altro esempio esplicito di quanto discusso nell'Introduzione: se qualcosa è *ragionevole* non significa necessariamente che debba essere anche *vero*!

Iniziamo descrivendo un semplice esempio di un insieme che è totale ma non è una base, [81, 123]. Sia $\mathcal{F}_e = \{e_n \in \mathcal{H},\ n \geq 1\}$ una base ortonormale, e introduciamo un nuovo insieme $\tilde{\mathcal{E}} := \{\tilde{e}_n := e_n + e_1,\ n = 2, 3, 4, \ldots\}$. È chiaro che $\tilde{\mathcal{E}}$ non è più ortonormale, ed è facile verificare che è totale: infatti, se $f \in \mathcal{H}$ è tale che $\langle f, \tilde{e}_n \rangle = 0$ per tutti $n = 2, 3, 4, \ldots$, allora si verifica facilmente che $f = 0$ necessariamente. Tuttavia, $\tilde{\mathcal{E}}$ non è una base, poiché e_1 non può essere espanso in termini dei vettori di $\tilde{\mathcal{E}}$. Infatti, supponiamo che ciò possa essere fatto. Allora esistono dei coefficienti complessi α_n tali che $e_1 = \sum_{n=2}^{\infty} \alpha_n \tilde{e}_n$, dove la convergenza è intesa nella norma di $\mathcal{H}$. Ora, ricordando che $\langle e_m, e_1 \rangle = \delta_{m1}$, otterremmo $1 = \left\langle e_1, \sum_{n=2}^{\infty} \alpha_n \tilde{e}_n \right\rangle = \sum_{n=2}^{\infty} \alpha_n$ e, per tutti $m \geq 2$, $0 = \left\langle e_m, \sum_{n=2}^{\infty} \alpha_n \tilde{e}_n \right\rangle = \alpha_m$. Queste uguaglianze sono chiaramente incompatibili. Incidentalmente, il set biortonormale di $\tilde{\mathcal{E}}$ è facilmente identificabile, $\tilde{\mathcal{G}} = \{\hat{g}_n := e_n,\ n \geq 2\}$, ed è chiaro che $\tilde{\mathcal{G}}$ non solo non è una base, ma non è nemmeno totale in $\mathcal{H}$.

La seconda differenza interessante tra insiemi ortonormali e non ortonormali è la seguente: sia $\mathcal{F}_e = \{e_n \in \mathcal{H},\ n \geq 1\}$ un insieme ortonormale e sia $\mathcal{V}$ un sottospazio denso di $\mathcal{H}$. Supponiamo ora che ogni vettore $f \in \mathcal{V}$ possa essere scritto come segue: $f = \sum_n \langle e_n, f \rangle\, e_n$. Allora, tutti i vettori in $\mathcal{H}$ ammettono una espansione simile: $\hat{f} = \sum_n \left\langle e_n, \hat{f} \right\rangle e_n$, $\forall\, \hat{f} \in \mathcal{H}$. Questo significa che $\mathcal{F}_e$ è una base ortonormale per $\mathcal{H}$, [80].

Sostituiamo ora $\mathcal{F}_e$ con un secondo insieme, non più ortonormale, $\mathcal{F}_x = \{x_n \in \mathcal{H},\ n \geq 0\}$. Ancora una volta supponiamo che ogni $f \in \mathcal{V}$ possa essere scritto, in modo unico, come $f = \sum_n c_n(f)\, x_n$, per certi coefficienti $c_n(f)$ dipendenti da f. Allora, non è vero che una espansione simile vale anche per vettori generali in $\mathcal{H}$: $\mathcal{F}_x$ può essere visto come una base per $\mathcal{V}$, ma non per $\mathcal{H}$. Un semplice controesempio può essere trovato in [14].

Concludiamo questa sezione ricordando la principale differenza tra insiemi totali e basi: un insieme $X = \{x_n,\ n \in \mathbb{N}\}$ è totale in $\mathcal{H}$ se, per ogni $f \in \mathcal{H}$ e per ogni $\epsilon > 0$, esiste $N > 0$ e un insieme di coefficienti (complessi) $c_k^{(N)}$, $k = 1, 2, \ldots, N$, tale che $\| f - \sum_{k=1}^{N} c_k^{(N)} x_k \| \leq \epsilon$. Occorre osservare che, in generale, questi coefficienti dipendono da N. Quando **non** dipendono da N, l'insieme X è una base per $\mathcal{H}$ poiché $\| f - \sum_{k=1}^{N} c_k x_k \| \to 0$ per N divergente. Il Teorema 2.1.1 afferma che la totalità di X è equivalente al fatto che X sia una base se i vettori x_n sono mutualmente ortonormali. Altrimenti questo non è vero: ogni base (ortonormale o no) è totale, ma non tutti gli insiemi totali sono basi, come appena discusso.

2.2 Operatori bosonici

Sia c un operatore su uno spazio di Hilbert $\mathcal{H}$ che soddisfa la CCR $[c, c^\dagger] = \mathbb{1}$, dove $c^\dagger$ è l'aggiunto di c e $\mathbb{1}$ è l'operatore identità su $\mathcal{H}$. Qui, e in tutto queste note quando non esplicitamente dichiarato, l'aggiunto è calcolato rispetto al prodotto scalare ordinario su $\mathcal{H}$, $\langle ., . \rangle$. È ben noto che c e $c^\dagger$ sono illimitati, come dedurremo esplicitamente a breve, e quindi la regola di commutazione dovrebbe essere riscritta in un modo più appropriato. Una possibilità per trattare questi operatori consiste nell'adottare un approccio algebrico, come in [4, 7, 113, 120] ad esempio, dove vengono costruite e utilizzate alcune *-algebre di operatori illimitati, contenenti c e $c^\dagger$ tra i loro elementi. Un'altra possibilità, che è quella che adotteremo quasi sempre in queste note, è lavorare con un sottospazio denso di $\mathcal{H}$, $\mathcal{D}$, che è stabile sotto l'azione di c e $c^\dagger$. Infatti, esistono molti esempi di questo tipo. Ad esempio, se $c = \frac{1}{\sqrt{2}}(x + \frac{d}{dx})$, $\mathcal{D}$ è naturalmente identificato con $\mathcal{S}(\mathbb{R})$, l'insieme delle funzioni test su $\mathbb{R}$, cioè di tutte quelle funzioni di classe C^∞ che vanno a zero, insieme alle loro derivate, più velocemente di qualsiasi potenza inversa[5]. È chiaro che, se $f(x) \in \mathcal{S}(\mathbb{R})$, allora $cf(x) \in \mathcal{S}(\mathbb{R})$ e $c^\dagger f(x) \in \mathcal{S}(\mathbb{R})$: $\mathcal{S}(\mathbb{R})$ è stabile sotto l'azione di c e $c^\dagger$. Ora sostituiamo $[c, c^\dagger] = \mathbb{1}$ con la sua versione *più completa*, scrivendo

$$[c, c^\dagger]f = f, \tag{2.9}$$

per tutti $f \in \mathcal{D}$. Se consideriamo un vettore $e_0 \in \mathcal{D}$ che è annullato da c, $c\, e_0 = 0$, è chiaro che tutti i vettori $e_n = \frac{1}{\sqrt{n!}} {c^\dagger}^n e_0$, $n \geq 0$, appartengono a $\mathcal{D}$. L'insieme $\mathcal{F}_e = \{e_n, n \geq 0\}$ è una base ortonormale per $\mathcal{H}$:

$$\langle e_n, e_m \rangle = \delta_{n,m}, \qquad \text{e} \qquad f = \sum_{n=0}^{\infty} \langle e_n, f \rangle \, e_n,$$

$\forall f \in \mathcal{H}$, per cui $\mathcal{L}_e = l.s.\{e_n\}$ è denso in $\mathcal{H}$. La seguente uguaglianza di Parseval vale, come per tutte le basi ortonormali, vedi (2.2):

$$\langle f, g \rangle = \sum_{n=0}^{\infty} \langle f, e_n \rangle \langle e_n, g \rangle, \tag{2.10}$$

$\forall f, g \in \mathcal{H}$, a causa del Teorema 2.1.1.

Adoperando la rappresentazione di c sopra, $c = \frac{1}{\sqrt{2}}(x + \frac{d}{dx})$, se ne deduce che

$$e_n(x) = \frac{1}{\sqrt{2^n n! \sqrt{\pi}}} H_n(x)\, e^{-\frac{x^2}{2}}, \tag{2.11}$$

[5] A volte, in letteratura vengono utilizzate altre rappresentazioni per c. Ad esempio, in alcuni testi c è visto come un operatore su $l^2(\mathbb{N}_0) = \{x = (x_0, x_1, x_2, \ldots), x_j \in \mathbb{C}, \sum_{j=0}^{\infty} |x_j|^2 < \infty\}$. In questo caso, c è rappresentato come una matrice quadrata di dimensione infinita, [49], e un insieme $\mathcal{D}$, denso in $l^2(\mathbb{N}_0)$ che è lasciato stabile da c e $c^\dagger$, è l'insieme delle successioni con solo un numero finito di elementi complessi non zero.

dove $H_n(x)$ è l'n-esimo polinomio di Hermite. È evidente che $e_n(x) \in S(\mathbb{R})$, per tutti $n \geq 0$, quindi vale l'inclusione $\mathcal{L}_e \subset S(\mathbb{R})$. Incidentalmente osserviamo che questa inclusione è stretta, poiché, ad esempio $e^{-x^4} \in S(\mathbb{R})$, ma $e^{-x^4} \notin \mathcal{L}_e$.

L'insieme $\mathcal{F}_e$ ha caratteristiche interessanti, quando considerato in relazione a c e $c^\dagger$. Infatti abbiamo le seguenti

$$c\, e_n = \sqrt{n}\, e_{n-1}, \qquad c^\dagger e_n = \sqrt{n+1}\, e_{n+1}, \tag{2.12}$$

con la convenzione che $e_{-1} = 0$. Una conseguenza immediata di queste *equazioni di scala* è la seguente equazione agli autovalori

$$N_0\, e_n = n\, e_n, \tag{2.13}$$

$n \geq 0$, dove $N_0 = c^\dagger c$ è chiamato *operatore numero*. A causa della (2.12), c è un *operatore di abbassamento* o un *operatore di annichilazione*, mentre $c^\dagger$ è un *operatore di innalzamento* o un *operatore di creazione*. Insieme c e $c^\dagger$ sono chiamati *operatori scala*. Le formule precedenti possono essere facilmente verificate. Infatti abbiamo, ricordando la definizione di e_n

$$c^\dagger e_n = c^\dagger \left(\frac{1}{\sqrt{n!}}\, c^{\dagger^n} e_0 \right) = \sqrt{n+1} \frac{1}{\sqrt{(n+1)!}}\, c^{\dagger^{n+1}} e_0 = \sqrt{n+1}\, e_{n+1}.$$

Per quanto riguarda l'altra equazione in (2.12), ricordiamo prima che $c\, e_0 = 0$. Se $n \geq 1$ abbiamo

$$\begin{aligned}\langle c e_n, e_k \rangle &= \langle e_n, c^\dagger e_k \rangle = \langle e_n, \sqrt{k+1}\, e_{k+1} \rangle = \sqrt{k+1}\, \delta_{n,k+1} = \sqrt{n}\, \delta_{k-1,n} = \\ &= \langle \sqrt{n} e_{n-1}, e_k \rangle.\end{aligned}$$

Quindi $\langle (c e_n - \sqrt{n} e_{n-1}), e_k \rangle = 0$, $\forall k \geq 0$, e la nostra affermazione deriva dal fatto che $\mathcal{F}_e$ è totale in $\mathcal{H}$. Osserviamo poi che, dalle (2.12): $N_0 e_n = c^\dagger (c e_n) = \sqrt{n}\, c^\dagger e_{n-1} = \sqrt{n}\sqrt{(n-1)+1}\, e_{(n-1)+1}$, così che ne segue la (2.13). Incidentalmente osserviamo che (2.12) implica anche che $\mathcal{L}_e$ sia stabile sotto l'azione di c e $c^\dagger$, e quindi anche sotto l'azione di N_0.

Per queste note un aspetto importante di c, $c^\dagger$ e N_0 è il fatto che essi siano operatori non limitati. Una prima indicazione di questa illimitatezza è il fatto che tutti questi operatori coinvolgono derivate spaziali, che non sono definite ovunque in $\mathcal{L}^2(\mathbb{R})$. Ma questo non è sufficiente per concludere che, diciamo, c è illimitato, perché dovremmo anche verificare se c sia chiuso o meno, a causa del teorema del grafico chiuso, [106, 110], che afferma che, se un operatore A è chiuso e definito in tutto lo spazio di Hilbert $\mathcal{H}$, allora A è limitato. Tuttavia, qui è molto più facile verificare direttamente che c è illimitato:

$$\|c\|^2 = \sup_{\|f\|=1} \|c\, f\|^2 \geq \sup_{n\geq 0} \|c\, e_n\|^2 = \sup_{n\geq 0} \langle c\, e_n, c\, e_n \rangle = \sup_{n\geq 0} \langle e_n, N_0\, e_n \rangle = \sup_{n\geq 0} n = \infty.$$

È chiaro che anche $c^\dagger$ e N_0 sono illimitati. Quindi, è necessaria una certa attenzione quando si lavora con questi operatori, e con le funzioni di questi operatori, perché non sono definiti ovunque, in generale. In altre parole, se $f \in \mathcal{H}$ non è scelto in un sottoinsieme adatto di $\mathcal{H}$, potrebbe tranquillamente accadere che risulti, ad esempio, $\|cf\| = \infty$, il che significa che $cf \notin \mathcal{H}$. Questa è infatti la principale *raison d'etre* del Capitolo 4, dove l'illimitatezza di c e $c^\dagger$ in connessione con gli stati coerenti e gli operatori di spostamento sarà analizzata in dettaglio. Un altro aspetto importante riguardante gli operatori considerati in queste note è il fatto che essi siano, in molti casi, non autoaggiunti. In realtà, questo non è un gran problema qui visto che, intanto, N_0 è simmetrico: $\langle N_0 f, g\rangle = \langle f, N_0 g\rangle\ \forall f, g \in D(N_0)$. Inoltre, N_0 è un operatore positivo: $\langle N_0 f, f\rangle = \langle cf, cf\rangle = \|cf\|^2 \geq 0,\ \forall f \in D(N_0)$. Quindi, come discusso in precedenza, vedi anche [106], possiamo considerare l'estensione di Friedrichs di questo operatore, che ancora denotiamo con N_0, che è autoaggiunto. Vedremo in seguito che molti operatori numero non sono invece autoaggiunti, né tanto meno simmetrici.

2.3 Deformare le CCR: risultati generali

Come abbiamo visto prima, utilizzando un operatore c che, insieme al suo aggiunto $c^\dagger$, soddisfa le CCR (2.9), è possibile costruire una struttura funzionale interessante. In particolare, possiamo introdurre una famiglia di vettori, gli e_n, che sono autovettori dell'operatore autoaggiunto N_0 con autovalori $n \in \mathbb{N}_0 = \mathbb{N} \cup \{0\}$, vedi (2.13), che obbediscono ad alcune equazioni di scala, vedi (2.12), e che, tutti insieme, producono un insieme $\mathcal{F}_e$ che risulta essere una base ortonormale per $\mathcal{H}$. Nel corso degli ultimi decenni, è diventato sempre più evidente che alcuni operatori non autoaggiunti possono svolgere un ruolo significativo nell'analisi di alcuni sistemi fisici, [12, 17, 42, 43, 100], poiché esistono problemi specifici della meccanica quantistica in cui la dinamica è meglio descritta da Hamiltoniane *PT-simmetriche* piuttosto che da Hamiltoniane autoaggiunte. Questa evidenza ha prodotto un enorme interesse per una versione estesa della meccanica quantistica, dove il fatto che le osservabili siano o meno autoaggiunte non è considerato un aspetto cruciale. Questo, a sua volta, ha suggerito di considerare operatori scala di diverso tipo, non necessariamente connessi tra loro dalla solita operazione di aggiunzione, e i loro relativi operatori numero. Questi operatori scala, originariamente privi di un background comune e strettamente collegati al sistema fisico concreto analizzato, sono stati poi inseriti in una formulazione matematica piuttosto generale adottando la terminologia *pseudo-bosoni* in [121], ed estendendo la trattazione a *pseudo-fermioni* in seguito, [8, 21]. In questa sezione descriveremo alcuni risultati generali sui pseudo-bosoni, e poi, nel resto di questo capitolo, mostreremo che esistono diverse famiglie di questi operatori, concentrandoci sulle loro differenze e sulle conseguenze di queste differenze. Altre applicazioni fisiche, in particolare agli stati coerenti, ai sistemi dissipativi e alle probabilità di transizione, saranno considerate successivamente in queste note.

Siano a e b due operatori su $\mathcal{H}$, con domini $\mathcal{D}(a)$ e $\mathcal{D}(b)$ rispettivamente, $a^\dagger$ e $b^\dagger$ i loro aggiunti, e sia $\mathcal{D}$ un sottospazio denso di $\mathcal{H}$ tale che $a^\sharp\mathcal{D} \subseteq \mathcal{D}$ e $b^\sharp\mathcal{D} \subseteq \mathcal{D}$, dove $x^\sharp$ è x o $x^\dagger$: supporremo quindi che $\mathcal{D}$ sia stabile sotto l'azione di a, b, $a^\dagger$ e $b^\dagger$. Notiamo che non stiamo richiedendo qui che $\mathcal{D}$ coincida con, ad esempio, $\mathcal{D}(a)$ o $\mathcal{D}(b)$. Tuttavia a causa del fatto che $a^\sharp f$ è ben definito, e appartiene a $\mathcal{D}$ per tutti gli $f \in \mathcal{D}$, è chiaro che $\mathcal{D} \subseteq \mathcal{D}(a^\sharp)$. Analogamente, possiamo anche concludere che $\mathcal{D} \subseteq \mathcal{D}(b^\sharp)$, e che $b^\sharp f \in \mathcal{D}$ per tutti $f \in \mathcal{D}$. Quindi sia abf che baf sono ben definiti, $\forall f \in \mathcal{D}$.

Definizione 2.3.1 *Gli operatori (a, b) sono $\mathcal{D}$-pseudo-bosonici ($\mathcal{D}$-pb) se, per tutti $f \in \mathcal{D}$, abbiamo*

$$a\,b\,f - b\,a\,f = f. \tag{2.14}$$

A volte, per semplificare la notazione, invece di (2.14) scriveremo semplicemente $[a, b] = \mathbb{1}$. Alla luce di quanto abbiamo visto nella sezione precedente, sappiamo che non è possibile avere $a, b \in \mathcal{B}(\mathcal{H})$. Questo è il motivo per cui il ruolo di $\mathcal{D}$ è così rilevante, qui e nel resto di queste note.

Le nostre ipotesi di lavoro sono le seguenti:

Assunzione $\mathcal{D}$-pb 1. esiste un $\varphi_0 \in \mathcal{D}$, non nullo, tale che $a\,\varphi_0 = 0$.

Assunzione $\mathcal{D}$-pb 2. esiste un $\Psi_0 \in \mathcal{D}$, non nullo, tale che $b^\dagger\,\Psi_0 = 0$.

Osservazioni (1) Se $b = a^\dagger$, allora queste due ipotesi si riducono a una sola. Inoltre, in questo caso particolare, la (2.14) diventa la solita CCR, per la quale l'esistenza di un vuoto che appartiene a un insieme invariante ($\mathcal{S}(\mathbb{R})$, per esempio) è ben nota. Quindi, per la CCR, le Assunzioni $\mathcal{D}$-pb 1 e $\mathcal{D}$-pb 2 sono automaticamente vere.

(2) D'altra parte, se a e b sono effettivamente operatori distinti e scollegati, potrebbe facilmente accadere che le Assunzioni $\mathcal{D}$-pb 1 o $\mathcal{D}$-pb 2, o una delle due, non siano soddisfatte. Ad esempio, sia $a = \hat{D}$, l'operatore di derivazione, $(af)(x) = f'(x)$, dove $f(x) \in \mathcal{L}^2(\mathbb{R})$ è tale che $f'(x)$ esiste e appartiene anch'essa a $\mathcal{L}^2(\mathbb{R})$, e sia $b = \hat{x}$, l'operatore di moltiplicazione: $(bg)(x) = xg(x)$, $\forall g(x) \in \mathcal{L}^2(\mathbb{R})$ tale che $xg(x) \in \mathcal{L}^2(\mathbb{R})$. È chiaro, in particolare, che l'unica soluzione regolare dell'equazione $b^\dagger\Psi_0 = 0$, vedi Assunzioni $\mathcal{D}$-pb 2, è la funzione $\Psi_0(x) = 0$. Tuttavia, esistono altre soluzioni della stessa equazione, ma nel dominio delle distribuzioni. Ad esempio, una di queste soluzioni è $\Psi_0(x) = A\delta(x)$, per una costante A arbitraria. È quindi chiaro che l'Assunzione $\mathcal{D}$-pb 2 è violata, se insistiamo che risulti $\mathcal{D} \subset \mathcal{H}$. Questo mostra che non tutti gli operatori $\mathcal{D}$-pb soddisfano le Assunzioni $\mathcal{D}$-pb 1 e $\mathcal{D}$-pb2, e questa è la ragione per cui esse debbano essere verificate esplicitamente, in sistemi concreti. Torneremo su questa situazione distribuzionale nel Capitolo 7, mostrando che sarà effettivamente possibile considerare una versione estesa di quanto proposto in questo capitolo.

La stabilità di $\mathcal{D}$ sotto l'azione di b e $a^\dagger$ implica, in particolare, che $\varphi_0 \in D^\infty(b) := \cap_{k\geq 0} D(b^k)$ e che $\Psi_0 \in D^\infty(a^\dagger)$. Qui $D^\infty(X)$ è il dominio di tutte le potenze dell'operatore X. Di conseguenza

$$\varphi_n := \frac{1}{\sqrt{n!}} b^n \varphi_0, \qquad \Psi_n := \frac{1}{\sqrt{n!}} a^{\dagger^n} \Psi_0, \tag{2.15}$$

$n \geq 0$, sono vettori ben definiti in $\mathcal{D}$ e, quindi, appartengono ai domini di $a^\sharp$, $b^\sharp$ e $N^\sharp$, dove $N = ba$ e $N^\dagger$ è l'aggiunto di N. Introduciamo i set $\mathcal{F}_\Psi = \{\Psi_n,\, n \geq 0\}$ e $\mathcal{F}_\varphi = \{\varphi_n,\, n \geq 0\}$.

È ora semplice dedurre le seguenti relazioni di annichilazione e creazione:

$$\begin{cases} b\,\varphi_n = \sqrt{n+1}\,\varphi_{n+1}, & n \geq 0, \\ a\,\varphi_0 = 0, \quad a\varphi_n = \sqrt{n}\,\varphi_{n-1}, & n \geq 1, \\ a^\dagger \Psi_n = \sqrt{n+1}\,\Psi_{n+1}, & n \geq 0, \\ b^\dagger \Psi_0 = 0, \quad b^\dagger \Psi_n = \sqrt{n}\,\Psi_{n-1}, & n \geq 1, \end{cases} \tag{2.16}$$

così come le seguenti equazioni agli autovalori: $N\varphi_n = n\varphi_n$ e $N^\dagger \Psi_n = n\Psi_n$, $n \geq 0$, dove $N^\dagger = a^\dagger b^\dagger$. Osserviamo per inciso che quest'ultima uguaglianza dovrebbe essere intesa, qui e nel seguito, ristretta a $\mathcal{D}$: $N^\dagger f = a^\dagger b^\dagger f$, $\forall\, f \in \mathcal{D}$. Chiamiamo $\mathcal{D}$ pseudo-bosoni ($\mathcal{D}$-PBs) le *eccitazioni* descritte da φ_n e Ψ_n, allo stesso modo in cui in letteratura si chiamano bosoni quelle descritte dai vettori e_n in (2.11).

Come conseguenza di queste equazioni, scegliendo la normalizzazione di φ_0 e Ψ_0 in modo tale che $\langle \varphi_0, \Psi_0 \rangle = 1$, è facile mostrare che

$$\langle \varphi_n, \Psi_m \rangle = \delta_{n,m}, \tag{2.17}$$

per tutti $n, m \geq 0$. La conclusione è, quindi, che $\mathcal{F}_\varphi$ e $\mathcal{F}_\Psi$ sono insiemi biortonormali di autostati di N e $N^\dagger$, rispettivamente. Questi operatori, che sono manifestamente non autoaggiunti quando $b \neq a^\dagger$, hanno entrambi autovalori interi non negativi. Per questo motivo, sono chiamati *operatori di tipo numero*. Le proprietà che abbiamo dedotto per $\mathcal{F}_\varphi$ e $\mathcal{F}_\Psi$, in principio, non ci permettono di concludere nulla riguardo al fatto che siano anche basi (di Riesz, o meno) per $\mathcal{H}$. Infatti, mostreremo che in alcuni esempi concreti questo non è il caso, mentre in altre situazioni ciò è vero. Con ciò in mente, introduciamo per il momento la seguente ipotesi:

Assunzione $\mathcal{D}$-pb 3. $\mathcal{F}_\varphi$ è una base per $\mathcal{H}$.

Questo equivale a supporre che anche $\mathcal{F}_\Psi$ sia una base, [48, 81, 123]. In particolare, quando $\mathcal{F}_\varphi$ e $\mathcal{F}_\Psi$ sono basi di Riesz per $\mathcal{H}$, i $\mathcal{D}$-PBs sono chiamati *regolari*.

Dimostreremo più avanti che questa ipotesi non è sempre soddisfatta (cioè, ci sono casi in cui $\mathcal{F}_\varphi$ e $\mathcal{F}_\Psi$ non sono basi di Riesz o nemmeno basi) mentre, in tutte le situazioni concrete considerate finora, è vero che $\mathcal{F}_\varphi$ e $\mathcal{F}_\Psi$ sono totali in $\mathcal{H} = \mathcal{L}^2(\mathbb{R})$. Per questo motivo, è più ragionevole sostituire l'Assunzione $\mathcal{D}$-pb 3 con una sua versione più debole, che produce comunque diversi risultati interessanti e, aspetto forse più rilevante, è soddisfatta anche quando l'Assunzione $\mathcal{D}$-pb 3 non vale. Chiediamo valga la seguente:

Assunzione $\mathcal{D}$-pbw 3. $\mathcal{F}_\varphi$ e $\mathcal{F}_\Psi$ sono $\mathcal{G}$-quasi basi, per qualche sottospazio $\mathcal{G}$ denso in $\mathcal{H}$.

Ciò significa che, $\forall f, g \in \mathcal{G}$, valgono le seguenti identità

$$\langle f, g\rangle = \sum_{n\geq 0}\langle f, \varphi_n\rangle\langle \Psi_n, g\rangle = \sum_{n\geq 0}\langle f, \Psi_n\rangle\langle \varphi_n, g\rangle, \tag{2.18}$$

che, come è chiaro, estendono la formula analoga in (2.2).

È ovvio che, mentre l'Assunzione $\mathcal{D}$-pb 3 implica (2.18), il contrario è falso. Tuttavia, se $\mathcal{F}_\varphi$ e $\mathcal{F}_\Psi$ soddisfano la (2.18), abbiamo ancora una qualche (debole) forma di risoluzione dell'identità, e, da un punto di vista fisico e matematico, questo è sufficiente per dedurre risultati interessanti. Ad esempio, se $f \in \mathcal{G}$ è ortogonale a tutti i Ψ_n (o a tutti i φ_n), allora f è necessariamente zero: $\mathcal{F}_\Psi$ e $\mathcal{F}_\varphi$ sono totali in $\mathcal{G}$. Infatti, usando la (2.18) con $g = f \in \mathcal{G}$, troviamo $\|f\|^2 = \sum_{n\geq 0}\langle f, \varphi_n\rangle\langle \Psi_n, f\rangle = 0$ poiché $\langle \Psi_n, f\rangle = 0$ (o $\langle f, \varphi_n\rangle = 0$) per tutti n. Quindi, poiché $\|f\| = 0$, ne segue che $f = 0$.

Si dovrebbe osservare che qui non è richiesto, in generale, che $\mathcal{G}$ coincida con $\mathcal{D}$, anche se a volte, ma non sempre, questi due insiemi possono essere identificati: $\mathcal{G} = \mathcal{D}$.

Per completezza discutiamo brevemente il ruolo di due *operatori di intreccio* che sono intrinsecamente legati ai nostri $\mathcal{D}$-PBs. Consideriamo qui solo il caso regolare. Maggiori dettagli possono essere trovati in [14].

Nel caso regolare, l'Assunzione $\mathcal{D}$-pb 3 vale in una forma forte: $\mathcal{F}_\varphi$ e $\mathcal{F}_\Psi$ sono basi biortonormali di Riesz, e la (2.8) si riscrive

$$f = \sum_{n=0}^{\infty}\langle \varphi_n, f\rangle\, \Psi_n = \sum_{n=0}^{\infty}\langle \Psi_n, f\rangle\, \varphi_n, \tag{2.19}$$

$\forall f \in \mathcal{H}$. È naturale chiedersi se somme come $S_\varphi f = \sum_{n=0}^{\infty}\langle \varphi_n, f\rangle\, \varphi_n$ o $S_\Psi f = \sum_{n=0}^{\infty}\langle \Psi_n, f\rangle\, \Psi_n$ abbiano un senso, o per quali vettori di $\mathcal{H}$ convergono, se ce ne sono. Nel nostro caso, poiché $\mathcal{F}_\varphi$ e $\mathcal{F}_\Psi$ sono basi di Riesz, sappiamo che esiste una base ortonormale $\mathcal{F}_e = \{e_n\}$, insieme a un operatore limitato R con inverso limitato, tali che $\varphi_n = Re_n$ e $\Psi_n = (R^{-1})^\dagger e_n$, $\forall n$. È chiaro che, se $R = 1\!\!1$, tutte queste somme collassano e convergono a f. Ma, cosa succede se $R \neq 1\!\!1$?

Il primo risultato deriva dalla biortonormalità di $\mathcal{F}_\varphi$ e $\mathcal{F}_\Psi$, che implica facilmente che

$$S_\varphi \Psi_n = \varphi_n, \qquad S_\Psi \varphi_n = \Psi_n, \tag{2.20}$$

per tutti $n \geq 0$. Queste uguaglianze, che sono vere per basi biortogonali non necessariamente di tipo Riesz, insieme implicano che $\Psi_n = (S_\Psi\, S_\varphi)\Psi_n$ e $\varphi_n = (S_\varphi\, S_\Psi)\varphi_n$, per tutti $n \geq 0$. Queste formule, in generale, non possono essere estese a tutto $\mathcal{H}$ tranne quando S_φ e S_Ψ sono limitati. Se tuttavia questo è possibile, allora deduciamo che

$$S_\Psi\, S_\varphi = S_\varphi\, S_\Psi = 1\!\!1 \quad \Rightarrow \quad S_\Psi = S_\varphi^{-1}. \tag{2.21}$$

In altre parole, sia S_Ψ che S_φ sono invertibili e uno è l'inverso dell'altro. Questo è ciò che accade, in particolare, per i $\mathcal{D}$-PBs regolari. Infatti, in questa situazione, è possibile correlare S_φ e S_Ψ con l'operatore R che mette in relazione $\mathcal{F}_e$ con $\mathcal{F}_\varphi$ e $\mathcal{F}_\Psi$: sia $f \in D(S_\varphi)$, che per il momento non assumiamo coincidente con $\mathcal{H}$. Allora

$$S_\varphi f := \sum_n \langle \varphi_n, f \rangle \varphi_n = \sum_n \langle Re_n, f \rangle Re_n = R\left(\sum_n \langle e_n, R^\dagger f \rangle e_n \right) = RR^\dagger f,$$

dove abbiamo utilizzato il fatto che $\mathcal{F}_e$ sia una base ortonormale e che R sia limitato e, quindi, continuo. Naturalmente $RR^\dagger$ è limitato esso stesso e la precedente uguaglianza può essere estesa a tutto $\mathcal{H}$. Pertanto concludiamo che $S_\varphi = RR^\dagger$. In modo simile possiamo dedurre che $S_\Psi = (R^\dagger)^{-1}R^{-1} = S_\varphi^{-1}$, che è anche limitato. Infatti, utilizzando la proprietà C* per $B(\mathcal{H})$, deduciamo che $\|S_\varphi\| = \|R\|^2$ e $\|S_\Psi\| = \|R^{-1}\|^2$. È anche chiaro che S_φ e S_Ψ sono operatori positivi, ed è interessante verificare che obbediscono alle seguenti relazioni di intreccio[6]:

$$S_\Psi N \varphi_n = N^\dagger S_\Psi \varphi_n, \qquad N S_\varphi \Psi_n = S_\varphi N^\dagger \Psi_n, \tag{2.22}$$

Per esempio abbiamo, ricordando che $N\varphi_n = n\varphi_n$ e $N^\dagger \Psi_n = n\Psi_n$, $S_\Psi N\varphi_n = n(S_\Psi \varphi_n) = n\Psi_n$, così come $N^\dagger S_\Psi \varphi_n = N^\dagger \Psi_n = n\Psi_n$. La seconda uguaglianza in (2.22) deriva dalla prima, semplicemente moltiplicando a sinistra $S_\Psi N\varphi_n = N^\dagger S_\Psi \varphi_n$ con S_φ, e utilizzando (2.20). Queste relazioni non sono sorprendenti, poiché le relazioni di intreccio possono essere spesso dedotte in presenza di operatori dotati degli stessi autovalori.

La situazione è matematicamente molto più complicata per i $\mathcal{D}$-PBs che non sono regolari. Questo è dovuto principalmente al fatto che non c'è motivo per cui S_φ e S_Ψ debbano essere limitati, o perchè le serie $\sum_{n=0}^{\infty} \langle \varphi_n, f \rangle \varphi_n$ e $\sum_{n=0}^{\infty} \langle \Psi_n, f \rangle \Psi_n$ (che sono quelle usate per definire questi operatori) debbano essere convergenti, neanche su un insieme denso. Questo caso, insieme ad altri risultati ed a maggiori dettagli sui $\mathcal{D}$-PBs (regolari e non regolari), sui pseudo-fermioni e su altre relazioni di commutazione deformate possono essere trovati in [14, 19, 28, 29, 34, 39], e sono anche brevemente descritti, per completezza, nel Capitolo 3. Nel resto di questo capitolo descriveremo diverse classi di $\mathcal{D}$-PBs, iniziando con la situazione apparentemente più semplice. In particolare, mostreremo che alcuni di essi possono essere dedotti tramite una semplice estensione di un noto approccio di tipo SUSY, [51, 83].

2.4 Pseudo-bosoni regolari

La prima classe di $\mathcal{D}$-PBs che descriviamo qui può essere costruita a partire dalla base $\mathcal{F}_e$ e dagli operatori c e $c^\dagger$ introdotti nella Sezione 2.2. Non assumeremo qui, tranne quando esplicitamente dichiarato, di lavorare nella rappresentazione della

[6] Questo è un altro caso in cui *ci si deve accontentare*: intertwining relations suona molto meglio di relazioni di intreccio. Pazienza.

posizione. Per questo motivo, $\mathcal{H}$ è uno spazio di Hilbert astratto, e $\mathcal{D}$ un sottospazio denso in $\mathcal{H}$, invariante sotto l'azione di c e $c^\dagger$.

Sia ora R un operatore limitato, con inverso limitato R^{-1}, che mappa $\mathcal{D}$ in $\mathcal{D}$, insieme ai loro aggiunti. In questo caso abbiamo $(R^{-1})^\dagger = (R^\dagger)^{-1}$. Se definiamo

$$\varphi_n = Re_n, \qquad \psi_n = (R^{-1})^\dagger e_n, \tag{2.23}$$

e $\mathcal{F}_\varphi = \{\varphi_n, n \geq 0\}$, $\mathcal{F}_\psi = \{\psi_n, n \geq 0\}$, queste sono basi biortonormali di Riesz, con $\varphi_n, \psi_n \in \mathcal{D}$, $\forall n \geq 0$. In particolare abbiamo

$$\langle \varphi_n, \psi_m \rangle = \delta_{n,m}, \tag{2.24}$$

e

$$f = \sum_n \langle \varphi_n, f \rangle \psi_n = \sum_n \langle \psi_n, f \rangle \varphi_n, \tag{2.25}$$

$\forall f \in \mathcal{H}$. Le equazioni di scala per $\mathcal{F}_e$ possono essere estese a $\mathcal{F}_\varphi$ e $\mathcal{F}_\psi$ introducendo gli operatori *deformati* a e b nel modo seguente:

$$af = RcR^{-1}f \qquad bf = Rc^\dagger R^{-1}f, \tag{2.26}$$

$\forall f \in \mathcal{D}$. Questi operatori sono densamente definiti, poiché $D(a), D(b) \supseteq \mathcal{D}$, e le definizioni sono ben poste a causa della stabilità di $\mathcal{D}$ sotto l'azione di R, R^{-1}, c e $c^\dagger$. Inoltre, poiché $\mathcal{D}$ è stabile anche sotto l'azione di $R^\dagger$ e $(R^{-1})^\dagger$, possiamo poi verificare che, se $f \in \mathcal{D}$, allora $b^\sharp f \in \mathcal{D}$ e $a^\sharp f \in \mathcal{D}$, visto che $a^\dagger f = (R^{-1})^\dagger c^\dagger R^\dagger f$ e $b^\dagger f = (R^{-1})^\dagger c R^\dagger f$, $\forall f \in \mathcal{D}$. Osserviamo poi che questi operatori soddisfano la Definizione 2.3.1. Infatti, utilizzando ancora la stabilità di $\mathcal{D}$ sotto l'azione di tutti gli operatori coinvolti nei nostri calcoli, abbiamo

$$abf = RcR^{-1}(bf) = RcR^{-1}Rc^\dagger R^{-1}f = Rcc^\dagger R^{-1}f,$$

e

$$baf = Rc^\dagger R^{-1}(bf) = Rc^\dagger R^{-1}RcR^{-1}f = Rc^\dagger cR^{-1}f,$$

così che $[a,b]f = R[c,c^\dagger]R^{-1}f = RR^{-1}f = f$. Quindi a e b sono operatori $\mathcal{D}$-pb. È facile verificare che i vettori non nulli φ_0 e ψ_0 dedotti da (2.23) sono i vuoti di, rispettivamente, a e $b^\dagger$: $a\varphi_0 = b^\dagger\psi_0 = 0$. Quindi le Assunzioni $\mathcal{D}$-pb 1 e $\mathcal{D}$-pb 2 sono entrambe soddisfatte. Inoltre, poiché $e_n = \frac{1}{\sqrt{n!}} {c^\dagger}^n e_0$, è possibile dimostrare, usando l'induzione su n, che

$$\varphi_n = Re_n = \frac{1}{\sqrt{n!}} b^n \varphi_0, \qquad \psi_n = (R^{-1})^\dagger e_n = \frac{1}{\sqrt{n!}} {a^\dagger}^n \psi_0,$$

che mostrano che i vettori in (2.23) coincidono con quelli in (2.15). Le equazioni di scala (2.16) possono essere verificate esplicitamente, utilizzando (2.23), (2.26) e le formule analoghe per $a^\dagger$ e $b^\dagger$. Concludiamo che a è un operatore di distruzione, e che b è un operatore di creazione per $\mathcal{F}_\varphi$, poiché

$$a\,\varphi_n = \sqrt{n}\,\varphi_{n-1}, \qquad b\,\varphi_n = \sqrt{n+1}\,\varphi_{n+1}, \tag{2.27}$$

con la convenzione che $\varphi_{-1} = 0$, mentre

$$a^\dagger\,\psi_n = \sqrt{n+1}\,\psi_{n+1}, \qquad b^\dagger\,\psi_n = \sqrt{n}\,\psi_{n-1}, \tag{2.28}$$

con la convenzione analoga, che $\psi_{-1} = 0$. Naturalmente, queste equazioni implicano che φ_n e ψ_n soddisfano le seguenti equazioni agli autovalori:

$$N\varphi_n = b\,a\,\varphi_n = n\,\varphi_n, \qquad N^\dagger\psi_n = a^\dagger b^\dagger\psi_n = n\,\psi_n, \tag{2.29}$$

$\forall n \geq 0$. Per quanto riguarda l'Assunzione $\mathcal{D}$-pb 3, questa è soddisfatta nella sua forma più forte: $\mathcal{F}_\varphi$ non è solo una base, ma è una base di Riesz. $\mathcal{F}_\psi$ è anch'essa una base di Riesz, e, come già detto, è biortonormale a $\mathcal{F}_\varphi$. Naturalmente, la formula (2.18) vale a fortiori. Gli operatori S_φ e S_ψ sono limitati: $S_\varphi = RR^\dagger$ e $S_\psi = S_\varphi^{-1}$, e le relazioni di intreccio in (2.22) possono essere facilmente verificate.

2.5 Operatori scala traslati

Il tipo di deformazione che prenderemo in considerazione in questa sezione è stato considerato, ad esempio, in [14, 15, 44, 97] e in altri articoli ivi citati, da noi e da altri autori. Sono rilevanti principalmente in connessione con il cosiddetto *oscillatore armonico quantistico traslato*. Prima di iniziare la nostra analisi, vale forse la pena osservare che qui useremo molti risultati collegati alla formula BCH, anche se saranno dimostrati solo nel Capitolo 4.

Consideriamo $\alpha, \beta \in \mathbb{C}$, $\alpha \neq \overline{\beta}$, e supponiamo che c sia un operatore che soddisfa la (2.9) su $\mathcal{D} = \mathcal{S}(\mathbb{R})$. Introduciamo gli operatori traslati

$$a = c + \alpha 1\!\!1, \qquad b = c^\dagger + \beta 1\!\!1. \tag{2.30}$$

Qui $1\!\!1$ è l'operatore identità su $\mathcal{H} = \mathcal{L}^2(\mathbb{R})$. È chiaro che $a^\dagger$ e $b^\dagger$ sono ben definiti su $\mathcal{S}(\mathbb{R})$ e che $a^\dagger f = c^\dagger f + \overline{\alpha}\, f$ e $b^\dagger f = cf + \overline{\beta}\, f$, $\forall f(x) \in \mathcal{S}(\mathbb{R})$. Il fatto che $\alpha \neq \overline{\beta}$ garantisce che $a^\dagger \neq b$. Questi operatori sono $\mathcal{S}(\mathbb{R})$-pb. Infatti, in particolare, sono soddisfatte le seguenti proprietà:

Fatto nr. 1 a, b, $a^\dagger$ e $b^\dagger$ lasciano $\mathcal{S}(\mathbb{R})$ stabile. Inoltre, è facile verificare che $abf - baf = f$, $\forall f(x) \in \mathcal{S}(\mathbb{R})$. Questo significa, in particolare, che la (2.14) è valida, e che la Definizione 2.3.1 è soddisfatta.

Fatto nr. 2 un vuoto non nullo di a, φ_0, esiste in $S(\mathbb{R})$. Analogamente, un vuoto non nullo di $b^\dagger$, ψ_0, esiste in $S(\mathbb{R})$. Questi due vettori sono entrambi autostati di c, con diversi autovalori, $-\alpha$ e $-\overline{\beta}$. Quindi sono (diversi) stati coerenti. In particolare, $\varphi_0 = D(-\alpha)e_0$, mentre $\psi_0 = D(-\overline{\beta})e_0$, dove $D(z) = e^{zc^\dagger - \overline{z}c}$ è l'unitario operatore di spostamento già introdotto nel Capitolo 1 e che sarà considerato in maggiori dettagli più avanti, nel Capitolo 4. Infatti, $a\,\varphi_0 = 0$ e $b^\dagger\psi_0 = 0$ possono essere riscritti come $c\,\varphi_0 = -\alpha\varphi_0$ e $c\,\psi_0 = -\overline{\beta}\,\psi_0$, che implicano, come già notato, che sia φ_0 che ψ_0 debbano essere autostati di c, con autovalori differenti. Usando risultati standard[7] per $D(z)$ possiamo riscrivere questi vettori di vuoto nel seguente modo:

$$\varphi_0 = D(-\alpha)e_0 = e^{-\frac{1}{2}|\alpha|^2}e^{-\alpha c^\dagger}e_0, \qquad \psi_0 = D(-\overline{\beta})e_0 = e^{-\frac{1}{2}|\beta|^2}e^{-\overline{\beta}c^\dagger}e_0, \quad (2.31)$$

che, nella variabile x, sono entrambe funzioni gaussiane e, come tali, appartengono a $S(\mathbb{R})$. Osserviamo che, poiché né $\varphi_0(x)$, né $\psi_0(x)$, appartengono a $\mathcal{L}_e$, non possiamo scegliere $\mathcal{L}_e$ come l'insieme $\mathcal{D}$ nella nostra definizione di $\mathcal{D}$-PBs, come invece faremo per altri sistemi più avanti. Conviene piuttosto identificare $\mathcal{D}$ con l'insieme $S(\mathbb{R})$ delle funzioni test. Vogliamo anche osservare che, per semplificare la notazione, la dipendenza dei vettori dalla variabile x è mostrata esplicitamente solo quando necessario, qui e nel resto di questa sezione.

Poiché $D(z)$ è unitario, è chiaro che $\|\varphi_0\| = \|\psi_0\| = 1$. Tuttavia, questo tipo di normalizzazione non è particolarmente rilevante per noi: siamo più interessati ad avere una *normalizzazione congiunta*, come in (2.24), ad esempio, per $n = m = 0$. Per questo motivo, in seguito, lavoreremo con due vettori di vuoto che differiscono da φ_0 e ψ_0 per un fattore adatto. In particolare, se definiamo

$$\hat{\varphi}_0 = N_0\varphi_0, \qquad \hat{\psi}_0 = \overline{N_0}\,\psi_0, \qquad N_0 = e^{\frac{1}{4}(|\alpha|^2+|\beta|^2)-\frac{1}{2}\alpha\beta}, \quad (2.32)$$

concludiamo che $\langle\hat{\psi}_0, \hat{\varphi}_0\rangle = 1$. Questo può essere verificato utilizzando, ad esempio, l'espansione in (5.2) per gli stati coerenti. Ancora una volta, osserviamo che stiamo utilizzando qui alcuni fatti standard collegati alla formula BCH, rimandando le loro dimostrazioni rigorose al Capitolo 4 e al Capitolo 5.

Fatto nr. 3 I vettori

$$\hat{\varphi}_n = \frac{b^n}{\sqrt{n!}}\hat{\varphi}_0, \qquad \hat{\psi}_n = \frac{a^{\dagger n}}{\sqrt{n!}}\hat{\psi}_0, \quad (2.33)$$

sono tutte funzioni in $S(\mathbb{R})$, per tutti $n = 0, 1, 2, \ldots$. Questo è una conseguenza della stabilità di $S(\mathbb{R})$ sotto l'azione di b e $a^\dagger$. A causa delle relazioni tra $\hat{\varphi}_0$ con $\hat{\psi}_0$, e tra b e $a^\dagger$, ne consegue che $\hat{\psi}_n$ può essere trovato sostituendo in $\hat{\varphi}_n$ il parametro α con $\overline{\beta}$ e β con $\overline{\alpha}$:

$$\hat{\psi}_n = \hat{\varphi}_n[\alpha \to \overline{\beta}, \beta \to \overline{\alpha}]. \quad (2.34)$$

[7] Questi risultati sono ben noti e ampiamente utilizzati nella letteratura sugli stati coerenti, e li stiamo usando qui senza una prova esplicita. Tuttavia, come già anticipato, saranno dimostrati rigorosamente, insieme a molte altre uguaglianze di simile natura, nel Capitolo 4. In particolare, stiamo usando qui la formula (4.22).

Questo è coerente con il fatto che, quando $\alpha = \overline{\beta}$, allora $b = a^\dagger$, e le due famiglie di vettori $\mathcal{F}_{\hat{\psi}} = \{\hat{\psi}_n\}$ e $\mathcal{F}_{\hat{\varphi}} = \{\hat{\varphi}_n\}$ collassano in una singola base ortonormale di $\mathcal{L}^2(\mathbb{R})$.

Utilizzando alcuni dei risultati dimostrati nel Capitolo 4 deduciamo che $\hat{\psi}_n$ e $\hat{\varphi}_n$ possono essere riscritti in forme diverse, e a volte più convenienti. Ad esempio abbiamo

$$\hat{\varphi}_n = \frac{N_0}{\sqrt{n!}}(c^\dagger + \beta \mathbb{1})^n D(-\alpha)e_0 = \frac{N_0}{\sqrt{n!}} D(-\alpha)(c^\dagger + \gamma \mathbb{1})^n e_0 = W(\alpha, \beta)e_n, \tag{2.35}$$

dove $\gamma = \beta - \overline{\alpha}$ e

$$\begin{aligned} W(\alpha,\beta)f &= N_0 e^{-\frac{1}{2}|\alpha|^2} e^{-\alpha c^\dagger} e^{\beta c} f = e^{\frac{1}{4}(|\beta|^2 - |\alpha|^2) - \frac{1}{2}\alpha\beta} e^{-\alpha c^\dagger} e^{\beta c} f = \\ &= e^{\frac{1}{4}(|\beta|^2 - |\alpha|^2)} e^{-\alpha c^\dagger + \beta c} f, \end{aligned} \tag{2.36}$$

$\forall f(x) \in \mathcal{L}_e$. La prova di questa affermazione è data nell'Appendice A.1. L'espressione per $\hat{\psi}_n$ può essere dedotta utilizzando, ad esempio, la *regola di sostituzione* in (2.34). Troviamo:

$$\hat{\psi}_n = \frac{\overline{N_0}}{\sqrt{n!}}(c^\dagger + \overline{\alpha} \mathbb{1})^n D(-\overline{\beta})e_0 = \frac{\overline{N_0}}{\sqrt{n!}} D(-\overline{\beta})(c^\dagger - \gamma \mathbb{1})^n e_0 = S(\alpha, \beta)e_n, \tag{2.37}$$

dove

$$S(\alpha,\beta)f = e^{\frac{1}{4}(|\alpha|^2 - |\beta|^2) - \frac{1}{2}\overline{\alpha}\overline{\beta}} e^{-\overline{\beta} c^\dagger} e^{\overline{\alpha} c} f = e^{\frac{1}{4}(|\alpha|^2 - |\beta|^2)} e^{-\overline{\beta} c^\dagger + \overline{\alpha} c} f, \tag{2.38}$$

$\forall f(x) \in \mathcal{L}_e$. È interessante notare che gli operatori $W(\alpha, \beta)$ e $S(\alpha, \beta)$ non lasciano $\mathcal{L}_e$ invariante, come è già evidente da (2.35) e (2.37) per $n = 0$. Questo può essere facilmente compreso perché né $\hat{\varphi}_0(x)$, né $\hat{\psi}_0(x)$, appartengono a $\mathcal{L}_e$. Infatti, sono entrambi (diversi) stati coerenti e, come tali, sono elementi di $\mathcal{S}(\mathbb{R})$, e non appartengono a $\mathcal{L}_e$.

Fatto nr. 4 Gli operatori $W(\alpha, \beta)$ e $S(\alpha, \beta)$ sono illimitati. Di conseguenza gli insiemi $\mathcal{F}_{\hat{\psi}}$ e $\mathcal{F}_{\hat{\varphi}}$ non possono essere basi di Riesz. In effetti, non sono neanche basi, come discuteremo più avanti, nei Fatti nr. 5 e nr. 7. Tuttavia, sono entrambi totali in $\mathcal{L}^2(\mathbb{R})$. Verifichiamo ora tutte queste affermazioni una per una. Supponiamo che $W(\alpha, \beta)$ sia limitato, e che la sua norma sia una quantità positiva $M_{\alpha,\beta} < \infty$, che, in generale, dipende sia da α che da β. Utilizzando (2.35) avremmo $\|\hat{\varphi}_n\| = \|W(\alpha, \beta)e_n\| \leq M_{\alpha,\beta}$, poiché $\|e_n\| = 1$. Mostriamo invece che questa disuguaglianza è necessariamente falsa, per cui $\mathcal{F}_{\hat{\varphi}}$ non può essere una base di Riesz. Infatti, è possibile verificare che $\|\hat{\varphi}_n\|$ diverge con n. Lo stesso risultato può essere dedotto per $\|\hat{\psi}_n\|$, il che implica che anche $S(\alpha, \beta)$ è illimitato.

Più esplicitamente, è possibile verificare che

$$\|\hat{\varphi}_n\|^2 \geq |N_0|^2(1 + n|\gamma|^2), \qquad \|\hat{\psi}_n\|^2 \geq |N_0|^2(1 + n|\gamma|^2), \tag{2.39}$$

$\forall\, n \geq 0$. La dimostrazione della prima disuguaglianza è data nell'Appendice A.2. La seconda segue facilmente. Notate che queste disuguaglianze mostrano che l'unica possibilità di avere norme uniformemente limitate (in n) per questi vettori è che risulti $\gamma = 0$, ovvero che sia $\alpha = \overline{\beta}$. Ma questo corrisponde al caso $a = b^\dagger$, e questo è effettivamente quanto ci si poteva attendere. Infatti, se $a = b^\dagger$ le nostre famiglie $\mathcal{F}_{\hat{\psi}}$ e $\mathcal{F}_{\hat{\varphi}}$ collassano in una singola base ortonormale. Nella stessa Appendice si mostra poi che valgono anche le seguenti disuguaglianze:

$$\|\hat{\varphi}_n\| \leq |N_0|\sqrt{n!}\, e^{\frac{|\gamma|^2}{2}}, \qquad \|\hat{\psi}_n\| \leq |N_0|\sqrt{n!}\, e^{\frac{|\gamma|^2}{2}}, \tag{2.40}$$

per tutti n, che mostrano che $\hat{\varphi}_n$ e $\hat{\psi}_n$ sono elementi ben definiti in $\mathcal{H}$. Le (2.40) mostrano anche che gli operatori $S(\alpha, \beta)$ e $W(\alpha, \beta)$ sono densamente definiti, visto che i loro domini contengono certamente $\mathcal{L}_e$.

Per verificare che, diciamo, $\mathcal{F}_{\hat{\varphi}}$ sia totale in $\mathcal{L}^2(\mathbb{R})$ è conveniente usare l'espressione $\hat{\varphi}_n = \frac{N_0}{\sqrt{n!}} D(-\alpha)(c^\dagger + \gamma 1\!\!1)^n e_0$ per i suoi vettori, vedi (2.35): ora, supponiamo che $f \in \mathcal{L}^2(\mathbb{R})$ sia ortogonale a tutti gli $\hat{\varphi}_n$. Questo equivale a dire che $D(\alpha) f$ è ortogonale a $(c^\dagger + \gamma 1\!\!1)^n e_0$ per tutti gli $n \geq 0$. È facile verificare che questo, a sua volta, implica che $\langle D(\alpha) f, {c^\dagger}^n e_0 \rangle = 0$, $\forall n \geq 0$. Quindi, poiché $\mathcal{F}_e$ è totale, $D(\alpha) f = 0$, e quindi $f = 0$. Un argomento simile mostra che $\mathcal{F}_{\hat{\psi}}$ è totale in $\mathcal{L}^2(\mathbb{R})$.

Fatto nr. 5 L'aggiunto degli operatori $W(\alpha, \beta)$ e $S(\alpha, \beta)$ può essere scritto nei seguenti modi, tutti equivalenti:

$$\begin{aligned} W^\dagger(\alpha, \beta) f &= e^{\frac{1}{4}(|\beta|^2 - |\alpha|^2) - \frac{1}{2}\overline{\alpha}\overline{\beta}} e^{\overline{\beta} c^\dagger} e^{-\overline{\alpha} c} f = e^{\frac{1}{4}(|\beta|^2 - |\alpha|^2) + \frac{1}{2}\overline{\alpha}\overline{\beta}} e^{-\overline{\alpha} c} e^{\overline{\beta} c^\dagger} f = \\ &= e^{\frac{1}{4}(|\beta|^2 - |\alpha|^2)} e^{\overline{\beta} c^\dagger - \overline{\alpha} c} f, \end{aligned} \tag{2.41}$$

e

$$\begin{aligned} S^\dagger(\alpha, \beta) f &= e^{\frac{1}{4}(|\alpha|^2 - |\beta|^2) - \frac{1}{2}\alpha\beta} e^{\alpha c^\dagger} e^{-\beta c} f = e^{\frac{1}{4}(|\alpha|^2 - |\beta|^2) + \frac{1}{2}\alpha\beta} e^{-\beta c} e^{\alpha c^\dagger} f = \\ &= e^{\frac{1}{4}(|\alpha|^2 - |\beta|^2)} e^{\alpha c^\dagger - \beta c} f, \end{aligned} \tag{2.42}$$

$\forall f \in \mathcal{L}_e$. È possibile verificare anche che, in particolare,

$$\begin{aligned} W^\dagger(\alpha, \beta) S(\alpha, \beta) f &= S(\alpha, \beta) W^\dagger(\alpha, \beta) f = S^\dagger(\alpha, \beta) W(\alpha, \beta) f = \\ &= W(\alpha, \beta) S^\dagger(\alpha, \beta) f = f, \end{aligned} \tag{2.43}$$

$\forall f \in \mathcal{L}_e$.

Le dimostrazioni di questi risultati sono contenute nell'Appendice A.5. Notate, in particolare, che la (2.43) implica che, almeno su $\mathcal{L}_e$, $S^{-1}(\alpha, \beta) = W^\dagger(\alpha, \beta)$ e $W^{-1}(\alpha, \beta) = S^\dagger(\alpha, \beta)$. Questo ha una conseguenza immediata: i set $\mathcal{F}_{\hat{\varphi}}$ e $\mathcal{F}_{\hat{\psi}}$ sono biortonormali, come previsto:

$$\begin{aligned} \langle \hat{\psi}_n, \hat{\varphi}_m \rangle &= \langle W(\alpha, \beta) e_n, S(\alpha, \beta) e_m \rangle = \langle e_n, W^\dagger(\alpha, \beta) S(\alpha, \beta) e_m \rangle = \\ &= \langle e_n, e_m \rangle = \delta_{n,m}, \end{aligned} \tag{2.44}$$

poiché $e_m \in \mathcal{L}_e$, ovviamente. Nell'Appendice A.6 dedurremo una *regola di somma* collegata con (2.44).

Tuttavia, le disuguaglianze in (2.39) mostrano che $\mathcal{F}_{\hat{\psi}}$ e $\mathcal{F}_{\hat{\varphi}}$ non possono essere basi (e, in particolare, basi di Riesz), vedi [14] e riferimenti ivi contenuti, poiché non sono compatibili con il fatto che le serie $\sum_n \langle \hat{\varphi}_n, f \rangle \hat{\psi}_n$ e $\sum_n \langle \hat{\psi}_n, f \rangle \hat{\varphi}_n$ convergano per ogni $f \in \mathcal{L}^2(\mathbb{R})$. Torneremo su questo punto più tardi, con più dettagli.

Fatto nr. 6 I vettori $\hat{\varphi}_n$ e $\hat{\psi}_n$ sono autostati degli operatori numero definiti da a e b. Più esplicitamente, se $Nf = baf$ e $N^\dagger f = a^\dagger b^\dagger f$, $f(x) \in \mathcal{S}(\mathbb{R})$, allora

$$N\hat{\varphi}_n = n\hat{\varphi}_n, \qquad N^\dagger \hat{\psi}_n = n\hat{\psi}_n, \tag{2.45}$$

$\forall n \geq 0$. Osserviamo che questi risultati sono in accordo con la (2.44), poiché, dato un operatore $X \neq X^\dagger$ con autovalori reali semplici, se f, g sono tali che $Xf = \lambda f$ e $X^\dagger g = \mu g$, allora $\langle f, g \rangle = 0$, se $\lambda \neq \mu$. Questo estende un risultato analogo ben noto per operatori autoaggiunti e per operatori simmetrici, vedi Sezione 2.1.

Per dimostrare la (2.45) iniziamo verificando la seguente uguaglianza:

$$[N, b^n]f = nb^n f, \tag{2.46}$$

$\forall n \geq 0$ e $\forall f(x) \in \mathcal{S}(\mathbb{R})$. Prima di tutto, osserviamo che entrambi i membri della (2.46) sono ben definiti, a causa della stabilità di $\mathcal{S}(\mathbb{R})$ sotto l'azione di tutti gli operatori coinvolti. Successivamente osserviamo che la (2.46) è banalmente vera per $n = 0$, poiché diventa l'uguaglianza $0 = 0$. Se $n = 1$ abbiamo $[N, b]f = b[a, b]f = bf$, usando il Fatto nr. 1. Ora, supponiamo che $[N, b^{n-1}]f = (n-1)b^{n-1}f$, per tutti $f(x) \in \mathcal{S}(\mathbb{R})$. Vogliamo mostrare che ciò implica lo stesso risultato, ma con $n-1$ sostituito da n. Infatti abbiamo

$$[N, b^n]f = b[N, b^{n-1}]f + [N, b](b^{n-1}f) = b(n-1)b^{n-1}f + b(b^{n-1}f) = nb^n f,$$

usando l'ipotesi di induzione e il fatto che $b^{n-1}f(x) \in \mathcal{S}(\mathbb{R})$.

Tornando alla (2.45), abbiamo

$$N\hat{\varphi}_n = \frac{1}{\sqrt{n!}} N b^n \hat{\varphi}_0 = \frac{1}{\sqrt{n!}}([N, b^n] + b^n N)\hat{\varphi}_0 = \frac{1}{\sqrt{n!}} n b^n \hat{\varphi}_0 = n\hat{\varphi}_n,$$

usando la (2.46) e il fatto che $N\hat{\varphi}_0 = b(a\hat{\varphi}_0) = 0$.

L'equazione $N\hat{\psi}_n = n\hat{\psi}_n$ può essere dimostrata in modo simile.

Ovviamente, lo stesso risultato può essere dedotto osservando che b e $a^\dagger$ sono operatori di creazione, mentre $b^\dagger$ e a sono operatori di annichilazione. Infatti, vedi (2.33), possiamo scrivere $\hat{\varphi}_n = \frac{b}{\sqrt{n}}\hat{\varphi}_{n-1}$. Quindi abbiamo

$$b\hat{\varphi}_n = \sqrt{n+1}\,\hat{\varphi}_{n+1}, \qquad a^\dagger \hat{\psi}_n = \sqrt{n+1}\,\hat{\psi}_{n+1}, \tag{2.47}$$

Per dimostrare che a e $b^\dagger$ sono operatori di annichilazione, ricordiamo prima che $a\hat{\varphi}_0 = b^\dagger\hat{\psi}_0 = 0$. Poi, come per i bosoni ordinari, possiamo procedere come segue:

$$\langle a\hat{\varphi}_n, \hat{\psi}_m\rangle = \langle \hat{\varphi}_n, a^\dagger\hat{\psi}_m\rangle = \sqrt{m+1}\,\langle \hat{\varphi}_n, \hat{\psi}_{m+1}\rangle = \sqrt{m+1}\,\delta_{n,m+1} = \\ = \sqrt{n}\,\langle \hat{\varphi}_{n-1}, \hat{\psi}_m\rangle = \langle \sqrt{n}\,\hat{\varphi}_{n-1}, \hat{\psi}_m\rangle,$$

così che la prima uguaglianza in (2.48) sotto segue dalla totalità di $\mathcal{F}_{\hat{\psi}}$. La seconda può essere dimostrata con passaggi simili.

$$a\hat{\varphi}_n = \sqrt{n}\,\hat{\varphi}_{n-1}, \qquad b^\dagger\hat{\psi}_n = \sqrt{n}\,\hat{\psi}_{n-1}, \tag{2.48}$$

$\forall n \geq 1$, che è ciò che dovevamo dimostrare.

Fatto nr. 7 $\mathcal{F}_{\hat{\psi}}$ e $\mathcal{F}_{\hat{\varphi}}$ sono $\mathcal{L}_e$-quasi basi.

Questo significa, vedi (2.18), che, per tutti $f(x), g(x) \in \mathcal{L}_e$, valgono le seguenti uguaglianze:

$$\sum_{n=0}^{\infty}\langle f, \hat{\varphi}_n\rangle\langle\hat{\psi}_n, g\rangle = \sum_{n=0}^{\infty}\langle f, \hat{\psi}_n\rangle\langle\hat{\varphi}_n, g\rangle = \langle f, g\rangle. \tag{2.49}$$

Infatti, per esempio

$$\sum_{n=0}^{\infty}\langle f, \hat{\varphi}_n\rangle\langle\hat{\psi}_n, g\rangle = \sum_{n=0}^{\infty}\langle f, W(\alpha,\beta)e_n\rangle\langle S(\alpha,\beta)e_n, g\rangle = \\ = \sum_{n=0}^{\infty}\langle W^\dagger(\alpha,\beta)f, e_n\rangle\langle e_n, S^\dagger(\alpha,\beta)g\rangle,$$

dove abbiamo usato la (2.35), la (2.37), e il fatto che $\mathcal{L}_e$ è contenuto nei domini di $W^\dagger(\alpha,\beta)$ e $S^\dagger(\alpha,\beta)$, grazie al Fatto nr.5. Successivamente, usando l'identità di Parseval per $\mathcal{F}_e$, troviamo che

$$\sum_{n=0}^{\infty}\langle f, \hat{\varphi}_n\rangle\langle\hat{\psi}_n, g\rangle = \langle W^\dagger(\alpha,\beta)f, S^\dagger(\alpha,\beta)g\rangle = \langle S(\alpha,\beta)W^\dagger(\alpha,\beta)f, g\rangle = \langle f, g\rangle,$$

a causa della (2.43). L'altra uguaglianza in (2.49) può essere dimostrata in modo simile. Mostreremo nella Sezione 2.6.2, usando una rappresentazione esplicita degli operatori a e b e un argomento piuttosto generale sui vettori biortogonali, che $\mathcal{F}_{\hat{\psi}}$ e $\mathcal{F}_{\hat{\varphi}}$ non sono basi per $\mathcal{L}^2(\mathbb{R})$.

Come già discusso, la rilevanza delle $\mathcal{E}$ quasi-basi, essendo $\mathcal{E}$ un sottospazio denso di uno spazio di Hilbert, in connessione con le Hamiltoniane non autoaggiunte è stata discussa in diversi articoli. In particolare, esse sono utili poiché danno origine a interessanti *risoluzioni dell'identità*, anche se non necessariamente in tutto lo spazio di Hilbert.

Osservazione Vale la pena notare che, come questo esempio mostra chiaramente, per i $\mathcal{D}$-PBs lo spazio $\mathcal{D}$ non è necessariamente l'unico sottospazio rilevante di $\mathcal{H}$. Qui abbiamo mostrato che $\mathcal{D} = \mathcal{S}(\mathbb{R})$ è la scelta naturale per garantire che la maggior parte delle proprietà richieste agli operatori pseudo-bosonici siano soddisfatte. Ma abbiamo anche bisogno di $\mathcal{L}_e$ per ottenere la nostra relazione di chiusura nell'Assunzione $\mathcal{D}$-pbw 3. Questo non è di solito un grosso problema, ma richiede sicuramente ulteriore attenzione.

2.6 $\mathcal{D}$-PBs da superpotenziali

In questa sezione descriveremo un approccio diverso che produce, come casi speciali, i $\mathcal{D}$-PBs considerati nelle Sezioni 2.4 e 2.5. Gli operatori che stiamo per considerare qui sono una versione leggermente modificata di quelli considerati in [19] e in altre referenze ivi citate. La differenza è in un fattore di normalizzazione che adottiamo qui per semplificare il confronto dei risultati che stiamo per discutere in questa sezione con quelli nella Sezione 2.5.

Consideriamo $\mathcal{H} = \mathcal{L}^2(\mathbb{R})$ con il solito prodotto scalare, e gli operatori

$$a = \frac{1}{\sqrt{2}}\left(\frac{d}{dx} + w_A(x)\right), \qquad b = \frac{1}{\sqrt{2}}\left(-\frac{d}{dx} + w_B(x)\right), \tag{2.50}$$

dove $w_A(x)$ e $w_B(x)$ sono due funzioni di classe C^∞ tali che $w_A(x) \neq \overline{w_B(x)}$, per garantire che $b^\dagger$ sia diverso da a. Possiamo verificare che

$$[a, b] f(x) = \frac{1}{2}\left(w'_A(x) + w'_B(x)\right) f(x), \tag{2.51}$$

per tutte le funzioni $f(x)$ di classe C^∞.

Osservazione È utile sottolineare che, per il momento, non siamo interessati a fornire particolari dettagli sugli spazi a cui appartengono $w_A(x)$, $w_B(x)$ e $f(x)$. Il motivo è che, come mostreremo più avanti, gli spazi di Hilbert con cui lavoreremo qui possono essere sostituiti da altri spazi funzionali, più rilevanti in alcuni contesti particolari.

Dalla (2.51) deduciamo che a e b possono essere operatori pseudo-bosonici se $w'_A(x) + w'_B(x) = 2$, al fine di avere $[a, b] f(x) = f(x)$. Questo implica che

$$w_A(x) + w_B(x) = 2x + k, \tag{2.52}$$

per un generico k che da ora in poi consideriamo reale: $k \in \mathbb{R}$. In [19] $w_A(x)$ e $w_B(x)$ sono stati chiamati *superpotenziali pseudo-bosonici* (PBSs), per ragioni che non sono rilevanti in queste note e non saranno ulteriormente discusse, se non per dire che, quando la (2.52) non è soddisfatta, possiamo comunque considerare due Hamiltoniane partner supersimmetriche, $H_1 = ba$ e $H_2 = ab$, e trasferire risultati sugli autovalori e gli autovettori di H_1 a H_2, e viceversa, come viene abitualmente fatto nella meccanica quantistica supersimmetrica, [51, 83]. È importante sottolineare che, in (2.50), stiamo introducendo due superpotenziali in generale non correlati. Questo ci dà più libertà, ovviamente, rispetto all'approccio descritto in [51, 83].

La formula (2.52) ammette soluzioni non banali, per ogni valore di k: ad esempio, $w_A(x) = x + \frac{k}{2} + \Phi(x)$ e $w_A(x) = x + \frac{k}{2} - \Phi(x)$ è una di queste soluzioni, per ogni possibile scelta di $\Phi(x)$. L'unico vincolo (tecnico) è che $\Phi(x)$ debba essere una funzione di classe C^∞, per garantire che $w_A(x)$ e $w_B(x)$ siano esse stesse in C^∞. Va comunque detto che questa ipotesi potrebbe essere in qualche modo rilassata, mantenendo invariate molte delle nostre considerazioni.

I vuoti di a e $b^\dagger$, vedi Sezione 2.3, sono i seguenti:

$$\varphi_0(x) = N_\varphi \exp\{-s_A(x)\}, \qquad \psi_0(x) = N_\psi \exp\left\{-\overline{s_B(x)}\right\}, \tag{2.53}$$

in cui $s_A(x) = \int w_A(x)dx$ e $s_B(x) = \int w_B(x)dx$, e N_φ e N_ψ sono due costanti di normalizzazione che calcoleremo a breve. Infatti, dalla (2.53), $a\varphi_0(x) = b^\dagger\psi_0(x) = 0$. Non assumeremo, se non quando esplicitamente dichiarato, che $\varphi_0(x), \psi_0(x) \in \mathcal{L}^2(\mathbb{R})$. Tuttavia, entrambe queste funzioni sono ben definite funzioni in C^∞ e, [19], possiamo dimostrare che, se $w_A(x)$ e $w_B(x)$ sono PBSs di classe, ad esempio, C^∞, allora $\varphi_0(x)\,\overline{\psi_0(x)} \in \mathcal{L}^1(\mathbb{R})$. Infatti

$$\varphi_0(x)\,\overline{\psi_0(x)} = N_\varphi\overline{N_\psi}\exp\{-(s_A(x) + s_B(x))\} = N_\varphi\overline{N_\psi}\exp\left\{-(x^2 + kx + q)\right\},$$

in cui abbiamo introdotto una ulteriore costante di integrazione q che, in seguito, sarà fissata a zero. Inoltre, se $N_\varphi\overline{N_\psi} = \frac{e^{-k^2/4}}{\sqrt{\pi}}$, allora $\langle\psi_0, \varphi_0\rangle = 1$. Assumeremo di seguito che questa uguaglianza valga.

Osservazione È importante sottolineare che la formula $\langle\psi_0, \varphi_0\rangle = 1$ non coinvolge formalmente il prodotto scalare in $\mathcal{L}^2(\mathbb{R})$. Questo perché non sappiamo se entrambe le funzioni $\varphi_0(x)$ e $\psi_0(x)$ appartengano o meno a $\mathcal{L}^2(\mathbb{R})$. Tuttavia, poiché $\varphi_0(x)\,\overline{\psi_0(x)} \in \mathcal{L}^1(\mathbb{R})$, possiamo considerare l'integrale del loro prodotto e questo integrale sicuramente esiste finito. Usando il linguaggio degli *spazi con prodotto interno parziale* (PIP), [5], $\varphi_0(x)$ e $\psi_0(x)$ sono *compatibili*. È ben noto, nella teoria degli spazi $\mathcal{L}^p(\mathbb{R})$, che $f(x) \in \mathcal{L}^p(\mathbb{R})$ e $g(x) \in \mathcal{L}^q(\mathbb{R})$ sono compatibili se $\frac{1}{p} + \frac{1}{q} = 1$, [106]. Ovviamente, $p = q = 2$ è un caso speciale, particolarmente rilevante perché in questo caso gli spazi PIP collassano in uno solo, $\mathcal{L}^2(\mathbb{R})$, che è uno spazio di Hilbert. Se $p, q \neq 2$, non abbiamo più spazi di Hilbert e lavoriamo piuttosto con spazi di Banach. Anche in questo caso lavoriamo con coppie di funzioni che, quando moltiplicate tra di loro, sono integrabili.

Come in (2.15) introduciamo le funzioni:

$$\varphi_n(x) = \frac{1}{\sqrt{n!}}b^n\varphi_0(x), \qquad \psi_n(x) = \frac{1}{\sqrt{n!}}a^{\dagger^n}\psi_0(x), \tag{2.54}$$

$n = 0, 1, 2, 3, \ldots$. È facile vedere che $\varphi_n(x)$ e $\psi_n(x)$ sono funzioni C^∞ per tutte le possibili scelte di PBSs di classe C^∞, anche se non c'è garanzia che esse siano a quadrato integrabili. Estendendo quanto fatto in [19], possiamo dimostrare quanto segue:

Proposizione 2.6.1 *Per qualsiasi scelta di PBSs di classe C^∞ abbiamo*

$$\frac{\varphi_n(x)}{\varphi_0(x)} = \frac{\psi_n(x)}{\psi_0(x)} = p_n(x), \tag{2.55}$$

per tutti gli $n \geq 0$, dove $p_n(x)$ è indipendente da $w_A(x)$ e $w_B(x)$ ed è definito ricorsivamente come segue:

$$p_0(x) = 1, \qquad p_n(x) = \frac{1}{\sqrt{2n}}\left(p_{n-1}(x)(2x + k) - p'_{n-1}(x)\right), \tag{2.56}$$

$n \geq 1$. *Inoltre, per ogni $n \geq 0$ risulta,*

$$p_n(x) = \frac{1}{\sqrt{2^n\, n!}} H_n\left(x + \frac{k}{2}\right), \tag{2.57}$$

dove $H_n(x)$ è l'ennesimo polinomio di Hermite.

Infine, abbiamo $\varphi_m(x)\,\overline{\psi_n(x)} \in \mathcal{L}^1(\mathbb{R})$ e $\langle \psi_n, \varphi_m \rangle = \delta_{n,m}$, $\forall n, m \geq 0$.

L'ultimo risultato di questa Proposizione mostra che ogni coppia $(\varphi_n(x), \psi_m(x))$ appartiene a spazi compatibili, estendendo, in questo modo, quanto già dedotto per $\varphi_0(x)$ e $\psi_0(x)$.

Riassumendo quanto abbiamo trovato finora, abbiamo

$$\varphi_n(x) = \frac{N_\varphi}{\sqrt{2^n\, n!}} H_n\left(x + \frac{k}{2}\right) e^{-s_A(x)}, \qquad \Psi_n(x) = \frac{N_\Psi}{\sqrt{2^n\, n!}} H_n\left(x + \frac{k}{2}\right) e^{-\overline{s_B(x)}}. \tag{2.58}$$

In analogia con quanto discusso nella Sezione 2.3, queste funzioni soddisfano le seguenti equazioni agli autovalori:

$$N\varphi_n(x) = n\,\varphi_n(x), \qquad N^\dagger \Psi_n(x) = n\,\Psi_n(x), \tag{2.59}$$

dove $N = ba$ e $N^\dagger = a^\dagger b^\dagger$ su ciascun $\Psi_n(x)$. Inoltre soddisfano l'analogo delle equazioni di scala in (2.16). Tuttavia, una differenza significativa con quanto discusso nella Sezione 2.3 è che, in questo caso, le equazioni (2.59) non implicano che, ad esempio, $\varphi_n(x)$ appartenga a $\mathcal{D}(N)$, il dominio di N, almeno non nel senso discusso nella Sezione 2.1.1. Questo perché potrebbe accadere che $\varphi_n(x) \notin \mathcal{L}^2(\mathbb{R})$. Tuttavia, questo non impedisce a $N\varphi_n(x)$ di essere una funzione ben definita, non necessariamente a quadrato integrabile, e di classe C^∞. Naturalmente, commenti simili potrebbero essere ripetuti per $\psi_n(x)$. Questa è la prima apparizione, in questo testo, di quello che può essere chiamato un *dominio generalizzato* di qualche operatore non limitato, ovvero (in particolare) un qualche insieme di vettori su cui tale operatore può agire, ma che non necessariamente contiene unicamente vettori di un qualche spazio di Hilbert.

In seguito, faremo la scelta più semplice della costante di integrazione q in $s_A(x) + s_B(x)$. In particolare, assumeremo che

$$s_A(x) + s_B(x) = \int (w_a(x) + w_B(x))\, dx = \int (2x + k)\, dx = x^2 + kx. \quad (2.60)$$

È utile riscrivere $\varphi_n(x)$ e $\psi_n(x)$ come segue:

$$\varphi_n(x) = c_n(x)\rho_\varphi(x), \qquad \psi_n(x) = c_n(x)\rho_\psi(x), \quad (2.61)$$

dove

$$c_n(x) = e_n\left(x + \frac{k}{2}\right), \quad (2.62)$$

$e_n(x)$ è dato in (2.11), e

$$\rho_\varphi(x) = \pi^{1/4} N_\varphi\, e^{\frac{1}{2}\left(x+\frac{x}{2}\right)^2} e^{-s_A(x)}, \qquad \rho_\psi(x) = \pi^{1/4} N_\psi\, e^{\frac{1}{2}\left(x+\frac{k}{2}\right)^2} e^{-\overline{s_B(x)}}. \quad (2.63)$$

Naturalmente, $\mathcal{F}_c = \{c_n(x),\, n \geq 0\}$ è una base ortonormale per $\mathcal{L}^2(\mathbb{R})$, che è semplicemente la versione traslata della base standard per l'oscillatore armonico quantistico. Vale la pena osservare che $\rho_\varphi(x)$ e $\rho_\psi(x)$ sono indipendenti da n, e che soddisfano, per tutte le scelte di PBSs, $\rho_\varphi(x)\overline{\rho_\psi(x)} = 1$. Tuttavia, questo non implica, in generale, che se ad esempio $\varphi_n(x)$ non è in $\mathcal{L}^2(\mathbb{R})$ allora $\psi_n(x) \in \mathcal{L}^2(\mathbb{R})$ necessariamente. Un controesempio immediato è il seguente: supponiamo che, a parte qualche fattore di moltiplicazione, $\rho_\varphi(x) \simeq e^{-x^3}$. Allora abbiamo, ancora trascurando qualche fattore inessenziale, $\rho_\psi(x) \simeq e^{x^3}$. Questo implicherebbe, ovviamente, che $\varphi_n(x)$ diverge rapidamente per $x \to -\infty$, mentre $\psi_n(x)$ diverge con la stessa velocità, ma per $x \to +\infty$. Nessuna delle due funzioni è a quadrato integrabile in $\mathbb{R}$. Ovviamente, questo è solo un'indicazione che $\varphi_n(x)$ e $\psi_n(x)$ potrebbero entrambe avere un comportamento asintotico *cattivo*, nonostante la (2.61) e la relazione tra $\rho_\varphi(x)$ e $\rho_\psi(x)$. Infatti, $s_A(x)$ e $s_B(x)$ non possono essere funzioni arbitrarie, considerato che esse devono soddisfare la (2.60), oltre ad essere molto regolari. Diremo di più su questo particolare aspetto del nostro apparato matematico in seguito.

Definiamo ora il seguente insieme:

$$\mathcal{V} = \left\{h(x) \in \mathcal{L}^2(\mathbb{R}) : h(x)\rho_j(x) \in \mathcal{L}^2(\mathbb{R}),\ j = \varphi, \psi\right\} \quad (2.64)$$

Questo è chiaramente un sottospazio di $\mathcal{L}^2(\mathbb{R})$, ed è denso in esso. Infatti, introducendo lo spazio $\mathcal{D}(\mathbb{R})$ delle funzioni C^∞ a supporto compatto, abbiamo $\mathcal{D}(\mathbb{R}) \subset \mathcal{V}$. Ma $\mathcal{D}(\mathbb{R})$ è denso in $\mathcal{L}^2(\mathbb{R})$. Quindi $\mathcal{V}$ è esso stesso denso. L'inclusione $\mathcal{D}(\mathbb{R}) \subseteq \mathcal{V}$ può essere facilmente verificata: prendiamo $d(x) \in \mathcal{D}(\mathbb{R})$. Allora, poiché $\rho_\varphi(x)$ e $\rho_\psi(x)$ sono funzioni di classe C^∞, $d(x)\rho_j(x) \in \mathcal{D}(\mathbb{R})$, $j = \varphi, \psi$, così che, a fortiori, $d(x)\rho_j(x) \in \mathcal{L}^2(\mathbb{R})$, $j = \varphi, \psi$. Quindi $d(x) \in \mathcal{V}$.

Ora, è possibile dimostrare, dalla (2.18), che $(\mathcal{F}_\varphi, \mathcal{F}_\psi)$ sono $\mathcal{V}$-quasi basi, almeno in un senso leggermente esteso, cioè sostituendo il prodotto scalare in (2.18) con la *forma di compatibilità* tra funzioni compatibili, come abbiamo già osservato brevemente in precedenza. Più esplicitamente, ricordando che non tutte le funzioni considerate qui sono in $\mathcal{L}^2(\mathbb{R})$, dobbiamo prima verificare che, per tutti gli $\epsilon(x) \in \mathcal{V}$, $\langle \epsilon, \varphi_n\rangle$ e $\langle \epsilon, \psi_n\rangle$ sono ben definiti per ogni $n \geq 0$, e poi che, per tutti $f(x), g(x) \in \mathcal{V}$,

$$\langle f, g\rangle = \sum_{n\geq 0} \langle f, \varphi_n\rangle\langle \psi_n, g\rangle = \sum_{n\geq 0} \langle f, \psi_n\rangle\langle \varphi_n, g\rangle, \tag{2.65}$$

La dimostrazione di queste affermazioni si basa sulla definizione di $\mathcal{V}$ e sul fatto che $\mathcal{F}_c$ è una base ortonormale per $\mathcal{L}^2(\mathbb{R})$. Infatti usando la (2.61) abbiamo, per esempio,

$$\langle \epsilon, \varphi_n\rangle = \int_{\mathbb{R}} \overline{\epsilon(x)}\, \varphi_n(x)\, dx = \int_{\mathbb{R}} \overline{\overline{\rho_\varphi(x)}\, \epsilon(x)}\, c_n(x)\, dx,$$

che è ben definito per tutti n poiché $\overline{\rho_\varphi(x)}\, \epsilon(x) \in \mathcal{L}^2(\mathbb{R})$. Allo stesso modo,

$$\langle \epsilon, \psi_n\rangle = \int_{\mathbb{R}} \overline{\overline{\rho_\psi(x)}\, \epsilon(x)}\, c_n(x)\, dx,$$

che è anch'esso ben definito per ogni n, poiché $\overline{\rho_\psi(x)}\, \epsilon(x) \in \mathcal{L}^2(\mathbb{R})$. Per verificare la (2.65), usiamo ora l'uguaglianza di Parseval per $\mathcal{F}_c$ in $\mathcal{L}^2(\mathbb{R})$, vedi (2.2):

$$\begin{aligned}\sum_{n\geq 0} \langle f, \varphi_n\rangle\langle \psi_n, g\rangle &= \sum_{n\geq 0} \langle \overline{\rho_\varphi}\, f, c_n\rangle\langle c_n, \overline{\rho_\psi}\, g\rangle = \langle \overline{\rho_\varphi}\, f, \overline{\rho_\psi}\, g\rangle = \\ &= \int_{\mathbb{R}} \overline{f(x)}\, g(x)\, \rho_\varphi(x)\overline{\rho_\psi(x)}\, dx = \langle f, g\rangle,\end{aligned}$$

a causa dell'uguaglianza $\rho_\varphi(x)\overline{\rho_\psi(x)} = 1$. La seconda uguaglianza in (2.65) può essere dimostrata in modo simile.

Dato che $(\mathcal{F}_\varphi, \mathcal{F}_\psi)$ sono $\mathcal{V}$-quasi basi, ne segue facilmente che sia $\mathcal{F}_\varphi$ che $\mathcal{F}_\psi$ sono totali in $\mathcal{V}$, come abbiamo brevemente discusso nella Sezione 2.3: se $\epsilon(x) \in \mathcal{V}$ è ortogonale a tutti i $\varphi_n(x)$, o a tutti i $\psi_n(x)$, allora $\epsilon(x) = 0$ quasi ovunque (q.o.) in $\mathbb{R}$. Ricordiamo, vedi [10], che ciò non implica che $\mathcal{F}_\varphi$ o $\mathcal{F}_\psi$ siano anche totali in $\mathcal{L}^2(\mathbb{R})$. Per verificare la completezza di questi insiemi in $\mathcal{L}^2(\mathbb{R})$, o in qualche insieme ancora più grande, ricordiamo prima il seguente utile risultato, [87].

Lemma 2.6.2 *Supponiamo che $\eta(x)$ sia una funzione misurabile secondo Lebesgue che è diversa da zero q.o. in $\mathbb{R}$. Supponiamo inoltre che esistano due costanti positive δ, C tali che $|\eta(x)| \leq C\, e^{-\delta|x|}$ q.o. in $\mathbb{R}$, allora l'insieme $\{x^n\, \eta(x)\}$ è totale in $\mathcal{L}^2(\mathbb{R})$.*

Ovviamente, un risultato simile vale se i monomi $\{x^n\}$ sono sostituiti da altri polinomi di grado n-esimo, come il polinomio di Hermite traslato $H_n\left(x+\frac{k}{2}\right)$ che appare in (2.62).

Per applicare questo Lemma, ricordando la (2.58) e la (2.60), concludiamo che $s_A(x)$ o $s_B(x)=\frac{x^2}{2}+kx-s_A(x)$, o entrambi, devono divergere a $+\infty$ almeno tanto velocemente quanto $|x|$, per $|x|$ divergente. Ovviamente, se $s_A(x)$ diverge troppo velocemente a $+\infty$, allora $s_B(x)$ diverge anche, ma a $-\infty$, e dunque $e^{-\overline{s_B(x)}}$ non può soddisfare l'ipotesi principale del Lemma precedente. Detto in altri termini, se vogliamo che sia $\mathcal{F}_\varphi$ che $\mathcal{F}_\psi$ siano entrambi totali in $\mathcal{L}^2(\mathbb{R})$, i PBSs devono essere scelti in modo opportuno. Rimandiamo a [19] per ulteriori risultati di completezza.

Nella parte rimanente di questa sezione mostreremo come, con certe scelte dei PBSs $w_A(x)$ e $w_B(x)$, recuperiamo i $\mathcal{D}$-PBs regolari e gli operatori scala traslati considerati nelle due sezioni precedenti. In particolare, una conseguenza interessante della nostra analisi sarà ottenere la rappresentazione delle coordinate dei vettori (altrimenti, astratti) $\hat{\varphi}_n$ e $\hat{\psi}_n$ in (2.33).

2.6.1 Torniamo al caso regolare

Supponiamo qui che $\rho_j(x)\in\mathcal{L}^\infty(\mathbb{R})$, $j=\varphi,\psi$. Allora, a causa della (2.61), le norme di $\varphi_n(x)$ e $\psi_n(x)$ sono uniformemente limitate in n:

$$\|\varphi_n\|=\|c_n\rho_\varphi\|\leq\|\rho_\varphi\|_\infty\|c_n\|=\|\rho_\varphi\|_\infty, \tag{2.66}$$

poiché la norma $\mathcal{L}^2$ di $c_n(x)$ è pari ad uno, per ogni n. Analogamente abbiamo $\|\psi_n\|\leq\|\rho_\psi\|_\infty$. Queste disuguaglianze sono in accordo con il fatto che, come mostreremo adesso, $(\mathcal{F}_\varphi,\mathcal{F}_\psi)$ sono basi biortonormali di Riesz. Infatti, introduciamo l'operatore di traslazione unitaria $U(a)$ che agisce su una funzione generica $f(x)\in\mathcal{L}^2(\mathbb{R})$ come segue: $U(a)f(x)=f(x+a)$, e introduciamo ulteriormente l'operatore di moltiplicazione R_φ su $\mathcal{L}^2(\mathbb{R})$: $(R_\varphi f)(x)=\rho_\varphi(x)f(x)$, $\forall f(x)\in\mathcal{L}^2(\mathbb{R})$. La stima in (2.66) implica che R_φ è limitato e definito ovunque. Allora abbiamo $R_\varphi U\left(\frac{k}{2}\right)f(x)=\rho_\varphi(x)f\left(x+\frac{k}{2}\right)$, $\forall f(x)\in\mathcal{L}^2(\mathbb{R})$, e in particolare

$$R_\varphi U\left(\frac{k}{2}\right)e_n(x)=\rho_\varphi(x)e_n\left(x+\frac{k}{2}\right)=\rho_\varphi(x)c_n(x)=\varphi_n(x), \tag{2.67}$$

vedi (2.61). Questo ci permette di identificare l'operatore R in (2.23) come segue:

$$R=R_\varphi\,U\left(\frac{k}{2}\right), \tag{2.68}$$

che è limitato, essendo il prodotto di due operatori limitati. Ricordando che $\rho_\varphi(x)\overline{\rho_\psi(x)}=1$, se ne deduce che R_φ ammette inverso, e che questo inverso è di nuovo un operatore di moltiplicazione che agisce su $f(x)\in\mathcal{L}^2(\mathbb{R})$ come segue:

$(R_\varphi^{-1} f)(x) = \overline{\rho_\psi(x)}\, f(x)$. Quindi, poiché $\rho_\psi(x) \in \mathcal{L}^\infty(\mathbb{R})$, ne segue che anche R_φ^{-1} è limitato. Ora

$$(R_\varphi^{-1})^\dagger U\left(\frac{k}{2}\right) e_n(x) = (R_\varphi^{-1})^\dagger e_n\left(x + \frac{k}{2}\right) = \rho_\psi(x) c_n(x) = \psi_n(x), \qquad (2.69)$$

usando ancora una volta la (2.61). Questo risultato è in accordo con la (2.23), poiché se $R = R_\varphi U\left(\frac{k}{2}\right)$, allora $(R^{-1})^\dagger = (R_\varphi^{-1})^\dagger U\left(\frac{k}{2}\right)$.

Quindi la conclusione è che, per $\rho_j(x) \in \mathcal{L}^\infty(\mathbb{R})$, $j = \varphi, \psi$, la costruzione considerata in questa sezione produce una classe speciale di $\mathcal{D}$-PBs regolari. In questo caso, sia $\mathcal{F}_\varphi$ che $\mathcal{F}_\psi$ sono composti solo da funzioni a quadrato integrabile, e per questo motivo l'affermazione nella Proposizione 2.6.1 relativa al fatto che $\varphi_m(x)\, \overline{\psi_n(x)} \in \mathcal{L}^1(\mathbb{R})$, $\forall m, n \geq 0$, non è sorprendente. Naturalmente, le espressioni analitiche esplicite di $\varphi_n(x)$ e $\psi_n(x)$ sono fissate dalla nostra scelta specifica dei PBSs, $w_A(x)$ e $w_B(x)$. Una scelta particolare sarà considerata più avanti, nel Capitolo 6, in relazione con gli stati bi-coerenti.

2.6.2 Operatori scala traslati, parte seconda

Consideriamo ora la seguente scelta per i PBSs in (2.50):

$$w_A(x) = x + \sqrt{2}\alpha, \qquad w_B(x) = x + \sqrt{2}\,\beta, \qquad (2.70)$$

per $\alpha, \beta \in \mathbb{R}$. Allora, se $k = \sqrt{2}(\alpha + \beta)$, torniamo alla (2.52). Questa scelta di PBSs restituisce gli operatori scala traslati in (2.30). Ricordiamo che l'ipotesi che $k \in \mathbb{R}$ è utile solo per semplificare la notazione, ma non è essenziale. Quindi, con la solita scelta della costante di integrazione, abbiamo $s_A(x) = \frac{x^2}{2} + \sqrt{2}\,\alpha\, x$ e $s_B(x) = \frac{x^2}{2} + \sqrt{2}\,\beta\, x$. I vettori di vuoto sono dati in (2.53), e, come discusso prima, per avere $\langle \psi_0, \varphi_0 \rangle = 1$, possiamo scegliere

$$N_\varphi = N_\psi = \frac{e^{-k^2/8}}{\pi^{1/4}} = \frac{e^{-(\alpha+\beta)^2/4}}{\pi^{1/8}},$$

che sono entrambi reali.

Le funzioni in (2.58) diventano quindi

$$\varphi_n(x) = \frac{e^{-k^2/8}}{\sqrt{2^n\, n!\sqrt{\pi}}}\, H_n\left(x + \frac{k}{2}\right) e^{-s_A(x)},$$
$$\Psi_n(x) = \frac{e^{-k^2/8}}{\sqrt{2^n\, n!\sqrt{\pi}}}\, H_n\left(x + \frac{k}{2}\right) e^{-\overline{s_B(x)}}, \qquad (2.71)$$

che sono la forma esplicita, nella rappresentazione x, dei vettori astratti $\hat{\varphi}_n$ e $\hat{\psi}_n$ in (2.33). È opportuno osservare che tutte queste funzioni appartengono a $S(\mathbb{R})$, come già dedotto nella Sezione 2.5, dove ciò è risultato essere una conseguenza della stabilità di $\mathcal{S}(\mathbb{R})$ sotto l'azione di b e $a^\dagger$. In particolare, queste funzioni appartengono a $\mathcal{L}^2(\mathbb{R})$, quindi non stiamo abbandonando, almeno per il momento, lo spazio di Hilbert (come invece saremo costretti a fare più tardi). Incidentalmente osserviamo che $\varphi_0(x)$ e $\Psi_0(x)$ ricordano molto stati coerenti differenti, in accordo con quanto discusso nella Sezione 2.5.

Un controllo diretto mostra ora che, per esempio, $\varphi_m(x)\,\overline{\psi_n(x)} \in \mathcal{L}^1(\mathbb{R})$ e $\langle\psi_n, \varphi_m\rangle = \delta_{n,m}$, $\forall n, m \geq 0$. Questo è parte del contenuto della Proposizione 2.6.1. Le funzioni $\rho_\varphi(x)$ e $\rho_\psi(x)$ in (2.63) diventano

$$\rho_\varphi(x) = e^{\frac{1}{\sqrt{2}}x(\beta-\alpha)}, \qquad \rho_\psi(x) = e^{-\frac{1}{\sqrt{2}}x(\beta-\alpha)}, \tag{2.72}$$

risultato che è in accordo con il fatto che uno sia l'inverso dell'altro[8]. È chiaro che, diversamente da quanto accade nella Sezione 2.6.1, né $\rho_\varphi(x)$, né $\rho_\psi(x)$, appartengono a $\mathcal{L}^\infty(\mathbb{R})$. Quindi non ci aspettiamo che i set $\mathcal{F}_\varphi$ e $\mathcal{F}_\psi$ siano basi di Riesz. Infatti, utilizzando integrali standard che coinvolgono i polinomi di Hermite, [77], deduciamo che

$$\|\varphi_n\|^2 = e^{2\alpha^2-k^2/4}L_n\big(-(\beta-\alpha)^2\big), \qquad \|\psi_n\|^2 = e^{2\beta^2-k^2/4}L_n\big(-(\beta-\alpha)^2\big), \tag{2.73}$$

dove $L_n(x)$ è il polinomio di Laguerre $L_n^{(0)}(x)$.

Osservazioni (1) L'apparizione simultanea di α, β e k in (2.73) serve solo per evitare di mostrare formule piuttosto lunghe. Potremmo scrivere, ovviamente, entrambe le formule solo in termini di α e β usando la relazione $\sqrt{2}(\alpha+\beta) = k$, ma ciò non è così utile e non sarà fatto.

(2) Se $\alpha = \beta$ otteniamo $L_n(0)$ in (2.73), che è uguale a 1 per tutti $n \geq 0$. In questo caso, sia $\|\varphi_n\|$ che $\|\psi_n\|$ sono uniformemente limitati in n. Questo è in accordo con il fatto che, quando α e β coincidono, gli operatori scala traslati in (2.30) risultano essere uno l'aggiunto dell'altro e, poiché soddisfano le CCR, sono di fatto operatori bosonici. Quindi $\varphi_n(x) = \psi_n(x)$, e i due set $\mathcal{F}_\varphi$ e $\mathcal{F}_\psi$ collassano in una singola base ortonormale. Abbiamo già commentato un risultato simile nella Sezione 2.5, nel Fatto nr. 4.

Nel nostro caso, $\alpha \neq \beta$. Questo significa che l'argomento dei polinomi di Laguerre è strettamente negativo. Quindi possiamo usare la seguente espressione asintotica per questi polinomi, vedi [119], Teorema 8.22.3:

$$L_n(x) = \frac{e^{x/2}2^{2(-nx)^{1/2}}}{2\sqrt{\pi}\,(-xn)^{1/4}}\big(1 + O(n^{-1/2})\big),$$

$x < 0$, così che

$$\|\varphi_n\| \simeq K_\varphi \frac{e^{|\alpha-\beta|\sqrt{n}}}{n^{1/8}}, \qquad \|\Psi_n\| \simeq K_\psi \frac{e^{|\alpha-\beta|\sqrt{n}}}{n^{1/8}}, \tag{2.74}$$

[8] Osserviamo che sono entrambe funzioni reali.

dove $\simeq$ sta per *eccetto per correzioni* $O(n^{-1/2})$. Qui K_φ e K_ψ sono delle quantità dipendenti da (α, β), ma entrambe indipendenti da n. Le loro espressioni esplicite non sono rilevanti qui. Vogliamo solo osservare che K_ψ coincide con K_φ con α e β scambiati, in accordo con la (2.34), e ricordando inoltre che, nel caso in analisi, α e β sono presi reali.

Le formule (2.74) sono anche in accordo con le disuguaglianze in (2.39) (dove, ricordiamo, $\gamma = \beta - \alpha$), e con le disuguaglianze *opposte*, quelle in (2.40). Questo può essere dedotto osservando che, per $n \gg 1$, abbiamo

$$n! = \Gamma(n) \simeq \sqrt{2\pi} e^{-n} n^{n+1/2} \left(1 + \frac{1}{12n}\right),$$

[77], che implica che, per n abbastanza grande e tranne che per fattori moltiplicativi inessenziali la parte principale di $\sqrt{n!}$ è $n^{n/2}$ che è sicuramente maggiore di $e^{|\alpha-\beta|\sqrt{n}}$.

Abbiamo già mostrato, vedi (2.49), che $\mathcal{F}_\varphi$ e $\mathcal{F}_\psi$ sono $\mathcal{L}_e$-quasi basi[9]. Questa dimostrazione non sarà ripetuta qui. Mostriamo invece che $\mathcal{F}_\varphi$ e $\mathcal{F}_\psi$ non possono essere basi. Il motivo è legato al seguente risultato generale:

dati due set biortogonali (generici) $\mathcal{F}_f = \{f_n \in \mathcal{H}, n \geq 0\}$ e $\mathcal{F}_l = \{l_n \in \mathcal{H}, n \geq 0\}$, possiamo introdurre un operatore di proiezione P_k come $P_k f = \langle f_k, f \rangle l_k$. Se $\mathcal{F}_f$ è una base, sia P_k che $\sum_{k=1}^N P_k$ sono uniformemente limitati. Viceversa, se $\mathcal{F}_f$ è completo, e se $\sum_{k=1}^N P_k$ è uniformemente limitato, allora $\mathcal{F}_f$ è una base, [58, Lemma 3.3.3]. In particolare, la norma di P_k e quelle di f_k e l_k sono legate dalla seguente relazione: $1 \leq \|P_k\| = \|f_k\| \, \|l_k\|$, per ogni k.

Nel nostro caso, poiché $\mathcal{F}_\varphi$ e $\mathcal{F}_\psi$ sono biorhogonali, possiamo utilizzare questo risultato ma osserviamo che, chiamando $\hat{P}_k f = \langle \psi_k, f \rangle \varphi_k$, $f \in \mathcal{H}$, $\|\hat{P}_n\| = \|\varphi_n\| \, \|\Psi_n\| \simeq K_\varphi \mathcal{K}_\psi \frac{e^{2|\alpha-\beta|\sqrt{n}}}{n^{1/4}}$, che non è uniformemente limitato. Quindi $\mathcal{F}_\varphi$ non può essere una base. Analogamente possiamo dimostrare che $\mathcal{F}_\psi$ non può essere una base.

2.7 Operatori scala dal modello di Swanson

Gli operatori scala che considereremo brevemente in questa sezione sono stati discussi per la prima volta, nel contesto dei $\mathcal{D}$-PBs, in [9]. La nostra analisi originaria si basava su alcuni lavori precedenti, [55, 56], in cui si analizzava l'Hamiltoniana manifestamente non autoaggiunta,

$$H_\theta = \frac{1}{2}(p^2 + x^2) - \frac{i}{2} \tan(2\theta)(p^2 - x^2). \tag{2.75}$$

[9] Potrebbe essere utile ricordare che, nella Sezione 2.5, abbiamo usato $\hat{\varphi}_n$ e $\hat{\psi}_n$, piuttosto che i originali φ_n e ψ_n, per sottolineare il ruolo della normalizzazione reciproca dei vettori. È anche utile ricordare che il motivo per cui abbiamo introdotto prima i vettori φ_0 e ψ_0 è perché entrambi sono stati coerenti, mentre $\hat{\varphi}_0$ e $\hat{\psi}_0$ sono solo proporzionali a stati coerenti.

Qui θ è un parametro reale che assume valore in $\left(-\frac{\pi}{4}, \frac{\pi}{4}\right) \setminus \{0\} =: I$. Dovremmo anche osservare che H_θ è di fatto una piccola variante dell'Hamiltoniana considerata per la prima volta in [118].

Se introduciamo gli operatori bosonici standard c, $c^\dagger$ come nella Sezione 2.2, e le loro combinazioni lineari

$$\begin{cases} A_\theta = \cos(\theta)\, c + i \sin(\theta)\, c^\dagger = \frac{1}{\sqrt{2}}\left(e^{i\theta} x + e^{-i\theta} \frac{d}{dx}\right), \\ B_\theta = \cos(\theta)\, c^\dagger + i \sin(\theta)\, c = \frac{1}{\sqrt{2}}\left(e^{i\theta} x - e^{-i\theta} \frac{d}{dx}\right), \end{cases} \tag{2.76}$$

possiamo riscrivere $H_\theta = \omega_\theta\left(B_\theta\, A_\theta + \frac{1}{2}\mathbb{1}\right)$, dove $\omega_\theta = \frac{1}{\cos(2\theta)}$ è ben definito perché $\cos(2\theta) \neq 0$ per tutti i $\theta \in I$. È chiaro che, per θ in questo insieme, $A_\theta^\dagger \neq B_\theta$. Inoltre, se prendiamo $\mathcal{D} = \mathcal{S}(\mathbb{R})$, è anche chiaro che A_θ e B_θ, insieme ai loro aggiunti, mappano $\mathcal{D}$ in $\mathcal{D}$ stesso. Infine, ma non meno importante, troviamo che $[A_\theta, B_\theta] f(x) = f(x)$, $\forall f(x) \in \mathcal{S}(\mathbb{R})$. Quindi A_θ e B_θ soddisfano la Definizione 2.3.1, e quindi sono operatori $\mathcal{D}$-pb.

I due vettori di vuoto di A_θ e $B_\theta^\dagger$ sono $\varphi_0^{(\theta)}(x) = N_1 \exp\left\{-\frac{1}{2} e^{2i\theta} x^2\right\}$, e $\Psi_0^{(\theta)}(x) = N_2 \exp\left\{-\frac{1}{2} e^{-2i\theta} x^2\right\}$, dove N_1 e N_2 sono costanti di normalizzazione appropriate, collegate dalla richiesta che risulti $\left\langle \varphi_0^{(\theta)}, \Psi_0^{(\theta)} \right\rangle = 1$: $\overline{N_1}\, N_2 = \frac{e^{-i\theta}}{\sqrt{\pi}}$. Osserviamo che, poiché $\Re(e^{\pm 2i\theta}) = \cos(2\theta) > 0$ per tutti $\theta \in I$, sia $\varphi_0^{(\theta)}(x)$ che $\Psi_0^{(\theta)}(x)$ appartengono a $\mathcal{S}(\mathbb{R})$, come richiesto dalle Assunzioni $\mathcal{D}$-pb 1 e $\mathcal{D}$-pb 2 nella Sezione 2.3. Le altre funzioni degli insiemi $\mathcal{F}_\varphi^{(\theta)} = \{\varphi_n^{(\theta)}(x), n \geq 0\}$ e $\mathcal{F}_\Psi^{(\theta)} = \{\Psi_n^{(\theta)}(x), n \geq 0\}$, vedi (2.15), sono state ricavate in [9]:

$$\begin{cases} \varphi_n^{(\theta)}(x) = \frac{B_\theta^n}{\sqrt{n!}} \varphi_0^{(\theta)}(x) = \frac{N_1}{\sqrt{2^n\, n!}} H_n\left(e^{i\theta} x\right) \exp\left\{-\frac{1}{2} e^{2i\theta} x^2\right\}, \\ \Psi_n^{(\theta)}(x) = \frac{(A_\theta^\dagger)^n}{\sqrt{n!}} \Psi_0^{(\theta)}(x) = \frac{N_2}{\sqrt{2^n\, n!}} H_n\left(e^{-i\theta} x\right) \exp\left\{-\frac{1}{2} e^{-2i\theta} x^2\right\}, \end{cases}$$

dove $H_n(x)$ è l'n-esimo polinomio di Hermite. Vediamo ancora che, poiché $\theta \in I$, anche tutte queste funzioni appartengono a $\mathcal{S}(\mathbb{R})$. Inoltre queste formule implicano che, per tutti gli $n \geq 0$, $\frac{1}{N_1} \varphi_n^{(\theta)}(x) = \frac{1}{N_2} \Psi_n^{(-\theta)}(x)$.

Il passo successivo nella nostra analisi è vedere se $\mathcal{F}_\varphi = \{\varphi_n^{(\theta)}(x)\}$ e $\mathcal{F}_\Psi = \{\Psi_n^{(\theta)}(x)\}$ siano basi (di Riesz) o meno. Per questo utilizziamo il seguente risultato, [9]:

$$\left\|\varphi_n^{(\theta)}\right\|^2 = |N_1|^2 \sqrt{\frac{\pi}{\cos(2\theta)}}\, P_n\left(\frac{1}{\cos(2\theta)}\right),$$

dove $P_n(x)$ è l'n-esimo polinomio di Legendre. Per quanto riguarda $\left\|\Psi_n^{(\theta)}\right\|$, abbiamo

$$\|\Psi_n^{(\theta)}\| = \left|\frac{N_2}{N_1}\right| \|\varphi_n^{(-\theta)}\| = \left|\frac{N_2}{N_1}\right| \|\varphi_n^{(\theta)}\|.$$

In particolare, se $\theta = 0$, otteniamo

$$\frac{\left\|\varphi_n^{(0)}\right\|^2}{|N_1|^2} = \frac{\left\|\Psi_n^{(0)}\right\|^2}{|N_2|^2} = \sqrt{\pi}\, P_n(1) = \sqrt{\pi},$$

che è in accordo con la ben nota normalizzazione delle autofunzioni dell'oscillatore armonico quantistico. Infatti, in questo caso

$$\varphi_n^{(0)}(x) = \Psi_n^{(0)}(x) = e_n(x) = \frac{1}{\sqrt{2^n\, n!\, \sqrt{\pi}}} H_n(x) e^{-\frac{x^2}{2}},$$

che sono le funzioni in (2.11). Prendiamo ora $\theta \in I$. Allora $(\cos(2\theta))^{-1} > 1$ e, vedi [92], $P_n\left(\frac{1}{\cos(2\theta)}\right) \to \infty$ quando $n \to \infty$. Infatti abbiamo, per $x \in \mathbb{C} \setminus [-1, 1]$ e n grande,

$$P_n(x) \simeq \frac{1}{\sqrt{2\pi\, n}} (x^2 - 1)^{-1/4} \left(x + (x^2 - 1)^{1/2}\right)^{n+1/2}.$$

Allora abbiamo

$$\frac{\left\|\varphi_n^{(\theta)}\right\|}{|N_1|} = \frac{\left\|\Psi_n^{(\theta)}\right\|}{|N_2|} = k(\theta) \frac{(t(\theta))^n}{n^{1/4}}, \tag{2.77}$$

dove abbiamo introdotto le seguenti quantità:

$$t(\theta) = \sqrt{\frac{1}{\cos(2\theta)} + \sqrt{\frac{1}{\cos^2(2\theta)} - 1}},$$

$$k(\theta) = \left(\frac{1}{2\cos(2\theta)}\right)^{1/4} \sqrt{t(\theta)}\, (\cos^2(2\theta) - 1).$$

Ciò che è importante qui è osservare che $t(\theta) > 1$, poiché la formula (2.77) implica allora che sia $\left\|\varphi_n^{(\theta)}\right\|$ che $\left\|\Psi_n^{(\theta)}\right\|$ divergono per $n \to \infty$.

Gli stessi argomenti proposti alla fine della Sezione 2.6.2 ci permettono di concludere che $\mathcal{F}_\varphi = \{\varphi_n^{(\theta)}(x)\}$ e $\mathcal{F}_\Psi = \{\Psi_n^{(\theta)}(x)\}$ non sono basi. Pertanto, a fortiori, non possono essere basi di Riesz. Ciò significa che l'Assunzione $\mathcal{D}$-pb 3 non è soddisfatta. Tuttavia, resta ancora la possibilità che valga la sua versione più debole, l'Assunzione $\mathcal{D}$-wpb 3. Per fare ciò, ricordiamo intanto che l'insieme $\mathcal{L}_e$, lo span lineare delle funzioni $e_n(x)$, è denso in $\mathcal{H}$, vedi Sezione 2.2. Osserviamo poi che, a causa della nostra scelta di normalizzazione, $\mathcal{F}_\varphi = \{\varphi_n^{(\theta)}(x)\}$ e $\mathcal{F}_\Psi = \{\Psi_n^{(\theta)}(x)\}$ sono biortonormali: $\left\langle \varphi_n^{(\theta)}, \Psi_m^{(\theta)} \right\rangle = \delta_{n,m}$, per tutti gli $n, m \geq 0$. Questo risultato è analogo alla formula (2.17), che è derivata per la situazione generale, ma potrebbe anche essere verificata esplicitamente utilizzando le espressioni analitiche di $\varphi_n^{(\theta)}(x)$ e $\Psi_n^{(\theta)}(x)$ sopra, calcolando degli integrali che coinvolgono i polinomi di Hermite.

Introduciamo ora un operatore T_ν come segue:

$$(T_\nu f)(x) = e^{i\frac{\nu}{2}} f\left(e^{i\nu} x\right),$$

$\nu \in I$. Il dominio massimale di questo operatore è $\mathcal{D}_{\max}(T_\nu) = \{f(x) \in \mathcal{L}^2(\mathbb{R}) : f\left(e^{i\nu} x\right) \in \mathcal{L}^2(\mathbb{R}), \forall \nu \in I\}$. Questo dominio è denso in $\mathcal{L}^2(\mathbb{R})$ poiché $\mathcal{L}_e \subseteq$

$\mathcal{D}_{\max}(T_\nu)$. In [14] si è dimostrato che T_ν è un operatore simmetrico. È chiaro che

$$\begin{cases}\varphi_n^{(\theta)}(x) = N_1\,\pi^{1/4} e^{-i\frac{\theta}{2}}(T_\theta\, e_n)(x),\\ \Psi_n^{(\theta)}(x) = N_2\,\pi^{1/4} e^{i\frac{\theta}{2}}\big(T_\theta^{-1} e_n\big)(x).\end{cases} \tag{2.78}$$

Ora, prendiamo $f, g \in \mathcal{L}_e$. Allora, poiché $\mathcal{F}_e$ è una base ortonormale,

$$\langle f, g\rangle = \big\langle T_\theta f, T_\theta^{-1} g\big\rangle = \sum_n \langle T_\theta f, e_n\rangle\big\langle e_n, T_\theta^{-1} g\big\rangle = \sum_n \langle f, T_\theta e_n\rangle\big\langle T_\theta^{-1} e_n, g\big\rangle =$$

$$= \frac{e^{i\theta}}{\sqrt{\pi}N_1\,\overline{N_2}} \sum_n \big\langle f, \varphi_n^{(\theta)}\big\rangle\big\langle \Psi_n^{(\theta)}, g\big\rangle = \sum_n \big\langle f, \varphi_n^{(\theta)}\big\rangle\big\langle \Psi_n^{(\theta)}, g\big\rangle,$$

dove abbiamo utilizzato l'equazione (2.78), le uguaglianze $\langle T_\theta f, e_n\rangle = \langle f, T_\theta e_n\rangle$ e $\big\langle e_n, T_\theta^{-1} g\big\rangle = \big\langle T_\theta^{-1} e_n, g\big\rangle$, e l'uguaglianza $\overline{N}_1\, N_2 = \frac{e^{-i\theta}}{\sqrt{\pi}}$. Analogamente possiamo dimostrare che $\langle f, g\rangle = \sum_n \Big\langle f, \Psi_n^{(\theta)}\Big\rangle\Big\langle \varphi_n^{(\theta)}, g\Big\rangle$, così che $\mathcal{F}_\varphi$ e $\mathcal{F}_\Psi$ sono $\mathcal{L}_e$-quasi basi. Utilizzando ora il Lemma 2.6.2, possiamo anche verificare che entrambi gli insiemi sono totali in $\mathcal{L}^2(\mathbb{R})$, [9].

Osservazione Potrebbe essere utile notare che, anche se $\mathcal{L}_e \subseteq \mathcal{D}(T_\nu)$, $\mathcal{L}_e$ non è stabile sotto l'azione di T_ν. Infatti, $\varphi_n^{(\theta)}(x)$ non appartiene a $\mathcal{L}_e$, ovviamente. Notiamo anche che $\mathcal{S}(\mathbb{R}) \supset \mathcal{D}_{\max}(T_\nu)$. Ad esempio, se prendiamo $f(x) = e^{-x^4}$, che è chiaramente in $\mathcal{S}(\mathbb{R})$, ne segue che $(T_\nu f)(x)$ è proporzionale a $e^{-e^{4i\nu}x^4}$, che è quadrato integrabile solo se $\cos(4\nu) > 0$, il che non è vero per tutte le possibili scelte di $\nu \in I$. La conclusione è quindi che il modello di Swanson è ancora un altro esempio in cui gli insiemi $\mathcal{D}$ e $\mathcal{G}$, vedi Sezione 2.3, non coincidono.

Altri risultati per questo modello possono essere trovati in [9] e in [14] e, più recentemente, in [31], in connessione con l'integrale funzionale.

2.8 Relazioni tra bosoni e pseudo-bosoni

Come appare chiaro da quanto abbiamo discusso in questo capitolo, i $\mathcal{D}$-PBs sembrano essere una sorta di *versione raddoppiata* dei bosoni: gli operatori scala $(c, c^\dagger)$ sono sostituiti da (a, b) e da $(b^\dagger, a^\dagger)$, l'operatore del numero $N_0 = c^\dagger c$ dagli operatori $N = ba$ e da $N^\dagger$, e la base ortonormale $\mathcal{F}_e$ dai set biortonormali $(\mathcal{F}_\varphi, \mathcal{F}_\psi)$. Abbiamo visto che alcune delle caratteristiche originali dei bosoni sono mantenute (in particolare, gli autovalori dell'operatore N_0 coincidono con quelli di N e $N^\dagger$, e abbiamo dimostrato che c, a e $b^\dagger$ sono tutti operatori di annichilazione, mentre $c^\dagger$, $a^\dagger$ e b sono operatori di creazione). Ma altre caratteristiche sono diverse: $\mathcal{F}_e$ è una base ortonormale, mentre $(\mathcal{F}_\varphi, \mathcal{F}_\psi)$ sono biortogonali, o biortonormali, con una scelta appropriata delle normalizzazioni, ma non sono necessariamente basi. Tuttavia, la mancanza della proprietà di base, nelle applicazioni fisiche non è considerata un problema *troppo serio*, nella maggior parte dei casi. Il punto è che, vedi

[24, 37, 73, 103], se $\mathcal{F}_\varphi$ non è una base per $\mathcal{H}$, può comunque essere utilizzato (almeno quando tutti i suoi vettori sono linearmente indipendenti, come è il caso qui per noi dato che ogni φ_n è un autostato di $N = ba$, e tutti gli autovalori sono diversi) per definire un *spazio di Hilbert fisico*, $\mathcal{H}^\varphi_{\text{phys}}$, prendendo semplicemente la chiusura di $\mathcal{L}_\varphi$, lo span lineare dei φ_n. Tuttavia, questo approccio crea una certa asimmetria, dato che potremmo allo stesso modo costruire un secondo spazio di Hilbert fisico, $\mathcal{H}^\psi_{\text{phys}}$, e non c'è motivo, a priori, di concludere che $\mathcal{H}^\varphi_{\text{phys}} = \mathcal{H}^\psi_{\text{phys}}$ (o che uno sia *più rilevante* dell'altro). Quando ciò è vero, allora possiamo definire $\mathcal{H}_{\text{phys}} = \mathcal{H}^\varphi_{\text{phys}} = \mathcal{H}^\psi_{\text{phys}}$ e assumere che $\mathcal{H}_{\text{phys}}$ contenga tutti i vettori *fisicamente rilevanti* del sistema. In altre parole: anche se $\mathcal{F}_\varphi$ e $\mathcal{F}_\psi$ non sono basi per $\mathcal{H}$, essi sono basi per un sottospazio chiuso di $\mathcal{H}$, $\mathcal{H}_{\text{phys}}$, e questo è sufficiente per discutere tutti gli aspetti fisici del sistema originale.

È chiaro che, come abbiamo già commentato più volte in precedenza, i $\mathcal{D}$-PBs si riducono a bosoni ordinari se $b = a^\dagger$. Ma ora la domanda naturale è se, quando $b \neq a^\dagger$, possiamo ancora stabilire qualche connessione tra bosoni e $\mathcal{D}$-PBs, regolari o no. Questo problema è stato analizzato per la prima volta in [20], e poi in [14]. Qui, per completezza, diamo i principali risultati collegati a questo problema, in una versione leggermente compatta, concentrandoci solo su alcuni degli aspetti di questa relazione. Maggiori dettagli, e le dimostrazioni dei teoremi che seguono, sono contenuti in [14, 20].

Teorema 2.8.1 *Sia c un operatore densamente definito su un insieme $\mathcal{D} \subset \mathcal{H}$ che, insieme a $c^\dagger$, mappa $\mathcal{D}$ in se stesso e tale che $[c, c^\dagger]f = f$, per tutti gli $f \in \mathcal{D}$. Supponiamo che esista un vettore non nullo $\hat{\varphi}_0$ in $\mathcal{D}$ tale che $c\,\hat{\varphi}_0 = 0$. Supponiamo ora che esista un operatore T autoaggiunto, positivo e invertibile tale che $T, T^{-1} : \mathcal{D} \to \mathcal{D}$, insieme ai loro aggiunti. Allora, definendo su $\mathcal{D}$ gli operatori a e b come segue*

$$a\,f = T\,c\,T^{-1} f, \qquad b\,f = T\,c^\dagger T^{-1} f, \tag{2.79}$$

$f \in \mathcal{D}$, abbiamo che: $a^\sharp$, $b^\sharp$ mappano $\mathcal{D}$ in $\mathcal{D}$; $[a, b]f = f$, $\forall\, f \in \mathcal{D}$; $\exists \varphi_0 \in \mathcal{D}$, $\varphi_0 \neq 0$, tale che $a\,\varphi_0 = 0$; $\exists \Psi_0 \in \mathcal{D}$, $\Psi_0 \neq 0$, tale che $b^\dagger\,\Psi_0 = 0$.

Introduciamo ora $\mathcal{F}_\varphi := \{\varphi_n,\, n \geq 0\}$ e $\mathcal{F}_\Psi := \{\Psi_n,\, n \geq 0\}$, dove φ_n e Ψ_n sono definiti come in (2.15). Se T e T^{-1} sono limitati, $\mathcal{F}_\varphi$ e $\mathcal{F}_\Psi$ sono basi di Riesz biortogonali, altrimenti $\mathcal{F}_\varphi$ e $\mathcal{F}_\Psi$ sono $\mathcal{D}$-quasi basi biortogonali .

Inoltre, introduciamo gli insiemi

$$D(S_\varphi) = \{f \in \mathcal{H} : \textstyle\sum_{n=0}^\infty \langle \varphi_n, f\rangle \varphi_n \text{ esiste in } \mathcal{H}\},$$
$$D(S_\Psi) = \{g \in \mathcal{H} : \textstyle\sum_{n=0}^\infty \langle \Psi_n, g\rangle \Psi_n \text{ esiste in } \mathcal{H}\},$$

e, per $f \in D(S_\varphi)$ e $g \in D(S_\Psi)$, poniamo

$$S_\varphi f = \sum_{n=0}^\infty \langle \varphi_n, f\rangle \varphi_n, \qquad S_\Psi g = \sum_{n=0}^\infty \langle \Psi_n, g\rangle \Psi_n. \tag{2.80}$$

Allora, per tutti $f \in D(S_\varphi) \cap \mathcal{D}$ *e per tutti* $g \in D(S_\Psi) \cap \mathcal{D}$, *abbiamo*

$$S_\varphi f = T^2 f, \qquad S_\Psi g = T^{-2} g. \tag{2.81}$$

In altre parole, possiamo deformare gli operatori bosonici utilizzando qualsiasi operatore che abbia le proprietà richieste sopra per T: deve essere autoaggiunto, positivo e invertibile. Gli operatori risultanti sono pseudo-bosonici, regolari o no, a seconda della limitatezza di T e T^{-1}. Inoltre, gli operatori di intreccio S_φ e S_Ψ obbediscono alla (2.20), come è chiaro dalla (2.80,) e sono essenzialmente il quadrato di T e T^{-1}, rispettivamente.

A questo punto vogliamo mostrare che questa relazione può anche essere invertita. In altre parole, vogliamo dimostrare che, se abbiamo operatori pseudo-bosonici, sotto opportune ipotesi, possiamo utilizzarli per costruire una coppia di operatori bosonici. Questo è il contenuto del seguente teorema.

Teorema 2.8.2 *Siano* a *e* b *operatori su* $\mathcal{H}$, *con aggiunto* $a^\dagger$ *e* $b^\dagger$, *e sia* $\mathcal{D}$ *un sottospazio denso di* $\mathcal{H}$, *invariante sotto l'azione di* $a, b, a^\dagger$ *e* $b^\dagger$. *Supponiamo che* a *e* b *siano* $\mathcal{D}$*-PBs:* $[a, b]f = f$, $\forall f \in \mathcal{D}$; *esistono due vettori non nulli* φ_0, Ψ_0 *in* $\mathcal{D}$ *tali che* $a\varphi_0 = 0$ *e* $b^\dagger \Psi_0 = 0$. *Introduciamo* $\mathcal{F}_\varphi := \{\varphi_n, n \geq 0\}$ *e* $\mathcal{F}_\Psi := \{\Psi_n, n \geq 0\}$, *dove* φ_n *e* Ψ_n *sono dati in (2.15). Siano poi* S_φ *e* S_Ψ *definiti come nel Teorema 2.8.1, e* $\hat{S}_\varphi$ *e* $\hat{S}_\Psi$ *le loro estensioni autoaggiunte (di Friedrichs). Supponiamo che le loro radici quadrate* $\hat{S}_\varphi^{1/2}$ *e* $\hat{S}_\Psi^{1/2}$ *lascino* $\mathcal{D}$ *invariante, e che* $af = \hat{S}_\Psi^{-1} b^\dagger \hat{S}_\Psi f$, $\forall f \in \mathcal{D}$.

Allora esiste un operatore densamente definito c *tale che* $[c, c^\dagger]f = f$, $\forall f \in \mathcal{D}$. *Inoltre, per questi vettori di* $\mathcal{D}$ *risulta* $cf = \hat{S}_\Psi^{1/2} a \hat{S}_\varphi^{1/2} f$. *Ancora, esiste un vettore non nullo* $\hat{\varphi}_0$ *in* $\mathcal{D}$ *tale che* $c\,\hat{\varphi}_0 = 0$. *Posto poi* $\hat{\varphi}_n = \frac{1}{\sqrt{n!}} (c^\dagger)^n \hat{\varphi}_0$, $n \geq 0$, *l'insieme* $\mathcal{F}_{\hat{\varphi}} = \{\hat{\varphi}_n \in \mathcal{D}\}$ *è una base ortonormale per* $\mathcal{H}$, *e* $\hat{\varphi}_n = \hat{S}_\Psi^{1/2} \varphi_n$, *per tutti gli* $n \geq 0$.

Osservazione Forse è utile sottolineare qui che la condizione $af = \hat{S}_\Psi^{-1} b^\dagger \hat{S}_\Psi f$, $\forall f \in \mathcal{D}$, che appare tra le ipotesi di questo teorema, non è così forte, o insolita. Infatti, condizioni simili si incontrano in presenza di operatori scala non connessi dalla mappa aggiunta $\dagger$. Inoltre, nel caso bosonico standard, dove $a = b^\dagger$, sappiamo che $\mathcal{F}_\varphi = \mathcal{F}_\Psi = \mathcal{F}_e$ e, a causa di ciò, $\hat{S}_\Psi^{1/2} = 1\!\!1$.

Ci riferiamo a [9, 14] per ulteriori dettagli sui $\mathcal{D}$-PBs con particolare attenzione alle loro connessioni con i bosoni e con gli operatori di intreccio, e per le dimostrazioni dei Teoremi 2.8.1 e 2.8.2.

3 Altri operatori scala

Le CCR non sono le uniche regole di commutazione interessanti che appaiono nella letteratura fisica. Ogni studente sa che esiste almeno un'altra situazione in cui si impongono interessanti relazioni algebriche tra un dato operatore b e il suo aggiunto $b^\dagger$, che è diversa dalla (2.9). Quest'altra possibilità è relativa agli operatori fermionici. Non solo. Esistono molte altre regole di commutazione o anti-commutazione *estese* che danno origine a operatori scala. In questo capitolo discuteremo alcune di queste possibilità, e le loro versioni deformate. Questo sarà fatto utilizzando le stesse idee che, a partire dagli operatori che soddisfano (2.9), producono quelli in (2.14). Inizieremo la nostra analisi considerando gli operatori fermionici nella prossima sezione. Poi, nella Sezione 3.2 considereremo i *quoni*, e la loro versione deformata. Le *algebre di Heisenberg generalizzate*, e la loro deformazione, saranno discusse nella Sezione 3.3, mentre la Sezione 3.4 è dedicata all'analisi dei cosiddetti *operatori scala astratti*.

3.1 Pseudo-fermioni

Iniziamo la nostra analisi mostrando come le relazioni di anti-commutazione canoniche (CAR) possono essere modificate seguendo la stessa strategia che abbiamo considerato per i $\mathcal{D}$-PBs, e perché questa estensione è sicuramente *meno problematica*, e matematicamente molto più semplice.

Iniziamo ricordando che un operatore c che agisce su uno spazio di Hilbert $\mathcal{H}$ soddisfa le CAR se abbiamo

$$\{c, c^\dagger\} = c\,c^\dagger + c^\dagger\,c = 1\!\!1, \qquad c^2 = 0. \tag{3.1}$$

È facile verificare che la matrice due per due

$$c = \begin{pmatrix} 0 & 1 \\ 0 & 0 \end{pmatrix},$$

F. Bagarello, *Pseudo-Bosoni e Loro Stati Coerenti*,
https://doi.org/10.1007/978-3-031-61185-8_3

soddisfa le (3.1). Questa matrice fornisce quindi una realizzazione esplicita delle CAR su uno spazio di Hilbert bidimensionale. Una base ortonormale per $\mathcal{H}$ può essere costruita in analogia con quanto proposto nella Sezione 2.2: iniziamo introducendo il vuoto per c, Φ_0, e poi agiamo su questo vettore con potenze di $c^\dagger$. Tuttavia, le uniche potenze rilevanti sono 0 e 1, poiché $(c^\dagger)^n = 0$ per tutti gli $n \geq 2$. In particolare abbiamo

$$\Phi_0 = \begin{pmatrix} 1 \\ 0 \end{pmatrix} \qquad \Phi_1 = c^\dagger \Phi_0 = \begin{pmatrix} 0 \\ 1 \end{pmatrix},$$

così che $\langle \Phi_n, \Phi_l \rangle = \delta_{n,l}$, $n, l = 0, 1$. Inoltre, chiamando $\hat{n} = c^\dagger c = \begin{pmatrix} 0 & 0 \\ 0 & 1 \end{pmatrix}$, deduciamo anche che

$$c\Phi_1 = \Phi_0, \qquad \hat{n}\Phi_k = k\Phi_k,$$

$k = 0, 1$, il che spiega perché c è chiamato operatore di annichilazione e $c^\dagger$ operatore di creazione, e perché $\hat{n}$ è l'operatore numero.

Osservazione potrebbe essere utile ricordare che il fatto che $c^\dagger \Phi_1 = 0$ ha un'importante interpretazione fisica: è impossibile creare uno stato con due fermioni identici. Questo è, in estrema sintesi, il contenuto del principio di esclusione di Pauli.

3.1.1 Deformare le CAR

Come per i $\mathcal{D}$-PBs, sostituiamo adesso le CAR in (3.1) con le seguenti regole, [21]:

$$\{a, b\} = \mathbb{1}, \qquad a^2 = b^2 = 0, \tag{3.2}$$

dove la situazione rilevante è, ovviamente, quando $b \neq a^\dagger$. Questi sono i nostri operatori pseudo-fermionici o, brevemente, pseudo-fermioni (PFs). Il fatto che né a né $b^\dagger$ siano invertibili ($\det(a) = \det(b^\dagger) = 0$, a causa della (3.2)) implica che esistono due vettori non nulli φ_0 e ψ_0 tali che $a\,\varphi_0 = 0$ e $b^\dagger\,\Psi_0 = 0$. Questi sono i *vettori di vuoto* dei PFs. Possiamo sempre assumere che $\langle \Psi_0, \varphi_0 \rangle = 1$.

In $\mathcal{H} = \mathbb{C}^2$, è possibile verificare che le uniche scelte non banali di a e b che soddisfano le (3.2) sono le seguenti:

$$a(1) = \begin{pmatrix} 0 & 1 \\ 0 & 0 \end{pmatrix}, \quad b(1) = \begin{pmatrix} \beta & -\beta^2 \\ 1 & -\beta \end{pmatrix},$$

$$a(2) = \begin{pmatrix} \alpha & 1 \\ -\alpha^2 & -\alpha \end{pmatrix}, \quad b(2) = \begin{pmatrix} 0 & 0 \\ 1 & 0 \end{pmatrix},$$

con α e β non zero, per evitare di recuperare operatori fermionici ordinari, o, forse più interessante,

$$a(3) = \begin{pmatrix} \alpha_{11} & \alpha_{12} \\ -\alpha_{11}^2/\alpha_{12} & -\alpha_{11} \end{pmatrix}, \quad b(3) = \begin{pmatrix} \beta_{11} & \beta_{12} \\ -\beta_{11}^2/\beta_{12} & -\beta_{11} \end{pmatrix}, \tag{3.3}$$

con $\alpha_{12}\beta_{12} \neq 0$, e

$$(\alpha_{11}\beta_{12} - \alpha_{12}\beta_{11})^2 = -\alpha_{12}\beta_{12}. \tag{3.4}$$

Altre possibilità esistono anche, ma sono quelle in cui a e b scambiano i loro ruoli o quelle in cui a e b sono operatori fermionici standard. Si noti anche che $a(1)$ e $b(1)$ sembrano essere un caso speciale di $a(3)$ e $b(3)$, con $\alpha_{11} = 0, \alpha_{12} = 1, \beta_{11} = \beta$ e $\beta_{12} = -\beta^2$, scelta che soddisfa la condizione sopra sugli elementi della matrice. D'altra parte, $a(2)$ e $b(2)$ non possono essere recuperati da $a(3)$ e $b(3)$ per alcuna scelta dei parametri, ma solo in qualche limite opportuno, [14].

È ora possibile ottenere risultati simili a quelli dedotti per $\mathcal{D}$-PBs. In particolare, introduciamo prima i seguenti vettori non zero

$$\varphi_1 := b\,\varphi_0, \quad \Psi_1 = a^\dagger \Psi_0, \tag{3.5}$$

e gli operatori non autoaggiunti

$$N = ba, \quad N^\dagger = a^\dagger b^\dagger. \tag{3.6}$$

Come per i fermioni ordinari, non ha senso considerare $b^n\,\varphi_0$ o $a^{\dagger^n}\Psi_0$ per $n \geq 2$, poiché tutti questi vettori sono automaticamente nulli. Introduciamo ora gli operatori autoaggiunti S_φ e S_Ψ attraverso la loro azione su un generico $f \in \mathcal{H}$:

$$S_\varphi f = \sum_{n=0}^{1} \langle \varphi_n, f \rangle\, \varphi_n, \quad S_\Psi f = \sum_{n=0}^{1} \langle \Psi_n, f \rangle\, \Psi_n. \tag{3.7}$$

Contrariamente a quanto accade per gli $\mathcal{D}$-PBs, non ci sono problemi adesso con l'esistenza di S_φ e S_Ψ, e con i loro domini, poiché le somme in (3.7) sono finite. Ora è molto facile ottenere i seguenti risultati, simili in parte a quelli per $\mathcal{D}$-PBs. Le dimostrazioni delle seguenti affermazioni sono semplici e sono lasciate al lettore:

1.
$$a\varphi_1 = \varphi_0, \quad b^\dagger \Psi_1 = \Psi_0. \tag{3.8}$$

2. Valgono le seguenti equazioni agli autovalori:

$$N\varphi_n = n\varphi_n, \quad N^\dagger \Psi_n = n\Psi_n, \tag{3.9}$$

   per $n = 0, 1$.

3. Con la nostra scelta di normalizzazione, $\langle \varphi_0, \Psi_0 \rangle = 1$, abbiamo

$$\langle \varphi_k, \Psi_n \rangle = \delta_{k,n}, \tag{3.10}$$

per $k, n = 0, 1$.
4. S_φ e S_Ψ sono limitati, strettamente positivi, autoaggiunti e invertibili. Soddisfano poi

$$\|S_\varphi\| \leq \|\varphi_0\|^2 + \|\varphi_1\|^2, \qquad \|S_\Psi\| \leq \|\Psi_0\|^2 + \|\Psi_1\|^2, \tag{3.11}$$

$$S_\varphi \Psi_n = \varphi_n, \qquad S_\Psi \varphi_n = \Psi_n, \tag{3.12}$$

per $n = 0, 1$, e $S_\varphi = S_\Psi^{-1}$. Inoltre, soddisfano le relazioni di intreccio

$$S_\Psi N = N^\dagger S_\Psi, \qquad S_\varphi N^\dagger = N S_\varphi. \tag{3.13}$$

Questi risultati mostrano la profonda relazione tra PFs e fermioni ordinari. Infatti, la formula (3.9) mostra che N e $N^\dagger$ si comportano in maniera analoga all'operatore numero fermionico $\hat{n}$, con cui condividono gli stessi autovalori 0 e 1. I relativi autovettori sono gli elementi di $\mathcal{F}_\varphi = \{\varphi_0, \varphi_1\}$ e di $\mathcal{F}_\Psi = \{\Psi_0, \Psi_1\}$. La formula (3.8) mostra che a e $b^\dagger$ agiscono come operatori di annichilazione per $\mathcal{F}_\varphi$ e $\mathcal{F}_\Psi$ rispettivamente. Allo stesso modo, b e $a^\dagger$ sono operatori di creazione per $\mathcal{F}_\varphi$ e $\mathcal{F}_\Psi$: tutto ciò è del tutto analogo al comportamento di c e $c^\dagger$ per le CAR. Inoltre, i due insiemi $\mathcal{F}_\varphi$ e $\mathcal{F}_\Psi$ sono biortonormali e, come tali, basi per $\mathcal{H}$. In realtà, sono basi di Riesz, [14]. La formula (3.12) mostra che gli operatori S_φ e S_Ψ mappano $\mathcal{F}_\varphi$ in $\mathcal{F}_\Psi$ e viceversa, mentre la formula (3.13) implica che S_φ e S_Ψ *intrecciano* N *e* $N^\dagger$. Come si vede, molte di queste proprietà sono esattamente le controparti di quelle già dedotte per i $\mathcal{D}$-PBs.

Nella Sezione 2.8 abbiamo discusso alcune connessioni tra $\mathcal{D}$-PBs e bosoni ordinari. Un'analisi simile può essere effettuata anche qui, per PFs. Non sorprendentemente, tale analisi è molto più semplice qui, poiché si lavora con spazi di dimensione finita, dove ogni operazione rilevante è ben definita. Il seguente risultato è dimostrato in [14]:

Teorema 3.1.1 *Siano c e $T = T^\dagger$ due operatori su $\mathcal{H}$ tali che $\{c, c^\dagger\} = \mathbb{1}$, $c^2 = 0$, e $T > 0$. Allora, definendo*

$$a = T\, c\, T^{-1}, \qquad b = T\, c^\dagger\, T^{-1}, \tag{3.14}$$

questi operatori soddisfano la (3.1).

Viceversa, dati due operatori a e b che agiscono su $\mathcal{H}$, che soddisfano la (3.1), è possibile definire due operatori, c e T, tali che $\{c, c^\dagger\} = \mathbb{1}$, $c^2 = 0$, $T = T^\dagger$ è strettamente positivo, e vale la (3.14).

I PFs possono essere utilizzati nell'analisi di molti sistemi quantistici introdotti da diversi autori negli ultimi anni. Elenchiamo qui alcune delle Hamiltoniane introdotte di recente che possono essere riscritte in termini di PFs. Maggiori dettagli possono essere trovati in [16] e in [14].

Iniziamo con

$$H_{DG} = \begin{pmatrix} r\, e^{i\theta} & s\, e^{i\phi} \\ t\, e^{-i\phi} & r\, e^{-i\theta} \end{pmatrix},$$

dove r, s, t, θ e ϕ sono tutte quantità reali, originariamente considerata in [57]. Altri esempi sono

$$H_{GMM} = \begin{pmatrix} \sigma_1 - i\Gamma_1 & \nu_0 \\ \nu_0 & \sigma_2 - i\Gamma_2 \end{pmatrix},$$

dove Γ_1 e Γ_2 sono quantità positive, σ_1 e σ_2 sono reali, e ν_0 è complesso, introdotta in [76], e

$$H_{MO} = E\begin{pmatrix} \cos\theta & e^{-i\phi}\sin(\theta) \\ e^{i\phi}\sin(\theta) & -\cos\theta \end{pmatrix},$$

dove $\theta, \phi \in \mathbb{C}$, $\Re(\theta) \in [0, \pi)$, e $\Re(\phi) \in [0, \pi)$, introdotta per la prima volta in [99]. Ovviamente, qui la situazione interessante è quando $E \neq 0$ e $\theta \neq 0$. Infine, anche la matrice $H_{\rm rel}$, [75, 93], può anch'essa essere riscritta in termini di PFs

$$H_{\rm rel} = \begin{pmatrix} mc^2 & cp_x + v \\ cp_x - v & -mc^2 \end{pmatrix}.$$

3.2 Pseudo-quons

In questa sezione consideriamo brevemente una diversa regola di commutazione, che a nostro avviso è particolarmente interessante poiché si pone tra la CCR e le CAR. Questa regola produce i cosiddetti *quoni*, [68, 78, 98]. In questo caso si assume la seguente relazione di q-mutazione tra due operatori scala C e $C^\dagger$, uno l'aggiunto dell'altro:

$$[C, C^\dagger]_q := CC^\dagger - qC^\dagger C = 1\!\!1, \qquad q \in [-1, 1], \tag{3.15}$$

che si riduce allla CCR per $q = 1$ e alla CAR (relativamente all'anti-commutatore) per $q = -1$. Per q nell'intervallo $]-1, 1[$ l'equazione (3.15) descrive particelle che non sono né bosoni né fermioni. Per completezza, osserviamo anche che nel corso degli anni sono state proposte altre possibili relazioni di q-mutatori, che però non saranno considerate qui.

In [98] si dimostra che gli autostati di $N_0 = C^\dagger C$ sono analoghi a quelli bosonici, eccetto che per la normalizzazione. Una semplice realizzazione concreta della (3.15) può essere dedotta come segue: sia $\mathcal{F}_e = \{e_k,\ k = 0, 1, 2, \ldots\}$ la base ortogonale canonica (o.n.) in $\mathcal{H} = l^2(\mathbb{N}_0)$, con tutte gli elementi nulli tranne quello nella posizione $(k+1)$-esima, che è uguale a uno: $\langle e_k, e_m\rangle = \delta_{k,m}$. Se prendiamo

$$C = \begin{pmatrix} 0 & \beta_0 & 0 & 0 & 0 & 0 & \cdots \\ 0 & 0 & \beta_1 & 0 & 0 & 0 & \cdots \\ 0 & 0 & 0 & \beta_2 & 0 & 0 & \cdots \\ 0 & 0 & 0 & 0 & \beta_3 & 0 & \cdots \\ 0 & 0 & 0 & 0 & 0 & \beta_4 & \cdots \\ \cdots & \cdots & \cdots & \cdots & \cdots & \cdots & \cdots \\ \cdots & \cdots & \cdots & \cdots & \cdots & \cdots & \cdots \end{pmatrix}, \tag{3.16}$$

segue che la (3.15) è soddisfatta se $\beta_0^2 = 1$ e $\beta_n^2 = 1 + q\beta_{n-1}^2$, $n \geq 1$. Allora β_n^2 coincide con $n+1$ se $q = 1$, e con $\frac{1-q^{n+1}}{1-q}$ se $q \neq 1$. Qui considereremo sempre $\beta_n > 0$ per tutti gli $n \geq 0$. Inoltre $C\, e_0 = 0$, e $C^\dagger$ si comporta come un operatore di creazione poiché dalla (3.16) deduciamo che

$$e_{n+1} = \frac{1}{\beta_n} C^\dagger e_n = \frac{1}{\beta_n!}(C^\dagger)^{n+1} e_0, \tag{3.17}$$

per tutti gli $n \geq 0$. Qui abbiamo introdotto $\beta_n! := \beta_n \beta_{n-1} \cdots \beta_2 \beta_1$. In letteratura questa quantità è a volte chiamata *q-fattoriale*. Ovviamente, dalla (3.17) segue che $C^\dagger e_n = \beta_n e_{n+1}$, quindi $C^\dagger$ è un operatore di creazione. Usando la (3.16) è anche facile verificare che C agisce come un operatore di annichilazione su $\mathcal{F}_e$: $C\, e_m = \beta_{m-1} e_{m-1}$, per tutti $m \in \mathbb{N}_0$, dove abbiamo posto $\beta_{-1} = 0$, per garantire che $C\, e_0 = 0$.

Allora abbiamo

$$N_0 e_m = \beta_{m-1}^2 e_m, \tag{3.18}$$

per tutti $m \in \mathbb{N}_0$. L'operatore N, formalmente definito in [98] come segue $N = \frac{1}{\log(q)} \log(1\!\!1 - N_0(1-q))$ per $q > 0$, soddisfa l'equazione agli autovalori $N e_m = m e_m$, per tutti $m \in \mathbb{N}_0$.

È interessante osservare che, in [62], è stata proposta la seguente rappresentazione differenziale di C e $C^\dagger$ in $\mathcal{L}^2(\mathbb{R})$:

$$C = \frac{e^{-2i\alpha x} - e^{i\alpha \frac{d}{dx}} e^{-i\alpha x}}{-i\sqrt{1 - e^{-2\alpha^2}}}, \qquad C^\dagger = \frac{e^{2i\alpha x} - e^{i\alpha x} e^{i\alpha \frac{d}{dx}}}{i\sqrt{1 - e^{-2\alpha^2}}}, \tag{3.19}$$

dove $\alpha = \sqrt{-\frac{\log(q)}{2}}$ o, equivalentemente, $q = e^{-2\alpha^2}$. Tuttavia, se α appartiene all'insieme $[0, \infty)$, q varia nell'intervallo $]0, 1]$. Quindi, la rappresentazione in (3.19) funziona solo in questa regione.

3.2.1 $\mathcal{D}$-pseudo quoni

Quello che abbiamo fatto per bosoni e fermioni può essere ripetuto, con qualche piccola modifica, anche adesso al fine di costruire una versione deformata dei quoni, che saranno chiamati $\mathcal{D}$*-pseudo quoni*. Sia $\mathcal{H}$ uno spazio di Hilbert con prodotto scalare $\langle .,. \rangle$ e norma associata $\|.\|$. Siano inoltre a e b due operatori su $\mathcal{H}$, con domini $D(a)$ e $D(b)$ rispettivamente[1], $a^\dagger$ e $b^\dagger$ i loro aggiunti, e sia $\mathcal{D}$ un sottospazio denso di $\mathcal{H}$ tale che $a^\sharp\mathcal{D} \subseteq \mathcal{D}$ e $b^\sharp\mathcal{D} \subseteq \mathcal{D}$. Come nella Sezione 2.3, ciò implica, in particolare, che $\mathcal{D} \subseteq D(a^\sharp)$ e $\mathcal{D} \subseteq D(b^\sharp)$.

Definizione 3.2.1 *Gli operatori* (a, b) *sono* $\mathcal{D}$*-pseudo quonici se, per tutti gli* $f \in \mathcal{D}$*, abbiamo*

$$[a,b]_q f := a\, b\, f - q\, b\, a\, f = f, \tag{3.20}$$

per qualche q *reale.*

Per il momento, non imponiamo alcuna restrizione sui valori di q. Questa restrizione sarà introdotta a breve.

Le nostre ipotesi di lavoro iniziali coincidono con quelle per i $\mathcal{D}$-PBs:

Assunzione $\boldsymbol{\mathcal{D}}$***-pq 1.*** esiste un non-zero $\varphi_0 \in \mathcal{D}$ tale che $a\,\varphi_0 = 0$.

Assunzione $\boldsymbol{\mathcal{D}}$***-pq 2.*** esiste un non-zero $\Psi_0 \in \mathcal{D}$ tale che $b^\dagger\,\Psi_0 = 0$.

Quindi, se (a, b) soddisfano la Definizione 3.2.1, è ovvio che i vettori

$$\varphi_n := \frac{1}{\beta_{n-1}!}\, b^n \varphi_0 = \frac{1}{\beta_{n-1}}\, b\,\varphi_{n-1}, \qquad \Psi_n := \frac{1}{\beta_{n-1}!}\, {a^\dagger}^n \Psi_0 = \frac{1}{\beta_{n-1}}\, a^\dagger\,\Psi_{n-1}, \tag{3.21}$$

$n \geq 1$, possono essere definiti e che tutti appartengono a $\mathcal{D}$ e, di conseguenza, ai domini di $a^\sharp$, $b^\sharp$ e $N^\sharp$, dove $N = ba$. Qui $\beta_n > 0$ sono quelli introdotti in precedenza per i quoni ordinari. Definiamo inoltre $\mathcal{F}_\Psi = \{\Psi_n,\, n \geq 0\}$ e $\mathcal{F}_\varphi = \{\varphi_n,\, n \geq 0\}$.

Possiamo facilmente dedurre le seguenti relazioni di annichilazione e di creazione:

$$\begin{cases} b\,\varphi_n = \beta_n\varphi_{n+1}, & n \geq 0,\\ a\,\varphi_0 = 0, \quad a\varphi_n = \beta_{n-1}\,\varphi_{n-1}, & n \geq 1,\\ a^\dagger\Psi_n = \beta_n\Psi_{n+1}, & n \geq 0,\\ b^\dagger\Psi_0 = 0, \quad b^\dagger\Psi_n = \beta_{n-1}\,\Psi_{n-1}, & n \geq 1. \end{cases} \tag{3.22}$$

Da queste formule deduciamo le equazioni di autovalore $N\varphi_n = \beta_{n-1}\varphi_n$ e $N^\dagger\Psi_n = \beta_{n-1}\Psi_n$, $n \geq 0$ che mostrano, in particolare, che N e $N^\dagger$ hanno gli stessi autovalori e che φ_n e Ψ_n sono autostati di N e $N^\dagger$ rispettivamente. Questo suggerisce, anche in analogia a quanto già osservato per $\mathcal{D}$-PBs e per PFs, l'esistenza di qualche operatore di intreccio tra N e $N^\dagger$, vedi [28]. Inoltre, fissando la normalizzazione di φ_0 e Ψ_0 in modo tale $\langle \varphi_0, \Psi_0 \rangle = 1$, troviamo che

$$\langle \varphi_n, \Psi_m \rangle = \delta_{n,m}, \tag{3.23}$$

[1] Naturalmente, se $\dim(\mathcal{H}) < \infty$, allora non c'è alcun problema nell'assumere che sia $D(a) = D(b) = \mathcal{H}$.

per tutti $n, m \geq 0$. Quindi $\mathcal{F}_\Psi$ e $\mathcal{F}_\varphi$ sono biortogonali. La nostra terza ipotesi è la seguente:

Assunzione $\mathcal{D}$-pq 3. $\mathcal{F}_\varphi$ è una base per $\mathcal{H}$,

o la sua versione più debole:

Assunzione $\mathcal{D}$-pqw 3. Per qualche sottospazio $\mathcal{G}$ denso in $\mathcal{H}$, $\mathcal{F}_\varphi$ e $\mathcal{F}_\Psi$ sono $\mathcal{G}$-quasi basi.

In particolare, se $\mathcal{F}_\varphi$ è una base per $\mathcal{H}$, allora $\mathcal{F}_\Psi$ è anch'essa una base per $\mathcal{H}$.

Osservazioni (1) Una semplice stima mostra che

$$\|a\|^2 = \sup_{\|f\|=1} \|af\|^2 \geq \beta_{n-1}^2 \left(\frac{\|\varphi_{n-1}\|}{\|\varphi_n\|} \right)^2,$$

e l'ultimo membro può essere convergente o divergente con n a seconda del valore di q e del rapporto $\frac{\|\varphi_{n-1}\|}{\|\varphi_n\|}$. Una stima simile può essere dedotta per $\|b\|$. Quando $\|a\|$ e $\|b\|$ sono finiti, potremmo prendere $\mathcal{D}$ coincidente con $\mathcal{H}$. Ma, anche in queste situazioni, le Assunzioni $\mathcal{D}$-pq1, $\mathcal{D}$-pq2 e $\mathcal{D}$-pq3 dovrebbero essere esplicitamente verificate.

(2) Per i $\mathcal{D}$-pseudo quoni possiamo introdurre due operatori S_φ e S_Ψ come nella Sezione 2.3, e questi operatori hanno proprietà simili e presentano problemi simili a quelli già visti per altri operatori scala, a seconda della natura degli operatori a e b e delle famiglie $\mathcal{F}_\varphi$ e $\mathcal{F}_\Psi$.

Rimandiamo a [28] per ulteriori dettagli sui $\mathcal{D}$-pseudo quoni, inclusi alcuni esempi espliciti di operatori a e b che soddisfano la Definizione 3.2.1. Nello stesso articolo si discute anche la possibilità di costruire una sorta di stati coerenti, come autostati di a e $b^\dagger$. Questa costruzione non è particolarmente diversa da quella che proporremo, per i $\mathcal{D}$-PBs, nel Capitolo 5.

3.3 Algebra di Heisenberg generalizzata deformata

Negli ultimi anni è stata proposta una strategia interessante per analizzare modelli risolubili legati ad alcune particolari hamiltoniane autoaggiunte. Tale strategia è stata discussa, in particolare, in una serie di articoli su quelle che sono state chiamate *algebre di Heisenberg generalizzate* (GHA), [52–54]. Questa strategia si basa principalmente sull'esistenza di opportune relazioni di intreccio e di commutazione, e sull'esistenza di una funzione $f(x)$ che soddisfa opportune condizioni.

Più nel dettaglio, consideriamo due operatori c e $H = H^\dagger$ che soddisfano le seguenti condizioni:

$$cH = f(H)c, \qquad \text{e} \qquad [c, c^\dagger] = f(H) - H, \tag{3.24}$$

in cui $f(x)$ è una data funzione di x, conosciuta come *la funzione caratteristica* della GHA. Mostreremo più avanti che occorre, o comunque conviene, che $f(x)$ sia una funzione strettamente crescente. Deve essere sottolineato che entrambe le uguaglianze in (3.24) dovrebbero essere adeguatamente definite, almeno se c o H, o entrambi, sono operatori non limitati. Questo è quel che succede, ad esempio, nel caso semplice in cui $H = c^\dagger c$, con $[c, c^\dagger] = 1\!\!1$. In situazioni di questo tipo le formule (3.24) devono essere intese nel senso degli operatori non limitati. Possiamo dunque assumere, come già più volte abbiamo fatto in precedenza, che esista un insieme $\mathcal{D}$, denso nello spazio di Hilbert $\mathcal{H}$ e stabile sotto l'azione di c, $c^\dagger$, H e $f(H)$ per cui si abbia

$$cH\varphi = f(H)c\,\varphi, \qquad \text{e} \qquad (c\,c^\dagger - c^\dagger c)\varphi = (f(H) - H)\varphi,$$

per tutti $\varphi \in \mathcal{D}$. Naturalmente, $f(H)$ può essere definito utilizzando il teorema spettrale per H, visto che $H = H^\dagger$, [109]. D'ora in poi, quando non ci possono essere fraintendimenti, useremo la notazione più semplice in (3.24).

Dalla (3.24) troviamo che $[c, H] = (f(H) - H)c$, e $[c^\dagger, H] = -c^\dagger(f(H) - H)$. Supponiamo che H sia positivo, e chiamiamo $\hat{e}_0 \in \mathcal{H}$ il suo stato fondamentale normalizzato, $H\hat{e}_0 = \epsilon_0\,\hat{e}_0$, $\epsilon_0 > 0$, $\|\hat{e}_0\| = 1$. Se $\hat{e}_0$ appartiene a $\mathcal{D}$, possiamo introdurre i vettori $\hat{e}_n = (c^\dagger)^n\hat{e}_0$, $n \geq 0$, e tutti appartengono a $\mathcal{D}$. Inoltre, essi sono tutti autostati di H con autovalori ϵ_n, definiti ricorsivamente come $\epsilon_n = f(\epsilon_{n-1})$, $n \geq 1$. In altre parole, abbiamo

$$H\hat{e}_n = \epsilon_n\hat{e}_n, \tag{3.25}$$

$n \geq 0$. Naturalmente, il fatto che risulti $H = H^\dagger$ implica che, se la molteplicità di ciascun ϵ_n è uno, diversi $\hat{e}_n$ sono mutuamente ortogonali: $\langle\hat{e}_n, \hat{e}_k\rangle = 0$ se $n \neq k$. Tuttavia, in generale, questi vettori non sono normalizzati. Per fissare la normalizzazione è utile verificare prima se c è un operatore di annichilazione, cioè se $c\hat{e}_n$ è proporzionale a $\hat{e}_{n-1}$. Per far ciò verifichiamo intanto che $c\hat{e}_0 = 0$. Questo può derivare da un calcolo esplicito, ma può anche essere dedotto utilizzando il seguente risultato generale:

Lemma 3.3.1 *Se $\mathcal{F}_{\hat{e}} = \{\hat{e}_n,\ n \geq 0\}$ è totale in $\mathcal{H}$, allora $c\,\hat{e}_0 = 0$.*

Dimostrazione Utilizzando l'ortogonalità dei vettori $\hat{e}_n$ e la loro definizione abbiamo

$$\langle\hat{e}_n, (c\hat{e}_0)\rangle = \left\langle c^\dagger\hat{e}_n, \hat{e}_0\right\rangle = \langle\hat{e}_{n+1}, \hat{e}_0\rangle = 0$$

per tutti $n \geq 0$. Quindi il risultato deriva dalla totalità di $\mathcal{F}_{\hat{e}}$. □

Utilizzando ora l'induzione su n possiamo dedurre che, se $c\,\hat{e}_0 = 0$, allora, per $n \geq 1$,

$$c\,\hat{e}_n = (\epsilon_n - \epsilon_0)\,\hat{e}_{n-1}, \qquad \text{e} \qquad c^\dagger c\,\hat{e}_n = (\epsilon_n - \epsilon_0)\hat{e}_n. \tag{3.26}$$

La dimostrazione è facile e si basa sulla (3.24), e non sarà data qui. Ci limitiamo a commentare che, affinché i risultati forniti qui abbiano senso, la funzione $f(x)$ deve essere tale che

$$\epsilon_n > \epsilon_0, \tag{3.27}$$

per tutti gli $n > 0$. Questo perché, dalla seconda uguaglianza in (3.26), abbiamo

$$\langle \hat{e}_n, c^\dagger c\hat{e}_n \rangle = \|c\hat{e}_n\|^2 = (\epsilon_n - \epsilon_0)\|\hat{e}_n\|^2,$$

per ogni $n \geq 1$, che è possibile, se $\hat{e}_n \neq 0$, solo se vale la (3.27). Questo, naturalmente, impone qualche vincolo sulla funzione caratteristica $f(x)$. Come già osservato, abbiamo bisogno che $f(x)$ sia strettamente crescente. Questo garantisce anche che ogni ϵ_n non sia degenere. Quindi gli autovettori normalizzati di H sono

$$e_n = \frac{1}{\sqrt{(\epsilon_n - \epsilon_0)!}}\hat{e}_n = \frac{1}{\sqrt{(\epsilon_n - \epsilon_0)!}}(c^\dagger)^n \hat{e}_0, \tag{3.28}$$

dove $(\epsilon_n - \epsilon_0)! = (\epsilon_n - \epsilon_0)(\epsilon_{n-1} - \epsilon_0)\cdots(\epsilon_1 - \epsilon_0)$, $n \geq 1$ e $0! = 1$ è il q-fattoriale di $\epsilon_n - \epsilon_0$. Questi vettori soddisfano le seguenti equazioni scala, analoghe a quelle per $\hat{e}_n$ ma con fattori diversi:

$$\begin{cases} c^\dagger e_n = \sqrt{\epsilon_{n+1} - \epsilon_0}\, e_{n+1}, \\ c e_n = \sqrt{\epsilon_n - \epsilon_0}\, e_{n-1}, \end{cases} \tag{3.29}$$

che insieme implicano le seguenti uguaglianze:

$$cc^\dagger e_n = (\epsilon_{n+1} - \epsilon_0)\, e_n, \qquad c^\dagger c\, e_n = (\epsilon_n - \epsilon_0)\, e_n, \tag{3.30}$$

per tutti $n \geq 0$. In particolare, ciò vuol dire che l'Hamiltoniana originale H può essere scritta come $H = c^\dagger c + \epsilon_0 1\!\!1$, e dunque che $H - \epsilon_0 1\!\!1$ è fattorizzabile e coincide con $c^\dagger c$. Allora risulta naturale introdurre un secondo operatore, anch'esso costruito usando c e il suo aggiunto, la cosiddetta Hamiltoniana *supersimmetrica*: $H_{\text{Susy}} = cc^\dagger + \epsilon_0 1\!\!1$. Gli autovettori di H_{Susy} coincidono con quelli di H, mentre i suoi autovalori sono semplicemente i suoi traslati:

$$H_{\text{Susy}} e_n = \epsilon_{n+1} e_n, \tag{3.31}$$

$n \geq 0$. H_{Susy} gioca anche un ruolo nella determinazione della funzione caratteristica del GHA. Infatti, poiché $H_{\text{Susy}} = [c, c^\dagger] + c^\dagger c + \epsilon_0 1\!\!1 = f(H) - H + H = f(H)$, è chiaro che $f(x)$ sia connessa alla espressione di H_{Susy}.

3.3.1 GHA Deformato

Siamo ora pronti a estendere quanto appena discusso ad operatori Hamiltoniani che non siano necessariamente autoaggiunti. Tuttavia, prima di fare ciò, dovremmo discutere cosa si intende per $f(h)$, per un operatore lineare h non necessariamente autoaggiunto e per una funzione $f(x)$ opportuna ma fissata. Questo è facile se, ad esempio, h è limitato e $f(x)$ ammette un'espansione in serie di potenze $f(x) = \sum_{n=0}^{\infty} c_n x^n$ convergente all'interno di un intervallo $|x| < M$. Infatti, in questo caso, $f(h)$ può essere definito come la serie di potenze $f(h) = \sum_{n=0}^{\infty} c_n h^n$, almeno se $\|h\| < M$. D'altra parte, se h è illimitato ma autoaggiunto, $h = h^\dagger$, $f(h)$ può essere definito tramite il teorema spettrale. La situazione è più complicata quando h è illimitato e non autoaggiunto. Tuttavia, se h è simile a un altro operatore autoaggiunto H, $H = H^\dagger$, questo potrebbe ancora essere fatto sotto opportune condizioni sull'operatore di similitudine[2] S. Un altro modo pragmatico per definire $f(h)$, o almeno per dargli un significato, è tramite la sua azione su una base di $\mathcal{H}$, possibilmente l'insieme degli autostati di h.

Dopo questa premessa, consideriamo la seguente definizione:

Definizione 3.3.2 *Siano a, b e h tre operatori definiti su un dominio denso $\mathcal{D}$ dello spazio di Hilbert $\mathcal{H}$. Supponiamo che $\mathcal{D}$ sia stabile sotto la loro azione e sotto l'azione dei loro aggiunti. Diciamo che (a, b, h) sono compatibili se, per tutti $\varphi \in \mathcal{D}$, le seguenti uguaglianze valgono:*

$$hb\,\varphi = bf(h)\,\varphi, \qquad ah\,\varphi = f(h)a\,\varphi, \tag{3.32}$$

per una funzione $f(x)$ fissata, strettamente crescente.

Proposizione 3.3.3 *Siano (a, b, h) operatori compatibili e sia ϵ_0 un numero reale fisso (non negativo). Chiamiamo $\epsilon_{n+1} = f(\epsilon_n)$, $n \geq 0$. Supponiamo ora che esistano due vettori non nulli, φ_0 e ψ_0, in $\mathcal{D}$ tali che $h\varphi_0 = \epsilon_0\varphi_0$ e $h^\dagger\psi_0 = \epsilon_0\psi_0$. Chiamiamo*

$$\varphi_n = \frac{1}{\sqrt{(\epsilon_n - \epsilon_0)!}}\, b^n\varphi_0 \qquad \psi_n = \frac{1}{\sqrt{(\epsilon_n - \epsilon_0)!}}\, (a^\dagger)^n\psi_0, \tag{3.33}$$

per ogni $n \geq 0$, dove $(\epsilon_n - \epsilon_0)!$ è stato definito in precedenza, sotto la formula (3.28). Allora:

$$h\varphi_n = \epsilon_n\varphi_n, \qquad h^\dagger\psi_n = \epsilon_n\psi_n, \tag{3.34}$$

per $n \geq 0$. Inoltre,

$$\langle\psi_n, \varphi_m\rangle = \delta_{n,m}\langle\psi_n, \varphi_n\rangle. \tag{3.35}$$

La dimostrazione di questa Proposizione può essere trovata in [26]. Qui osserviamo che, a causa della stabilità di $\mathcal{D}$, $\varphi_n, \psi_n \in \mathcal{D}$. Inoltre, come nella GHA standard, per tutti $n \geq 1$ le quantità $\epsilon_n - \epsilon_0$ sono strettamente positive, e $\{\epsilon_n\}$ è una successione strettamente crescente. Questo è, ovviamente, una conseguenza del fatto che $f(x)$ è strettamente crescente.

Ora, le formule (3.33) mostrano che b e $a^\dagger$ sono operatori di creazione per i vettori in $\mathcal{F}_\varphi = \{\varphi_n,\ n \geq 0\}$ e $\mathcal{F}_\psi = \{\psi_n,\ n \geq 0\}$ rispettivamente. Ci aspettiamo che a e $b^\dagger$ siano operatori di annichilazione. Tuttavia, questo non è vero in generale, ma lo diventa se la seguente regola di commutazione tra a e b è soddisfatta:

$$[a, b] = f(h) - h, \tag{3.36}$$

[2] Ovvero se esiste un operatore invertibile S per cui $h = SHS^{-1}$, nell'ipotesi che il secondo membro sia ben definito.

almeno su $\mathcal{D}$. Osserviamo incidentalmente che questa coincide con l'analoga formula in (3.24) se $b = a^\dagger$. Ovviamente la (3.36) implica anche che risulti $[b^\dagger, a^\dagger] = f(h^\dagger) - h^\dagger$ su $\mathcal{D}$. Le seguenti equazioni di annichilazione possono ora essere facilmente dimostrate, se $a\varphi_0 = b^\dagger\psi_0 = 0$:

$$a\varphi_n = \sqrt{\epsilon_n - \epsilon_0}\,\varphi_{n-1}, \qquad b^\dagger\psi_n = \sqrt{\epsilon_n - \epsilon_0}\,\psi_{n-1}, \tag{3.37}$$

per tutti gli $n \geq 1$. Il fatto che $a\varphi_0 = b^\dagger\psi_0 = 0$ può essere dimostrato come nel Lemma 3.3.1, se $\mathcal{F}_\varphi$ e $\mathcal{F}_\psi$ sono totali in $\mathcal{H}$.

Una diretta conseguenza delle equazioni scala per a, b e i loro aggiunti sono le seguenti equazioni agli autovalori:

$$\begin{cases} ba\varphi_n = (\epsilon_n - \epsilon_0)\varphi_n, & ab\varphi_n = (\epsilon_{n+1} - \epsilon_0)\varphi_n \\ a^\dagger b^\dagger\psi_n = (\epsilon_n - \epsilon_0)\psi_n, & b^\dagger a^\dagger\psi_n = (\epsilon_{n+1} - \epsilon_0)\psi_n, \end{cases} \tag{3.38}$$

che mostrano come φ_n sia un autostato sia di ba che di ab, mentre ogni ψ_n è un autostato sia di $a^\dagger b^\dagger$ che di $b^\dagger a^\dagger$. Ora, sotto le ipotesi della Proposizione 3.3.3, se $\langle\psi_0, \varphi_0\rangle = 1$, ne segue che $\langle\psi_n, \varphi_m\rangle = \delta_{n,m}$.

Definizione 3.3.4 *L'insieme di regole di commutazione in (3.32) e (3.36) soddisfatte dagli operatori a, b e h, insieme alla funzione $f(x)$, definiscono un* algebra di Heisenberg generalizzata deformata *(DGHA).*

3.3.2 Costruzione di una DGHA da una GHA

Siano c e H operatori che soddisfano la GHA discussa nella prima parte di questa sezione. Ciò significa che soddisfano quanto segue:

$$cH = f(H)c, \qquad [c, c^\dagger] = f(H) - H,$$

dove $H = H^\dagger$ e $f(x)$ è una funzione strettamente crescente. Sia e_0 lo stato fondamentale di H, che per semplificare la notazione assumeremo corrispondente all'autovalore $\epsilon_0 = 0$: $c\,e_0 = 0$. Supponiamo inoltre che $e_0 \in \mathcal{D}$, un appropriato sottoinsieme denso di $\mathcal{H}$. Sia ora S un operatore invertibile, non unitario, che lascia $\mathcal{D}$ stabile, insieme a S^{-1}. Allora, introducendo $a = ScS^{-1}$, $b = Sc^\dagger S^{-1}$, $\varphi_0 = Se_0$, $\psi_0 = (S^{-1})^\dagger e_0$ e $h = SHS^{-1}$, è chiaro che questi nuovi operatori e vettori soddisfano tutte le proprietà richieste nella Sezione 3.3.1. In particolare, le (3.32) e (3.36) sono soddisfatte. Quindi due insiemi biortogonali possono essere costruiti come in (3.33), e questi sono autostati di h e $h^\dagger$. Si noti che questi due insiemi in generale non è detto siano basi per lo spazio di Hilbert $\mathcal{H}$, anche se in molti esempi concreti si verifica che tali insiemi sono totali. Tuttavia, se sia S che S^{-1} sono limitati, allora $\mathcal{F}_\varphi$ e $\mathcal{F}_\psi$ sono basi di Riesz biortogonali. Altrimenti, se $\mathcal{D}$ è anche invariante sotto l'azione di $S^\dagger$ e $(S^{-1})^\dagger$, $\mathcal{F}_\varphi$ e $\mathcal{F}_\psi$ risultano essere $\mathcal{D}$-quasi basi.

Questi semplici passaggi mostrano come una GHA possa essere modificata per ottenere un DGHA. In [26] si mostra anche quando e come questo risultato può essere invertito, ovvero quando sia possibile ottenere una GHA da una DGHA data. Ci riferiamo a [26] per i dettagli di questa costruzione, mentre concludiamo questo paragrafo con un paio di esempi di DGHA particolarmente semplici.

Un primo esempio—$\mathcal{D}$-pseudo bosoni

Siano A e B operatori pseudo-bosonici nel senso della Sezione 2.3, cioè, $[A, B] = \mathbb{1}$ e B si suppone non sia uguale a $A^\dagger$. Sia poi $\mathcal{D}$ il dominio denso in $\mathcal{H}$ lasciato stabile da questi operatori e dai loro aggiunti. In questa situazione le ipotesi nella Sezione 3.3.1 sono soddisfatte se prendiamo $h = BA$ e $f(x) = x + 1$. I set di autovettori $\mathcal{F}_\varphi$ e $\mathcal{F}_\psi$ possono essere basi biortogonali (Riesz), o $\mathcal{D}$-quasi basi, a seconda dei dettagli espliciti della coppia originale di operatori (A, B). In questa prospettiva i $\mathcal{D}$-PB appaiono essere in effetti un esempio particolare di DGHA.

Un secondo esempio—Potenze di $\mathcal{D}$-pseudo bosoni

Gli operatori pseudo-bosonici A e B utilizzati nell'esempio precedente possono anche essere utilizzati per costruire una nuova classe di esempi. Per questo definiamo i seguenti operatori

$$a = A, \quad b = N_0^k B,$$

dove $N_0 = BA$ e k è un intero positivo fissato, $k = 1, 2, 3, \ldots$. Si noti che, se $k = 0$, torniamo all'esempio precedente. Introduciamo inoltre $N = ba = N_0^{k+1}$ e $h = N = N_0^{k+1}$. È possibile verificare che, riscrivendo la (3.36) come $f(h) = [a, b] + h$, risulta $f(h) = (N_0 + \mathbb{1})^{k+1}$, per ogni k fisso. Ovviamente, poiché gli autovalori di N_0 sono solo i numeri naturali, compreso lo zero, $f(h)$ è positivo e crescente. Le uguaglianze in (3.32) possono essere verificate esplicitamente, come conseguenza delle seguenti uguaglianze:

$$AN_0^k = (N_0 + \mathbb{1})^k A, \qquad BN_0^k = (N_0 - \mathbb{1})^k A, \qquad N_0^k B = B(N_0 + \mathbb{1})^k,$$

per tutti $k = 0, 1, 2, \ldots$.

Altri esempi e ulteriori dettagli sulle DGHA sono discussi in [26].

3.4 Operatori scala astratti

Concludiamo l'analisi qui intrapresa di diverse famiglie di operatori scala descrivendo alcuni risultati piuttosto recenti su quello che abbiamo chiamato *operatori scala astratti* (ALO), che sono definiti tramite alcune relazioni di commutazione con l'Hamiltoniano (autoaggiunto o non autoaggiunto) del sistema in esame. Questi risultati estendono quelli dedotti in [64–66]. Inizieremo considerando cosa succede per gli Hamiltoniani autoaggiunti. Il caso non autoaggiunto sarà discusso più avanti in questa sezione.

3.4.1 ALO per $H_0 = H_0^\dagger$

Sia H_0 un operatore autoaggiunto che agisce su uno spazio di Hilbert $\mathcal{H}$, con prodotto scalare $\langle .,. \rangle$ e norma correlata $\|.\| = \sqrt{\langle .,. \rangle}$, e sia Z un secondo operatore su $\mathcal{H}$ che obbedisce alla seguente regola di commutazione:

$$[H_0, Z] = \lambda\, Z[Z^\dagger, Z], \tag{3.39}$$

per un certo numero reale λ. Assumeremo per il momento che λ sia strettamente positivo. Considereremo in seguito, nella Sezione 3.5, il caso in cui λ risulti complesso.

Osservazione La formula (3.39) ha senso, ad esempio, per H_0 e Z limitati, o quando entrambi appartengono ad una certa algebra di operatori non limitati, ad esempio di quelle descritte in [4, 7, 113, 120]. Non insisteremo su questo aspetto qui, anche perchè non è particolarmente rilevante per noi a questo stadio. Ulteriori dettagli sono descritti in [39].

Notiamo che la formula (3.39) implica che H_0 commuta con Z, se Z è normale (perchè in questo caso $[Z, Z^\dagger] = 0$). Notiamo anche che la (3.39) si semplifica significativamente se $[Z, Z^\dagger]$ è proporzionale all'operatore identità. Questo caso sarà brevemente discusso in seguito.

La formula (3.39) è equivalente a

$$[H_0, Z^\dagger] = -\lambda\, [Z^\dagger, Z]Z^\dagger. \tag{3.40}$$

Usando una procedura di induzione su n possiamo verificare che le formule (3.39) e (3.40) possono essere estese come segue:

$$[H_0, Z^n] = \lambda\, Z[Z^\dagger, Z^n], \qquad [H_0, Z^{\dagger^n}] = -\lambda\, [Z, Z^{\dagger^n}]Z^\dagger, \tag{3.41}$$

per tutti $n \geq 0$. Ora possiamo facilmente dedurre che

$$[H_0, ZZ^\dagger] = 0, \tag{3.42}$$

mentre

$$[H_0, Z^\dagger Z] = \lambda[ZZ^\dagger, Z^\dagger Z] = [H_0, [Z^\dagger, Z]] = \lambda[Z^\dagger Z, [Z^\dagger, Z]], \tag{3.43}$$

che, in linea di principio, potrebbe essere diverso da zero. Consideriamo ora un esempio interessante che soddisfa la (3.39) e, di conseguenza, le altre uguaglianze che se ne possono dedurre.

È facile vedere che *qualsiasi Hamiltoniana fattorizzabile H_0 soddisfa la (3.39)*, per una scelta appropriata di Z. Infatti, se H_0 è autoaggiunta e fattorizzabile, allora può essere scritta come $H_0 = \omega A^\dagger A$, per un certo operatore A e un certo parametro reale ω. Naturalmente, un ω complesso o una fattorizzazione della forma BA,

$B \neq A^\dagger$, non sarebbe compatibile con la condizione $H_0 = H_0^\dagger$. In questo caso, se identifichiamo Z con $A^\dagger$, deduciamo che

$$[H_0, Z] = \omega[A^\dagger A, A^\dagger] = \omega A^\dagger [A, A^\dagger] = \omega Z[Z^\dagger, Z],$$

che è esattamente la formula (3.39) con $\lambda = \omega$. Notiamo che questo risultato non dipende dalla *natura* di A, e dunque dalla particolare espressione di $[A, A^\dagger]$. Quindi A potrebbe essere bosonico, fermionico, quonico o anyonico, ma può anche essere un operatore che non soddisfa nessuna particolare regola di commutazione.

È interessante notare che, se prendiamo $Z = A$, allora $[H_0, Z] = \omega[A^\dagger A, A] = \omega[Z^\dagger, Z]Z$, che assomiglia, ma non coincide, alla (3.39).

Un altro esempio interessante è prodotto dalla GHA introdotta nella Sezione 3.3: siano c e $H_0 = H_0^\dagger$ operatori che soddisfano le uguaglianze

$$cH_0 = f(H_0)c, \qquad [c, c^\dagger] = f(H_0) - H_0,$$

in cui $f(x)$ è una funzione strettamente crescente.

Risulta anche $H_0 c^\dagger = c^\dagger f(H_0)$. Ora, indipendentemente dalla forma esplicita di H_0, se prendiamo $Z = c^\dagger$ abbiamo

$$[H_0, Z] = H_0 c^\dagger - c^\dagger H_0 = c^\dagger(f(H_0) - H_0) = c^\dagger[c, c^\dagger] = Z[Z^\dagger, Z],$$

che è esattamente la formula (3.39) con $\lambda = 1$. Inoltre, osserviamo che, poiché $[H_0, ZZ^\dagger] = 0$, anche $[H_0, Z^\dagger Z] = 0$. Infatti abbiamo

$$[H_0, Z^\dagger Z] = [H_0, [Z^\dagger, Z]] = [H_0, [c, c^\dagger]] = [H_0, f(H_0) - H_0] = 0.$$

Come per la GHA, anche in molti altri esempi espliciti è stato osservato che la formula (3.43) si semplifica e che risulta $[H_0, Z^\dagger Z] = 0$, e $[H_0, [Z^\dagger, Z]] = 0$ di conseguenza, [39]. Questa osservazione è importante, poiché giustifica una delle ipotesi del Teorema 3.4.1 che segue.

Prima di passare al teorema, supponiamo che Φ_E sia un autostato (non nullo, chiaramente) di H_0 con autovalore E: $H_0\Phi_E = E\Phi_E$. Introduciamo i vettori

$$\Phi_{E,n}^\uparrow := Z^n \Phi_E, \tag{3.44}$$

$n \geq 0$. Naturalmente, $\Phi_{E,0}^\uparrow = \Phi_E \neq 0$. Tuttavia, potrebbe accadere in linea di principio che esista un certo $n_0 > 0$ tale che $\Phi_{E,n_0}^\uparrow = 0$, con $\Phi_{E,n_0-1}^\uparrow \neq 0$. Quindi, ovviamente, $\Phi_{E,n}^\uparrow = 0$ per tutti $n \geq n_0$.

Teorema 3.4.1 *Supponiamo che tutti gli autovalori di H_0 siano non degeneri, e che $[H_0, Z^\dagger Z] = 0$. Allora, per tutti gli $n \geq 0$ tali che $\Phi_{E,n}^\uparrow \neq 0$, possiamo introdurre*

$$\mu_{E,n} := \frac{\langle \Phi_{E,n}^\uparrow, [Z^\dagger, Z]\Phi_{E,n}^\uparrow \rangle}{\|\Phi_{E,n}^\uparrow\|^2}, \tag{3.45}$$

ed abbiamo

$$[Z^\dagger, Z]\Phi^\uparrow_{E,n} = \mu_{E,n}\Phi^\uparrow_{E,n}. \tag{3.46}$$

Inoltre, chiamando $E_n^\uparrow = \lambda\sum_{k=0}^{n-1}\mu_{E,k} + E$, $n \geq 1$, *e* $E_0^\uparrow = E$, *otteniamo*

$$H_0\Phi^\uparrow_{E,n} = E_n^\uparrow\,\Phi^\uparrow_{E,n}. \tag{3.47}$$

La dimostrazione di questo teorema è stata fornita in [39]. Come si vede, i vettori non nulli $\Phi^\uparrow_{E,n}$ sono autostati di H_0 e di $[Z^\dagger, Z]$. In effetti, si può dimostrare che essi risultano anche autostati, separatamente, sia di $ZZ^\dagger$ che di $Z^\dagger Z$:

$$ZZ^\dagger\Phi^\uparrow_{E,n} = \alpha_{E,n}\Phi^\uparrow_{E,n}, \qquad Z^\dagger Z\Phi^\uparrow_{E,n} = \beta_{E,n}\Phi^\uparrow_{E,n}, \tag{3.48}$$

dove

$$\alpha_{E,n} = \frac{\|Z^\dagger\Phi^\uparrow_{E,n}\|^2}{\|\Phi^\uparrow_{E,n}\|^2}, \qquad \beta_{E,n} = \frac{\|Z\Phi^\uparrow_{E,n}\|^2}{\|\Phi^\uparrow_{E,n}\|^2}.$$

Quindi

$$\mu_{E,n} = \beta_{E,n} - \alpha_{E,n}. \tag{3.49}$$

Siamo ora pronti a verificare che Z e $Z^\dagger$ sono operatori di creazione e di annichilazione nel senso usuale, e che, in particolare,

$$Z\Phi^\uparrow_{E,n} = \Phi^\uparrow_{E,n+1}, \qquad Z^\dagger\Phi^\uparrow_{E,n} = \beta_{E,n-1}\Phi^\uparrow_{E,n-1}, \tag{3.50}$$

ogni volta che $Z\Phi^\uparrow_{E,n}, Z^\dagger\Phi^\uparrow_{E,n} \neq 0$. La prima uguaglianza deriva direttamente dalla (3.44). Per quanto riguarda la seconda, notiamo che $Z^\dagger Z\Phi^\uparrow_{E,n} = \beta_{E,n}\Phi^\uparrow_{E,n}$, dalla (3.48), e $Z\Phi^\uparrow_{E,n} = \Phi^\uparrow_{E,n+1}$, nuovamente dalla (3.44). Allora $Z^\dagger\Phi^\uparrow_{E,n+1} = \beta_{E,n}\Phi^\uparrow_{E,n}$, e la (3.50) segue.

Il caso $[Z^\dagger, Z] = \mathbb{1}$

In questo caso, i risultati precedenti possono essere in qualche modo affinati e semplificati. Tuttavia, non è più vero che qualsiasi Hamiltoniana fattorizzabile si adatti a questa particolare situazione, come è chiaro anche per sistemi semplici. Ad esempio, vedi [39], i bosoni soddisfano questa condizione, mentre i quoni o gli operatori scala di una GHA in generale non lo fanno.

Sia $H_0 = H_0^\dagger$ e Z due operatori su $\mathcal{H}$ che soddisfano la seguente uguaglianza:

$$[H_0, Z] = \lambda Z, \tag{3.51}$$

per qualche $\lambda \in \mathbb{C}$. Come sempre, assumeremo che questi operatori appartengano a qualche algebra opportunamente scelta (ove fosse necessario, di operatori non limitati[3]), o che in ogni caso i commutatori (e le altre operazioni rilevanti) abbiano senso.

La formula (3.51) è equivalente a

$$[H_0, Z^\dagger] = -\overline{\lambda}\, Z^\dagger, \tag{3.52}$$

e un semplice argomento di induzione mostra anche che

$$[H_0, Z^n] = n\lambda Z^n, \qquad [H_0, Z^{\dagger^n}] = -n\overline{\lambda}\, Z^{\dagger^n}, \tag{3.53}$$

$n = 0, 1, 2, \ldots$. Da (3.51) e (3.52) otteniamo

$$[H_0, Z^\dagger Z] = (\lambda - \overline{\lambda})\, Z^\dagger Z, \qquad [H_0, Z Z^\dagger] = (\lambda - \overline{\lambda})\, Z Z^\dagger, \tag{3.54}$$

quindi $[H_0, Z^\dagger Z] = [H_0, Z Z^\dagger] = [H_0, [Z, Z^\dagger]] = 0$ se $\lambda \in \mathbb{R}$.

Poiché H_0 è autoaggiunto, richiedere che $\lambda \in \mathbb{R}$ è un'ipotesi naturale. Infatti, supponiamo che esista un autovettore non nullo di H_0, $\Phi_E \in \mathcal{H}$, tale che $H_0\Phi_E = E\Phi_E$. Ovviamente, poiché $H_0 = H_0^\dagger$, $E \in \mathbb{R}$. Definiamo i seguenti vettori

$$\Phi_{E,n}^\downarrow := (Z^\dagger)^n \Phi_E, \qquad \Phi_{E,n}^\uparrow := Z^n \Phi_E, \tag{3.55}$$

$n = 0, 1, 2, 3, \ldots$. Naturalmente $\Phi_{E,0}^\downarrow = \Phi_{E,0}^\uparrow = \Phi_E$. Come già in precedenza non stiamo qui assumendo che tutti i vettori in (3.55) siano non zero. In particolare, se per qualche $n_0 > 0$ $\Phi_{E,n_0}^\downarrow = 0$, allora $\Phi_{E,n}^\downarrow = 0$ per ogni $n \geq n_0$. Analogamente, se esiste qualche $m_0 > 0$ tale che $\Phi_{E,m_0}^\uparrow = 0$, allora $\Phi_{E,m}^\uparrow = 0$ per ogni $m \geq m_0$. In [39] abbiamo dimostrato il seguente risultato.

Teorema 3.4.2 *Con le definizioni precedenti, i seguenti risultati sono validi: se $\lambda \in \mathbb{R}$, allora*

(1) se $\Phi_{E,n}^\uparrow \neq 0$, allora $\Phi_{E,n}^\uparrow$ è un autostato di H_0 e

$$H_0\Phi_{E,n}^\uparrow = (E + n\lambda)\Phi_{E,n}^\uparrow. \tag{3.56}$$

(2) se $\Phi_{E,n}^\downarrow \neq 0$, allora $\Phi_{E,n}^\downarrow$ è un autostato di H_0 e

$$H_0\Phi_{E,n}^\downarrow = (E - n\lambda)\Phi_{E,n}^\downarrow. \tag{3.57}$$

Se $\lambda \in \mathbb{C} \setminus \mathbb{R}$, allora $\Phi_{E,n}^\uparrow = \Phi_{E,n}^\downarrow = 0$, per ogni $n \geq 1$.

[3] Infatti, questo è davvero inevitabile se consideriamo (3.51) come un caso speciale di (3.39), per $[Z^\dagger, Z] = \mathbb{1}$, poiché abbiamo già visto che questa ultima regola di commutazione implica che Z e $Z^\dagger$ sono necessariamente illimitati.

Vediamo quindi che la realtà di λ è essenziale per evitare di banalizzare i vettori $\Phi^{\uparrow}_{E,n}$ e $\Phi^{\downarrow}_{E,n}$. È anche importante sottolineare che la differenza tra la formula (3.55), dove vengono introdotti sia i vettori *up* che *down*, e la formula (3.44), dove vengono considerati solo gli stati *up*, è dovuta alla differenza tra (3.39) e (3.51), che producono, nel primo caso, una possibile *asimmetria* tra Z e $Z^{\dagger}$, come già notato in precedenza, asimmetria che non si osserva quando si tratta della (3.51).

Maggiori dettagli su questo e altri aspetti degli ALO in presenza di Hamiltoniane autoaggiunte sono discussi in [39].

3.5 ALO per $H \neq H^{\dagger}$

In questa sezione generalizzeremo i nostri risultati al caso in cui l'Hamiltoniana considerata non sia autoaggiunta. Per semplificare il trattamento, ci concentriamo sulla condizione (3.51) piuttosto che sulla più complicata (3.39).

Consideriamo quindi un'Hamiltoniana $H \neq H^{\dagger}$ per cui esistano N operatori Z_j, $j = 1, 2, \ldots, N$ che soddisfano

$$[H, Z_j] = \lambda_j Z_j, \tag{3.58}$$

$\lambda_j \in \mathbb{C}$, o, equivalentemente,

$$[H^{\dagger}, Z_j^{\dagger}] = -\overline{\lambda_j}\, Z_j^{\dagger}. \tag{3.59}$$

Naturalmente, poiché $H \neq H^{\dagger}$, non c'è motivo di richiedere che $\lambda_j \in \mathbb{R}$. Usando l'induzione su n deduciamo formule simili alle (3.53):

$$[H, Z_j^n] = n\lambda_j Z_j^n, \qquad [H^{\dagger}, Z_j^{\dagger^n}] = -n\overline{\lambda_j}\, Z_j^{\dagger^n}, \tag{3.60}$$

per tutti $n = 0, 1, 2, \ldots$ e $j = 1, 2, \ldots, N$.

Supponiamo che esistano due vettori, possibilmente diversi, non nulli, φ_E e ψ_E, tali che

$$H\varphi_E = E\varphi_E, \qquad H^{\dagger}\psi_E = \overline{E}\,\psi_E. \tag{3.61}$$

Questi sono rispettivamente autostati di H e $H^{\dagger}$, con autovalori complessi coniugati. Definiamo i seguenti vettori

$$\varphi_{E:j,n} = Z_j^n \varphi_E, \qquad \psi_{E:j,n} = Z_j^{\dagger^n} \psi_E, \tag{3.62}$$

per tutti $n = 0, 1, 2, \ldots$ e $j = 1, 2, \ldots, N$. Come nel caso autoaggiunto, non tutti questi vettori sono necessariamente non nulli. In particolare, se uno è zero, tutti i *successivi* sono zero. Nel seguito assumeremo per semplicità che $\varphi_{E:j,n}$ e $\psi_{E:j,n}$ siano tutti (ovvero $\forall n \geq 0$) diversi da zero.

È facile verificare che,

$$H\varphi_{E:j,n} = \epsilon_{E:j,n}\varphi_{E:j,n}, \qquad H^{\dagger}\psi_{E:j,n} = \overline{\epsilon_{E:j,-n}}\,\psi_{E:j,n}, \tag{3.63}$$

dove

$$\epsilon_{E:j,n} = E + n\lambda_j. \tag{3.64}$$

Ora, chiamando $\mathcal{F}_\varphi = \{\varphi_{E:j,n} : j = 1, 2, \ldots, N;\, n \geq 0\}$ e $\mathcal{F}_\psi = \{\psi_{E:j,n} : j = 1, 2, \ldots, N;\, n \geq 0\}$, questi due insiemi sono biortogonali nel seguente senso:

$$\text{se } n\lambda_j \neq -m\lambda_l \quad \Rightarrow \quad \langle \psi_{E:l,m}, \varphi_{E:j,n} \rangle = 0. \tag{3.65}$$

Questa è una conseguenza della (3.63) e del fatto che $\epsilon_{E:j,n} \neq \epsilon_{E:l,-m}$ se e solo se $n\lambda_j \neq -m\lambda_l$.

Dalla (3.58) segue poi che

$$[H, Z_j Z_k] = (\lambda_j + \lambda_k) Z_j Z_k. \tag{3.66}$$

Naturalmente, se $\lambda_j + \lambda_k = 0$, $Z_j Z_k$ e $Z_k Z_j$ commutano entrambi con H. Lo stesso vale quando si considerino più ALOs:

$$[H, Z_{j_1} Z_{j_2} \cdots Z_{j_k}] = \left(\sum_{l=1}^{k} \lambda_{j_l} \right) Z_{j_1} Z_{j_2} \cdots Z_{j_k}, \tag{3.67}$$

$k = 1, 2, 3, \ldots$, che può essere anche riscritta come:

$$[H^\dagger, Z_{j_1}^\dagger Z_{j_2}^\dagger \cdots Z_{j_k}^\dagger] = -\left(\sum_{l=1}^{k} \overline{\lambda_{j_l}} \right) Z_{j_1}^\dagger Z_{j_2}^\dagger \cdots Z_{j_k}^\dagger, \tag{3.68}$$

$k = 1, 2, 3, \ldots$. Ancora una volta, l'ordine degli operatori è importante in generale, ma se $\sum_{l=1}^{k} \lambda_{j_l} = 0$, tutte le permutazioni del prodotto $Z_{j_1} Z_{j_2} \cdots Z_{j_k}$ commutano con H e, analogamente, tutte le permutazioni di $Z_{j_1}^\dagger Z_{j_2}^\dagger \cdots Z_{j_k}^\dagger$ commutano con $H^\dagger$.

Osservazione Osserviamo che la (3.66) restituisce la (3.54) quando $Z_j = Z$ e $Z_k = Z^\dagger$, e quando $H = H_0 = H_0^\dagger$. Quindi possiamo considerare quanto discusso qui come una *doppia* generalizzazione del caso (3.51): generalizziamo ad un numero arbitrario di ALOs, ed a Hamiltoniane non necessariamente autoaggiunte.

Introduciamo la seguente

Definizione 3.5.1 *Gli operatori $(H, Z_1, \ldots, Z_N)$ che obbediscono alla (3.58) soddisfano la* Condizione N_0 *se, per qualche $N_0 > 1$, $\sum_{l=1}^{N_0} \lambda_{j_l} = 0$.*

Quindi: se $(H, Z_1, \ldots, Z_N)$ soddisfano la *Condizione* N_0, H commuta con $Z_{j_1} Z_{j_2} \cdots Z_{j_{N_0}}$ e con qualsiasi sua permutazione. Inoltre, $H^\dagger$ commuta con $Z_{j_1}^\dagger Z_{j_2}^\dagger \cdots Z_{j_{N_0}}^\dagger$ e con qualsiasi sua permutazione. È ora facile concludere che, quando vale la Condizione N_0, e assumendo che tutti gli autovalori di H abbiano molteplicità uno, $\varphi_{E:j,n}$ è un autostato di $Z_{j_1}Z_{j_2}\cdots Z_{j_{N_0}}$ e $\psi_{E:j,n}$ è un autostato di $Z_{j_1}^\dagger Z_{j_2}^\dagger \cdots Z_{j_{N_0}}^\dagger$, insieme a tutte le loro permutazioni. In altre parole abbiamo

$$Z_{j_1}Z_{j_2}\cdots Z_{j_{N_0}}\varphi_{E:j,n} = z_{E:j,n}(j_1, j_2, \ldots, j_{N_0})\varphi_{E:j,n} \tag{3.69}$$

e

$$Z_{j_1}^\dagger Z_{j_2}^\dagger \cdots Z_{j_{N_0}}^\dagger \psi_{E:j,n} = w_{E:j,n}(j_1, j_2, \ldots, j_{N_0})\psi_{E:j,n} \tag{3.70}$$

per opportuni numeri complessi $z_{E:j,n}(j_1, j_2, \ldots, j_{N_0})$ e $w_{E:j,n}(j_1, j_2, \ldots, j_{N_0})$ che dipendono dall'ordine degli indici, [39].

Un esempio: $\mathcal{D}$-PBs in $d = 1$

Introduciamo l'Hamiltoniana $H = \omega ba = \omega N$, $\omega \in \mathbb{R}$ e $N = ba$. Qui a e b sono $\mathcal{D}$-PBs, vedi Sezione 2.3.

Ora poniamo $Z_1 = a$ e $Z_2 = b$. È facile vedere che, se poniamo $\lambda_1 = -\lambda_2 = -\omega$, la condizione (3.58) è soddisfatta: $[H, Z_1] = \lambda_1 Z_1$ e $[H, Z_2] = \lambda_2 Z_2$. Anche la condizione (3.59) può essere facilmente verificata, notando che $H^\dagger = \omega N^\dagger$. Ora, poiché a e b sono $\mathcal{D}$-PBs, esistono due vettori non nulli in $\mathcal{D}$ tali che $a\varphi_0 = b^\dagger\psi_0 = 0$. Questi sono i vettori dai quali possiamo costruire i seguenti elementi (non nulli) in $\mathcal{D}$:

$$\varphi_n = \frac{1}{\sqrt{n!}} b^n \varphi_0, \qquad \psi_n = \frac{1}{\sqrt{n!}} a^{\dagger^n} \psi_0,$$

$n \geq 0$. Questi soddisfano le equazioni agli autovalori $H\varphi_n = \omega n \varphi_n$ e $H^\dagger\psi_n = \omega n\psi_n$, per tutti gli $n \geq 0$. In particolare, poiché $H\varphi_0 = H^\dagger\psi_0 = 0$, $E = 0$ in (3.61). Allora, i vettori in (3.62) possono essere riscritti come segue:

$$\varphi_{0:j,n} = Z_j^n \varphi_0 = \begin{cases} a^n\varphi_0 = 0 & \forall n \geq 1, \quad j = 1 \\ b^n\varphi_0 = \sqrt{n!}\,\varphi_n, & \forall n \geq 0, \quad j = 2 \end{cases}$$

e

$$\psi_{0:j,n} = Z_j^{\dagger^n} \psi_0 = \begin{cases} a^{\dagger^n}\psi_0 = \sqrt{n!}\,\psi_n, & \forall n \geq 0, \quad j = 1 \\ b^{\dagger^n}\psi_0 = 0, & \forall n \geq 1, \quad j = 2 \end{cases}$$

In particolare abbiamo $\varphi_{0:j,0} = \varphi_0$ e $\psi_{0:j,0} = \psi_0$, $j = 1, 2$. Naturalmente, cambiando i vettori di partenza si ottengono risultati simili, ma non del tutto uguali. Ad esempio, utilizzando $\varphi_\omega = b\varphi_0$ e $\psi_\omega = a^\dagger\psi_0$ (quindi $H\varphi_\omega = \omega\varphi_\omega$ e $H^\dagger\psi_\omega = \omega n\psi_\omega$) invece di φ_0 e ψ_0, è chiaro, ad esempio, che $a^n\varphi_\omega = 0$ solo per $n \geq 2$. Quindi vediamo che i vettori $\varphi_{\omega:j,n}$ sono diversi dai $\varphi_{0:j,n}$ (anche se sono chiaramente correlati).

Tornando a $\varphi_{0:j,n}$ e $\psi_{0:j,n}$, troviamo

$$H\varphi_{0:2,n} = \omega n\varphi_{0:2,n}, \qquad H^\dagger\psi_{0:1,n} = \omega n\psi_{0:1,n},$$

mentre $\varphi_{0:1,n} = \psi_{0:2,n} = 0$ per tutti $n \geq 1$. Queste equazioni agli autovalori sono in accordo con la formula (3.64) poiché abbiamo $\epsilon_{0:2,n} = 0 + n\lambda_2 = \omega n$ e $\epsilon_{0:1,n} = 0 + n\lambda_1 = -\omega n$, così che $\overline{\epsilon_{0:1,-n}} = \omega n$. La formula (3.65) diventa

$$\langle\psi_{0:1,m}, \varphi_{0:2,n}\rangle = n!\delta_{n,m},$$

mentre gli altri prodotti scalari sono banali. È chiaro che, poiché $\lambda_1 + \lambda_2 = 0$, $[H, Z_1 Z_2] = [H, Z_2 Z_1] = 0$ e $[H^\dagger, Z_1^\dagger Z_2^\dagger] = [H^\dagger, Z_2^\dagger Z_1^\dagger] = 0$. Quindi (H, Z_1, Z_2) soddisfa la Condizione N_2, e le equazioni (3.69) e (3.70) implicano che $\varphi_{0:2,n}$ è un autostato di $Z_1 Z_2 = ab$ e di $Z_2 Z_1 = ba$, mentre $\psi_{0:1,n}$ è autostato di $Z_1^\dagger Z_2^\dagger = a^\dagger b^\dagger$ e di $Z_2^\dagger Z_1^\dagger = b^\dagger a^\dagger$. Un calcolo diretto produce, ad esempio,

$$Z_1 Z_2 \varphi_{0:2,n} = (n+1)\varphi_{0:2,n}, \qquad Z_2 Z_1 \varphi_{0:2,n} = n\varphi_{0:2,n}.$$

Queste due uguaglianze mostrano ciò che è stato affermato in precedenza: $n + 1 = z_{0:2,n}(1,2) \neq z_{0:2,n}(2,1) = n$. Questo è una chiara indicazione del fatto che l'ordine dei Z_j è importante, come abbiamo già affermato in relazione alle formule (3.69) e (3.70).

3.6 Conclusioni

Quelle brevemente descritte in questo capitolo sono solo alcune delle possibili versioni deformate di alcuni operatori scala considerati nel corso degli anni. Altre applicazioni, che vivono in spazi di Hilbert a dimensione finita con dimensione maggiore o uguale a due, sono state proposte in [29, 38], in relazione con l'oscillatore armonico troncato e con la meccanica quantistica supersimmetrica. Da un punto di vista matematico, ciò che spesso è particolarmente rilevante è trovare un dominio in cui la deformazione abbia senso, ed ottenere l'espressione dell'operatore di deformazione stesso. Da un punto di vista fisico, è certamente più interessante concentrarsi su quelle deformazioni che hanno un qualche significato fisico.

Un aspetto interessante di tutti gli operatori di annichilazione considerati in questo capitolo è che possono essere associati a qualche tipo generalizzato di BCSs, dello stesso tipo che discuteremo in dettaglio più avanti nel libro. Naturalmente, gli BCSs connessi con le PFs sono diversi da quelli legati alla DGHA, che a loro volta sono diversi da quelli introdotti in relazione ai $\mathcal{D}$-pseudo quoni. Rimandiamo a [21, 26, 28] per alcune proprietà di questi stati.

La formula BCH

4

In meccanica quantistica un ruolo importante, soprattutto in relazione con gli stati coerenti, è svolto dal cosiddetto operatore di spostamento,

$$D(z) = e^{zc^\dagger - \overline{z}c}, \tag{4.1}$$

$z \in \mathbb{C}$, in cui c e $c^\dagger$ sono gli operatori scala bosonici introdotti nella Sezione 2.2. Nonostante il fatto che c e $c^\dagger$ non siano limitati, $D(z) \in B(\mathcal{H})$, poiché è unitario: $D^{-1}(z) = D^\dagger(z)$. Quindi $\| D(z) \| = 1$, per tutti gli $z \in \mathbb{C}$. Ovviamente, in particolare, $D(0) = 1\!\!1$. In letteratura la formula BCH viene applicata all'operatore $D(z)$ in modo che spesso, agli occhi di un matematico, appare inappropriato. Prima di spiegare la ragione di una simile affermazione, ricordiamo cosa afferma la formula BCH nel caso che a noi interessa in modo particolare: se A e B sono due *operatori*[1] tali che $[A, B]$ commuti sia con A che con B, allora la seguente uguaglianza è vera:

$$e^{A+B} = e^A e^B e^{-\frac{1}{2}[A,B]} = e^B e^A e^{\frac{1}{2}[A,B]}. \tag{4.2}$$

Le varie parti di queste equazioni sono sicuramente ben definite se A e B sono entrambi limitati. In questo caso, infatti, e^A e e^B sono limitati, poiché possono essere rappresentati da serie convergenti per norma, e quindi entrambi appartengono alla C^*-algebra $B(\mathcal{H})$ degli operatori limitati su $\mathcal{H}$, [46, 116]. Quindi $e^B e^A$ e $e^A e^B$ sono anch'essi entrambi ben definiti. Ma, e questa è la situazione rilevante per la (4.2), se A e B non sono limitati, allora non c'è motivo a priori di essere sicuri che: (1) e^A e e^B esistano; (2) il dominio di e^A, $D(e^A)$, sia non vuoto e, anche se questo è vero e $0 \neq f \in D(e^A)$, risulti necessariamente $e^A f \in D(e^B)$; (3) specularmente, $D(e^B)$ sia non vuoto e, preso $f \in D(e^B)$, $f \neq 0$, allora $e^B f \in D(e^A)$; (4) e^{A+B} esista. Ultimo ma non meno importante, anche se tutti questi quesiti possono essere chiariti positivamente, resta ancora da capire che le uguaglianze in (4.2) siano soddisfatte, e in che senso.

[1] Per il momento, non faremo alcuna differenza tra *operatori limitati* e *non limitati*. Questa differenza è, però, proprio il cuore del problema e per questa ragione diventerà essenziale in questo capitolo.

F. Bagarello, *Pseudo-Bosoni e Loro Stati Coerenti*,
https://doi.org/10.1007/978-3-031-61185-8_4

Tuttavia, nella letteratura sugli stati coerenti e sulla meccanica quantistica, si trova sempre che $D(z)$ può essere riscritto, *a causa della formula BCH*, come segue:

$$D(z) = e^{zc^\dagger - \overline{z}\,c} = e^{zc^\dagger} e^{-\overline{z}\,c} e^{-\frac{1}{2}|z|^2} = e^{-\overline{z}\,c} e^{zc^\dagger} e^{\frac{1}{2}|z|^2}, \tag{4.3}$$

per tutti gli $z \in \mathbb{C}$. Questa formula viene utilizzata in quasi tutti i libri di testo di meccanica quantistica, e non ci sono reali dubbi sulla sua correttezza. Tuttavia, a nostro avviso, alcuni aspetti matematici della sua deduzione devono essere affinati, poiché gli operatori c e $c^\dagger$ sono illimitati, come abbiamo mostrato nella Sezione 2.2. Pertanto, i punti sollevati in precedenza non sono banali, e richiedono un'analisi più approfondita. Infatti, solo il punto (4) sopra è facile da verificare, poiché, come abbiamo già osservato, $D(z)$ è un operatore unitario. Quindi $e^{zc^\dagger - \overline{z}\,c}$ è definito ovunque in $\mathcal{H}$, per ogni $z \in \mathbb{C}$. Ma riguardo agli altri operatori in (4.3): sono ben definiti? in che senso? le uguaglianze in (4.3) sono soddisfatte? E nuovamente, in che senso? Questo è ciò di cui discuteremo nel resto di questo capitolo, adottando quello che possiamo sicuramente chiamare *un approccio di forza bruta*, che sicuramente non è così elegante come altri metodi spesso adoperati in analisi funzionale, ma che però può essere facilmente adottato, con solo poche modifiche, al caso delle Hamiltoniane non autoaggiunte e degli operatori scala ad esse collegati, del tipo considerato nella seconda parte del Capitolo 2 e nella maggior parte del Capitolo 3. Questo è, infatti, ciò che è più rilevante per noi, in vista dei loro legami con gli BCSs, come discuteremo in dettaglio nel Capitolo 5, dove molti dei risultati dedotti in questo capitolo saranno facilmente generalizzati.

Osservazione Potrebbe essere opportuno osservare che questo problema di fattorizzazione non esiste se l'operatore di spostamento viene riscritto in termini degli operatori di posizione e momento $\hat{x}$ e $\hat{p}$ poiché, in questo caso, l'analogo della formula (4.3) è

$$e^{i(\alpha\hat{x}+\beta\hat{p})} = e^{i\,\frac{\alpha\beta}{2}} e^{i\alpha\hat{x}} e^{i\beta\hat{p}}, \tag{4.4}$$

con $\alpha, \beta \in \mathbb{R}$, che coinvolge solo operatori unitari. Quindi questa è un'uguaglianza in cui appaiono unicamente operatori limitati, e che allora non presenta alcun problema con i domini o l'esistenza degli operatori. Tuttavia, vedi [50, 79], il problema non è del tutto banale anche in questa situazione, e la sua analisi rigorosa richiede l'uso di risultati matematici non banali dedotti in analisi funzionale. Va poi detto che non è facile utilizzare la (4.4) per dimostrare la (4.3). Questo perché, anche se $D(z)$ può essere riscritto come $e^{i(\alpha\hat{x}+\beta\hat{p})}$, per una particolare scelta di α e β, almeno se c e $c^\dagger$ sono rappresentati come nella Sezione 2.2 in termini di $\hat{x}$ e $\hat{p} = -i\,\frac{d}{dx}$, gli operatori $e^{zc^\dagger}$ e $e^{-\overline{z}\,c}$ sono *intrinsecamente* diversi da $e^{i\alpha\hat{x}}$ e $e^{i\beta\hat{p}}$. Ciò non è sorprendente: gli ultimi due sono operatori unitari, mentre i primi due sono illimitati.

Concludiamo questa sezione introduttiva con un'altra osservazione. In $D(z)$ vediamo che appare una singola variabile complessa, z, insieme al suo complesso coniugato $\overline{z}$. Negli ultimi anni, operatori apparentemente simili a $D(z)$ sono stati formalmente introdotti nel contesto dei BCSs, [13, 19, 32]. In questa situazione, potrebbe essere utile lavorare con una versione estesa di $D(z)$. Questo è particolarmente vero nel nostro caso, in virtù di quanto sarà discusso in seguito. Per questo motivo, cercheremo qui di essere leggermente più generali, e dedurremo alcuni risultati utili per definire rigorosamente un operatore $e^{\alpha c+\beta c^\dagger}$, non più necessariamente unitario, per generici $\alpha, \beta \in \mathbb{C}$ possibilmente indipendenti l'uno dall'altro. In quest'ottica dimostreremo, passo dopo passo, diversi risultati collegati in qualche modo con $e^{\alpha c+\beta c^\dagger}$, come vedremo.

4.1 Gli operatori $e^{\gamma c}$ e $e^{\gamma c^\dagger}$

Consideriamo la somma finita

$$\sigma_N(\gamma) = \sum_{k=0}^{N} \frac{(\gamma c)^k}{k!},$$

$N \in \mathbb{N}$, $\gamma \in \mathbb{C}$. Per ogni N fisso, $\sigma_N(\gamma)$ è ben definito su qualsiasi elemento di $\mathcal{L}_e$, l'insieme denso in $\mathcal{H}$ introdotto nella Sezione 2.2. Infatti, preso un $f \in \mathcal{L}_e$, f è una combinazione lineare finita dei vettori e_n: $f = \sum_{l=0}^{M} f_l e_l$, per alcuni $\{f_l \in \mathbb{C}\}$ e per qualche $M < \infty$. Quindi, utilizzando la formula di annichilazione in (2.12), risulterà $c^k f = 0$ per tutti $k \geq M + 1$. Questo significa che

$$\sigma_N(\gamma) f = \sigma_L(\gamma) f,$$

ogni volta che $N, L > M$. Quindi la sequenza $\{\sigma_N(\gamma) f\}$ è convergente in norma per N divergente, per tutti gli $f \in \mathcal{L}_e$, così che possiamo definire

$$e^{\gamma c} f = \|.\| - \lim_{N,\infty} \sigma_N(\gamma) f, \tag{4.5}$$

per tutti gli $f \in \mathcal{L}_e$ ed ogni $\gamma \in \mathbb{C}$. Detto in altro modo, su $\mathcal{L}_e$ l'operatore $e^{\gamma c}$ si riduce a una somma finita. In particolare, abbiamo

$$e^{\gamma c} e_k = \sum_{l=0}^{k} \frac{\gamma^l}{l!} \sqrt{\frac{k!}{(k-l)!}}\, e_{k-l}, \tag{4.6}$$

che implica, in particolare, che $\mathcal{L}_e$ è stabile sotto l'azione di $e^{\gamma c}$.

Ora, mentre $c^k e_n = 0$ per tutti $k \geq n+1$, ${c^\dagger}^k e_n$ è sempre diverso da zero. Questo implica che la definizione di $e^{\gamma c^\dagger}$ non sia altrettanto semplice, come per altro adesso mostreremo.

Seguendo la stessa idea di prima, iniziamo introducendo la somma finita

$$\tau_N(\gamma) = \sum_{k=0}^{N} \frac{(\gamma c^\dagger)^k}{k!},$$

$N \in \mathbb{N}$, $\gamma \in \mathbb{C}$. Per ogni N fisso, $\tau_N(\gamma)$ è ben definito su qualsiasi elemento di $\mathcal{L}_e$. In particolare troviamo

$$\tau_N(\gamma)e_k = \sum_{l=0}^{N} \frac{\gamma^l}{l!} \sqrt{\frac{(k+l)!}{k!}}\, e_{k+l}, \tag{4.7}$$

per tutti gli N e per ogni $\gamma \in \mathbb{C}$. È possibile verificare che, fissato $k \geq 0$, la successione $\{\tau_N(\gamma)e_k\}$ è convergente in norma per $N \to \infty$, $\forall \gamma \in \mathbb{C}$. Infatti, semplici calcoli mostrano che

$$\|\tau_N(\gamma)e_k\|^2 = \frac{1}{k!}\sum_{l=0}^{N} \frac{(k+l)!}{(l!)^2} |\gamma|^{2l} < \frac{1}{k!}\sum_{l=0}^{\infty} \frac{(k+l)!}{(l!)^2} |\gamma|^{2l}.$$

Questa è una serie di potenze in $|\gamma|^2$ che converge ovunque nel piano complesso qualunque sia il valori fissato di k. Infatti, è facile verificare che il suo raggio di convergenza è infinito, indipendentemente da k. Quindi possiamo definire $e^{\gamma c^\dagger}$ su e_k come il seguente limite

$$e^{\gamma c^\dagger} e_k = \|.\| - \lim_{N,\infty} \tau_N(\gamma)e_k = \sum_{l=0}^{\infty} \frac{\gamma^l}{l!} \sqrt{\frac{(k+l)!}{k!}}\, e_{k+l}, \tag{4.8}$$

che, a causa di quanto appena visto, converge per tutti $\gamma \in \mathbb{C}$, e per tutti i $k \geq 0$. Ovviamente, questa definizione può essere estesa per linearità a $\mathcal{L}_e$ ma $e^{\gamma c^\dagger} f \notin \mathcal{L}_e$, anche se $f \in \mathcal{L}_e$. Infatti, $e^{\gamma c^\dagger} f$ è una combinazione lineare infinita degli e_n's. Ad esempio, $e^{\gamma c^\dagger} e_0 = \sum_{l=0}^{\infty} \frac{\gamma^l}{\sqrt{l!}} e_l$, che chiaramente non è in $\mathcal{L}_e$. Tuttavia, come mostreremo più avanti, $e^{\gamma c^\dagger} f \in \mathcal{D}(e^{\delta c})$, per tutti $\gamma, \delta \in \mathbb{C}$, e $\forall f \in \mathcal{L}_e$. Incidentalmente, quest'ultimo risultato mostra come $\mathcal{L}_e$ non sia il dominio massimale di $e^{\delta c}$.

Utilizzando la formula (4.8) è possibile verificare esplicitamente che $e^{\gamma c^\dagger}$ è illimitato, per tutti i $\gamma \neq 0$. Questo rende i nostri precedenti commenti e timori sulla formula BCH più espliciti. Infatti abbiamo

$$\left\| e^{\gamma c^\dagger} e_k \right\|^2 = 1 + |\gamma|^2(k+1) + \sum_{l=2}^{\infty} \frac{(k+l)!}{(l!)^2 k!} |\gamma|^{2l} > 1 + |\gamma|^2(k+1),$$

che diverge con k se $\gamma \neq 0$. Quindi $\|e^{\gamma c^\dagger}\| = \infty$. Non è sorprendente che anche $e^{\gamma c}$ sia illimitato, se $\gamma \neq 0$. Il modo più semplice per dimostrare questa affermazione è verificare prima che $(e^{\gamma c})^\dagger f = e^{\overline{\gamma} c^\dagger} f$, $f \in \mathcal{L}_e$. Questa uguaglianza, apparentemente ovvia, sarà dimostrata nell'Appendice A.3. Quindi possiamo usare il fatto che, dato un operatore A, risulti $\|A^\dagger\| = \|A\|$.

Un metodo alternativo per ottenere lo stesso risultato segue direttamente dalla (4.6), e riflette quanto già fatto per stimare $\left\| e^{\gamma c^\dagger} e_k \right\|$. Abbiamo

$$\|e^{\gamma c} e_k\|^2 = k! \sum_{l=0}^{k} \frac{|\gamma|^{2l}}{(l!)^2 (k-l)!} \geq k! \left(\frac{1}{k!} + \frac{|\gamma|^2}{(k-1)!} \right) = 1 + |\gamma|^2 k,$$

che di nuovo diverge con k, se $\gamma \neq 0$. Quindi $\|e^{\gamma c}\| = \infty$.

4.2 Prodotti di $e^{\alpha c}$ e $e^{\beta c^\dagger}$

Una volta dimostrato che $e^{\alpha c}$ e $e^{\beta c^\dagger}$ hanno senso, il passo successivo rilevante per verificare la formula (4.3) è cercare di moltiplicare tra loro questi esponenziali. Ma, alla luce dei nostri commenti finali sulla loro illimitatezza, questa potrebbe risultare un'operazione rischiosa. Fortunatamente non è così. Infatti, prima di tutto, abbiamo il seguente risultato:

$$e^{\beta c^\dagger} e^{\alpha c} f \tag{4.9}$$

è ben definito $\forall \alpha, \beta \in \mathbb{C}$ e per tutti gli $f \in \mathcal{L}_e$. Questo deriva dal fatto che, poiché $\mathcal{L}_e$ è stabile sotto l'azione di $e^{\alpha c}$, allora $e^{\alpha c} f \in \mathcal{L}_e$ per ogni $f \in \mathcal{L}_e$ e $\forall \alpha \in \mathbb{C}$. Ma $\mathcal{L}_e \subseteq \mathcal{D}(e^{\beta c^\dagger})$, il dominio di $e^{\beta c^\dagger}$. Quindi $e^{\beta c^\dagger} e^{\alpha c} f \in \mathcal{H}$, $\forall \alpha, \beta \in \mathbb{C}$ e $\forall f \in \mathcal{L}_e$.

Questo semplice argomento non si applica, ovviamente, a $e^{\alpha c} e^{\beta c^\dagger} f$, poiché $e^{\beta c^\dagger} f$, anche se $f \in \mathcal{L}_e$, non è più in $\mathcal{L}_e$ e quindi, in linea di principio, non è detto che appartenga a $\mathcal{D}(e^{\alpha c})$. Tuttavia, questo è effettivamente ciò che avviene: possiamo dimostrare che, per tutti gli $f \in \mathcal{L}_e$, la sequenza $\{e^{\alpha c} \tau_N(\beta) f\}$ è convergente in norma in $\mathcal{H}$. Qui $\tau_N(\beta)$ è la somma finita introdotta in precedenza, nella (4.7). Quindi poniamo

$$e^{\alpha c} e^{\beta c^\dagger} f = \|.\| - \lim_{N,\infty} e^{\alpha c} \tau_N(\beta) f. \tag{4.10}$$

Dimostriamo questa affermazione per la successione $\{e^{\alpha c} \tau_N(\beta) e_k\}$, k fissato, mostrando che questa è una successione di Cauchy in norma, e come tale convergente ad un elemento di $\mathcal{H}$. L'estensione a $\mathcal{L}_e$ è una conseguenza della linearità degli operatori.

Sia $k \geq 0$ un intero fisso, $N > M$, e calcoliamo, usando la (4.7), la seguente norma:

$$\|e^{\alpha c} \tau_N(\beta) e_k - e^{\alpha c} \tau_M(\beta) e_k\| = \left\| e^{\alpha c} \sum_{l=M+1}^{N} \frac{\beta^l}{l!} \sqrt{\frac{(k+l)!}{k!}} e_{k+l} \right\| =$$

$$= \left\| \sum_{l=M+1}^{N} \frac{\beta^l}{l!} \sqrt{\frac{(k+l)!}{k!}} e^{\alpha c} e_{k+l} \right\|,$$

dove abbiamo usato il fatto che $\sum_{l=M+1}^{N} \frac{\beta^l}{l!} \sqrt{\frac{(k+l)!}{k!}} e_{k+l} \in \mathcal{L}_e \subset D(e^{\alpha c})$. Ora, usando la (4.6) otteniamo

$$\|e^{\alpha c} \tau_N(\beta) e_k - e^{\alpha c} \tau_M(\beta) e_k\| \leq \frac{1}{\sqrt{k!}} \sum_{l=M+1}^{N} \frac{|\beta|^l}{l!} (k+l)! \sum_{j=0}^{k+l} \frac{|\alpha|^j}{j!} \frac{1}{\sqrt{(k+l-j)!}}. \tag{4.11}$$

A questo punto osserviamo che, per tutti i naturali l, k, con $l \geq k$, vale la seguente disuguaglianza:

$$\frac{l!}{(l-k)!} \leq l^k. \tag{4.12}$$

Questa può essere facilmente verificata notando che

$$\frac{l!}{(l-k)!} = (l-k+1)(l-k+2) \cdots (l-1)l \leq l^k,$$

poiché $(l-k+1)(l-k+2) \cdots (l-1)l$ è il prodotto di k contributi, ognuno minore o uguale a l.

Quindi, tornando alla stima in (4.11), abbiamo $\frac{1}{\sqrt{(k+l-j)!}} \leq \sqrt{\frac{(k+l)^j}{(k+l)!}}$, per $j \leq k+l$, il che implica che sia

$$\begin{aligned}\|e^{\alpha c} \tau_N(\beta) e_k - e^{\alpha c} \tau_M(\beta) e_k\| &\leq \frac{1}{\sqrt{k!}} \sum_{l=M+1}^{N} \frac{|\beta|^l}{l!} \sqrt{(k+l)!} \sum_{j=0}^{k+l} \frac{|\alpha|^j}{j!} \sqrt{(k+l)^j} \leq \\ &\leq \frac{1}{\sqrt{k!}} \sum_{l=M+1}^{N} \frac{|\beta|^l}{l!} \sqrt{(k+l)!} \sum_{j=0}^{\infty} \frac{|\alpha|^j}{j!} \sqrt{(k+l)^j} \leq \\ &\leq \frac{1}{\sqrt{k!}} \sum_{l=M+1}^{N} \frac{|\beta|^l}{l!} \sqrt{(k+l)!} e^{|\alpha| \sqrt{k+l}},\end{aligned} \tag{4.13}$$

per tutti gli $\alpha \in \mathbb{C}$. Ora, poiché la serie di potenze $\sum_{l=0}^{\infty} \frac{|\beta|^l}{l!} \sqrt{(k+l)!} |e^{|\alpha| \sqrt{k+l}}$ converge[2] per tutti i $\beta \in \mathbb{C}$, ne segue che, per tutti i $k \geq 0$ e per N, M abbastanza grandi,

$$\|e^{\alpha c} \tau_N(\beta) e_k - e^{\alpha c} \tau_M(\beta) e_k\| \leq \epsilon,$$

ϵ arbitrariamente piccolo, che è quello che dovevamo dimostrare.

Le espressioni esplicite per la (4.9) e la (4.10), se $f = e_k$, sono le seguenti:

$$e^{\beta c^\dagger} e^{\alpha c} e_k = \sqrt{k!} \sum_{l=0}^{k} \frac{\alpha^l}{l!(k-l)!} \sum_{j=0}^{\infty} \frac{\beta^j}{j!} \sqrt{(k-l+j)!}\, e_{k-l+j}, \tag{4.14}$$

[2] È sufficiente calcolare il raggio di convergenza di questa serie. Questo è, per ogni k fissato, ∞.

e

$$e^{\alpha c} e^{\beta c^\dagger} e_k = \frac{1}{\sqrt{k!}} \sum_{l=0}^{\infty} \frac{\beta^l}{l!} (k+l)! \sum_{j=0}^{k+l} \frac{\alpha^j}{j!} \frac{1}{\sqrt{(k+l-j)!}} e_{k+l-j}. \tag{4.15}$$

Sottolineiamo ancora una volta che, alla luce di quanto dimostrato in questa sezione, queste due serie sono entrambe convergenti $\forall \alpha, \beta \in \mathbb{C}$, indipendentemente da k.

4.3 Commutazione di $e^{\alpha c}$ e $e^{\beta c^\dagger}$

Il prossimo passo nella nostra analisi consiste, in relazione alla formula (4.3), nello studiare la possibilità di commutare $e^{\alpha c}$ e $e^{\beta c^\dagger}$. Più esplicitamente, mostreremo ora che

$$e^{\beta c^\dagger} e^{\alpha c} f = e^{-\alpha\beta} e^{\alpha c} e^{\beta c^\dagger} f, \tag{4.16}$$

$\forall f \in \mathcal{L}_e$ e $\forall \alpha, \beta \in \mathbb{C}$. Verificheremo questa formula per $f = e_k$. L'estensione a $\mathcal{L}_e$ è una conseguenza della linearità degli operatori. Potrebbe essere utile notare che cambiare f in (4.16) non cambia la *parte operatoriale* della formula. Quindi si potrebbe essere tentati, come si può trovare in molti articoli, di scrivere semplicemente $e^{\beta c^\dagger} e^{\alpha c} = e^{-\alpha\beta} e^{\alpha c} e^{\beta c^\dagger}$. Tuttavia, come abbiamo già sottolineato diverse volte prima, questa uguaglianza non può essere estesa a tutto $\mathcal{H}$, in generale, poiché gli operatori coinvolti non sono limitati. D'altra parte, alla luce delle formule (4.14) e (4.15), sia $e^{\beta c^\dagger} e^{\alpha c}$ che $e^{-\alpha\beta} e^{\alpha c} e^{\beta c^\dagger}$ sono ben definiti su $\mathcal{L}_e$, il che è già un buon risultato, ricordando che $\mathcal{L}_e$ è denso in $\mathcal{H}$.

La dimostrazione della (4.16) richiede alcuni risultati preliminari che sono, ancora una volta, ben noti nella letteratura fisica ma le cui dimostrazioni in presenza di operatori non limitati non sono così facili da trovare anche in testi specialistici. Per questo motivo, e poiché questi risultati ausiliari sono rilevanti anche in contesti diversi da quelli considerati in questo testo, dedicheremo parte di questo capitolo a fornirne la dimostrazione.

4.3.1 Alcuni risultati ausiliari

Il primo risultato di cui abbiamo bisogno è il seguente:

$$e^{\gamma c} c^\dagger e^{-\gamma c} e_k = (c^\dagger + \gamma) e_k, \tag{4.17}$$

per tutti i $k \geq 0$ e per ogni $\gamma \in \mathbb{C}$. Prima di iniziare la (semplice) dimostrazione, ripetiamo ancora una volta che questo risultato è *molto noto*. Il motivo per cui proponiamo la *nostra* prova[3] qui è perché coinvolge operatori non limitati, che

[3] La nostra prova non è particolarmente diversa da quella solitamente proposta nella letteratura. Tuttavia, da un punto di vista matematico, la nostra versione è interessante poiché affronta facilmente le questioni di dominio.

necessitano di più rigore rispetto alle deduzioni (di solito) formali proposte nella maggior parte degli articoli su questo argomento. E una misura di questo rigore extra è nell'apparizione di e_k in (4.17): ci preoccupiamo dei domini! Iniziamo definendo un vettore dipendente da γ come nel membro a sinistra della (4.17): $f_k(\gamma) = e^{\gamma c} c^\dagger e^{-\gamma c} e_k$, k arbitrario ma fisso. Questo vettore è ben definito e analitico in γ, e soddisfa la condizione (iniziale) $f_k(0) = c^\dagger e_k$. Il fatto che $f_k(\gamma)$ sia ben definito è chiaro: abbiamo già osservato che, per tutti i $k \geq 0$ e per tutti i complessi γ, $e^{-\gamma c} e_k \in \mathcal{L}_e$. Quindi $c^\dagger(e^{-\gamma c} e_k)$ ha senso, e appartiene esso stesso a $\mathcal{L}_e$, e quindi al dominio di $e^{\gamma c}$. Inutile dire che anche il membro a destra della (4.17) è ben definito, ed appartiene a $\mathcal{L}_e$: è infatti solo una combinazione lineare di e_k e e_{k+1}. Ora,

$$\frac{df_k(\gamma)}{d\gamma} = e^{\gamma c}[c, c^\dagger] e^{-\gamma c} e_k = e^{\gamma c} e^{-\gamma c} e_k = e_k.$$

Qui abbiamo usato il fatto che $e^{-\gamma c} e_k \in \mathcal{L}_e$, e che $[c, c^\dagger] = 1\!\!1$ su $\mathcal{L}_e$. La soluzione di questa equazione differenziale, con condizione iniziale $f_k(0) = c^\dagger e_k$, è $(c^\dagger + \gamma) e_k$, che è appunto il membro a destra della (4.17). Questo conclude la dimostrazione.

Ovviamente, l'equazione (4.17) può essere estesa a $\mathcal{L}_e$,

$$e^{\gamma c} c^\dagger e^{-\gamma c} f = (c^\dagger + \gamma) f, \tag{4.18}$$

$f \in \mathcal{L}_e$, che è equivalente all'equazione

$$e^{\gamma c} c^\dagger g = (c^\dagger + \gamma) e^{\gamma c} g, \tag{4.19}$$

per tutti $g \in \mathcal{L}_e$.

Per alcuni dei nostri calcoli successivi, questo risultato non è sufficiente. Dobbiamo dimostrare che questa uguaglianza può essere estesa ad alcuni vettori che non sono in $\mathcal{L}_e$. In particolare, dobbiamo dimostrare l'analoga della (4.19), ma con $g = e^{\beta c^\dagger} e_k$, che, come già osservato, non è in $\mathcal{L}_e$. In altre parole, dobbiamo verificare che l'uguaglianza

$$e^{\gamma c} c^\dagger e^{\beta c^\dagger} e_k = (c^\dagger + \gamma) e^{\gamma c} e^{\beta c^\dagger} e_k, \tag{4.20}$$

è anche vera per ogni $\gamma, \beta \in \mathbb{C}$ e per tutti i $k \geq 0$. Questo è ciò che mostreremo adesso.

Osserviamo prima che il primo membro di questa uguaglianza è sicuramente ben definito, a causa della (4.10). Infatti può essere riscritto come segue:

$$e^{\gamma c} c^\dagger e^{\beta c^\dagger} e_k = e^{\gamma c} e^{\beta c^\dagger} c^\dagger e_k = \sqrt{k+1}\, e^{\gamma c} e^{\beta c^\dagger} e_{k+1},$$

che è un vettore ben definito in $\mathcal{H}$, come abbiamo verificato nella Sezione 4.2, vedi (4.15). Verificare che anche il secondo membro della (4.20) sia ben definito, e che coincida con il primo membro, è leggermente più complicato, poiché non c'è motivo, a priori, per cui $e^{\gamma c} e^{\beta c^\dagger} e_k$ appartenga a $\mathcal{D}(c^\dagger)$: infatti, i nostri risultati nella Sezione 4.2 garantiscono che $e^{\gamma c} e^{\beta c^\dagger} e_k$ è ben definito $\forall \beta, \gamma \in \mathbb{C}$ e $\forall k \geq 0$, ma non implicano anche che si abbia $e^{\gamma c}e^{\beta c^\dagger}e_k \in \mathcal{D}(c^\dagger)$. Tuttavia, questo è anche vero, come mostreremo adesso.

Riscriviamo la (4.8) come segue:

$$e^{\beta c^\dagger}e_k = \|.\| - \lim_{N,\infty} \tau_N(\beta)e_k = \|.\| - \lim_{N,\infty} \sum_{l=0}^{N} \frac{\beta^l}{l!}\sqrt{\frac{(k+l)!}{k!}}\, e_{k+l}.$$

Ora, poiché $\tau_N(\beta)e_k \in \mathcal{L}_e$ per tutti $N \in \mathbb{N}$ fissati, possiamo usare la (4.19):

$$e^{\gamma c}c^\dagger \tau_N(\beta)e_k = (c^\dagger + \gamma)e^{\gamma c}\tau_N(\beta)e_k,$$

così che

$$\|.\| - \lim_{N,\infty}(c^\dagger + \gamma)e^{\gamma c}\tau_N(\beta)e_k = \|.\| - \lim_{N,\infty} e^{\gamma c}c^\dagger \tau_N(\beta)e_k = e^{\gamma c}c^\dagger e^{\beta c^\dagger}e_k,$$

poiché abbiamo già dimostrato che il termine a destra esiste in $\mathcal{H}$. Questo implica che esista anche il limite del primo membro sopra, che è ciò che chiamiamo $(c^\dagger + \gamma)e^{\gamma c}e^{\beta c^\dagger}e_k$. Da qui segue la (4.20).

4.3.2 Torniamo alla (4.16)

Quello che dimostreremo qui è la formula (4.16) per $f = e_k$, $k \geq 0$. Per $f \in \mathcal{L}_e$ il risultato segue, come al solito, dalla linearità degli operatori.

La dimostrazione utilizza l'induzione su k. Verifichiamo prima che (4.16) valga per $f = e_0$. Per questo, osserviamo prima che

$$e^{\beta c^\dagger}e^{\alpha c}e_0 = e^{\beta c^\dagger}e_0 = \sum_{l=0}^{k} \frac{\beta^l}{\sqrt{l!}}\, e_l,$$

vedi (4.6), che coincide con la (4.14) per $k = 0$. D'altra parte, usando la (4.15), abbiamo

$$e^{\alpha c}e^{\beta c^\dagger}e_0 = \sum_{l=0}^{\infty} \beta^l \sum_{j=0}^{l} \frac{\alpha^j}{j!}\frac{1}{\sqrt{(l-j)!}}\, e_{l-j} =$$
$$= \sum_{n=0}^{\infty} \frac{\beta^n e_n}{\sqrt{n!}} \sum_{m=0}^{\infty} \frac{(\alpha\beta)^m}{m!} = e^{\alpha\beta} \sum_{n=0}^{\infty} \frac{\beta^n}{\sqrt{n!}}\, e_n,$$

con alcune manipolazioni minori sulla doppia somma. Quindi concludiamo che la (4.16) è soddisfatta se $f = e_0$.

Supponiamo ora che la (4.16) sia soddisfatta anche se $f = e_{k-1}$. Vogliamo mostrare che allora

$$e^{\beta c^\dagger}e^{\alpha c}e_k = e^{-\alpha\beta}e^{\alpha c}e^{\beta c^\dagger}e_k. \tag{4.21}$$

Ricordiamo intanto che $e_k = \frac{c^\dagger}{\sqrt{k}} e_{k-1}$, per tutti i $k \geq 1$. Quindi abbiamo

$$e^{\beta c^\dagger} e^{\alpha c} e_k = \frac{1}{\sqrt{k}} e^{\beta c^\dagger} e^{\alpha c} c^\dagger e_{k-1} = \frac{1}{\sqrt{k}} e^{\beta c^\dagger} e^{\alpha c} c^\dagger e^{-\alpha c} e^{\alpha c} e_{k-1},$$

che è possibile poiché $e_{k-1} \in \mathcal{D}(e^{\alpha c})$ e $e^{\alpha c} e_{k-1} \in \mathcal{D}(e^{-\alpha c})$. Ora, utilizzando l'uguaglianza in (4.20), e ricordando che $e^{\alpha c} e_{k-1} \in \mathcal{L}_e$, abbiamo

$$e^{\beta c^\dagger} e^{\alpha c} e_k = \frac{1}{\sqrt{k}} e^{\beta c^\dagger} \big(c^\dagger + \alpha\big) e^{\alpha c} e_{k-1} = \big(c^\dagger + \alpha\big) \frac{1}{\sqrt{k}} e^{\beta c^\dagger} e^{\alpha c} e_{k-1}.$$

Ricordiamo che, la nostra ipotesi di induzione assicura che $e^{\beta c^\dagger} e^{\alpha c} e_{k-1} = e^{-\alpha\beta} e^{\alpha c} e^{\beta c^\dagger} e_{k-1}$. Quindi

$$e^{\beta c^\dagger} e^{\alpha c} e_k = \frac{e^{-\alpha\beta}}{\sqrt{k}} (c^\dagger + \alpha) e^{\alpha c} e^{\beta c^\dagger} e_{k-1} = \frac{e^{-\alpha\beta}}{\sqrt{k}} e^{\alpha c} c^\dagger e^{\beta c^\dagger} e_{k-1} = e^{-\alpha\beta} e^{\alpha c} e^{\beta c^\dagger} e_k,$$

utilizzando ancora una volta la (4.20) e con semplici manipolazioni. Questo conclude la dimostrazione.

4.4 La formula BCH

La lunga analisi condotta finora ci permetterà adesso di concludere che, $\forall \alpha, \beta \in \mathbb{C}$, e $\forall k \geq 0$, risulta

$$e^{\alpha c} e^{\beta c^\dagger} e_k = e^{\frac{1}{2}\alpha\beta} e^{\alpha c + \beta c^\dagger} e_k. \tag{4.22}$$

Prima di dimostrare questo risultato, tuttavia, è utile notare che l'ordine degli operatori nel lato sinistro può essere cambiato, adoperando la (4.16). Osserviamo inoltre che è possibile adoperare la (4.22) per collegare questi prodotti di esponenziali con un operatore, $e^{\alpha c + \beta c^\dagger}$, che non è unitario, tranne quando $\alpha = -\overline{\beta}$. Questa è in effetti l'essenza della formula BCH ed è la ragione per cui la (4.22) è spesso utile in relazione agli BCSs o, più in generale, in situazioni in cui l'operatore di spostamento deve essere sostituito da qualche operatore analogo ma non più unitario, [13]. Questo aspetto sarà utilizzato in modo particolare nel Capitolo 5. Come sempre, prima di verificare l'uguaglianza in (4.22), vogliamo mostrare che entrambi i membri di questa equazione siano ben definiti, $\forall \alpha, \beta \in \mathbb{C}$ e $\forall k \geq 0$. Questo è ovviamente vero per il membro sinistro, $e^{\alpha c} e^{\beta c^\dagger} e_k$, alla luce di quanto abbiamo discusso nella Sezione 4.2. Per quanto riguarda il membro destro della (4.22), e in particolare per $e^{\alpha c + \beta c^\dagger} e_k$, mostreremo ora che questo esponenziale può essere definito come la serie (sempre convergente) $\sum_{l=0}^{\infty} \frac{1}{l!} (\alpha c + \beta c^\dagger)^l e_k$. La prova si basa sulla seguente stima, che può essere dimostrata per induzione su l:

$$\big\| (\alpha c + \beta c^\dagger)^l e_k \big\| \leq \sqrt{\frac{(k+l)!}{k!}} (|\alpha| + |\beta|)^l, \tag{4.23}$$

$\forall\alpha, \beta \in \mathbb{C}$, e $\forall k \geq 0$ fissato. Questa disuguaglianza è ovvia per $l = 0$, ed è facile da verificare per $l = 1$, a causa della (2.12). Supponiamo quindi che la (4.23) valga per un dato $l > 1$, con k fissato. Vogliamo verificare che essa valga anche per $l + 1$. Infatti, usando nuovamente la (2.12) abbiamo,

$$\left\|(\alpha c + \beta c^\dagger)^{l+1}\, e_k\right\| = \left\|(\alpha c + \beta c^\dagger)^l(\alpha\sqrt{k}\, e_{k-1} + \beta\sqrt{k+1}e_{k+1})\right\| \leq$$
$$\leq |\alpha|\sqrt{k}\left\|(\alpha c + \beta c^\dagger)^l\, e_{k-1}\right\| + |\beta|\sqrt{k+1}\left\|(\alpha c + \beta c^\dagger)^l e_{k+1}\right\|.$$

Osserviamo che il primo termine potrebbe essere zero, se $k = 0$ (o $\alpha = 0$), mentre il secondo termine è zero solo se $\beta = 0$. Usando ora l'ipotesi di induzione, con pochi facili passaggi abbiamo

$$\left\|(\alpha c + \beta c^\dagger)^{l+1} e_k\right\| \leq$$
$$\leq \sqrt{k+1}(|\alpha| + |\beta|)^l\left(|\alpha|\sqrt{\frac{(k-1+l)!}{(k-1)!}} + |\beta|\sqrt{\frac{(k+1+l)!}{(k+1)!}}\right) \leq$$
$$\leq \sqrt{k+1}(|\alpha| + |\beta|)^l\sqrt{\frac{(k+1+l)!}{(k+1)!}}(|\alpha| + |\beta|),$$

che restituisce la (4.23) per $l + 1$. In particolare, abbiamo usato le ovvie disuguaglianze $\sqrt{k} < \sqrt{k+1}$ e $\sqrt{\frac{(k-1+l)!}{(k-1)!}} < \sqrt{\frac{(k+1+l)!}{(k+1)!}}$.

Osservazione In questa ultima formula appare il rapporto $\frac{(k-1+l)!}{(k-1)!}$. Questo potrebbe sembrare strano poiché, ovviamente, questo rapporto è ben definito per ogni $l \geq 0$ solo se $k \geq 1$. Tuttavia, un significato gli può essere dato anche quando $k = 0$. Questo perché

$$\frac{(k-1+l)!}{(k-1)!} = \frac{(k-1)!(k-1+1)(k-1+2)\cdots(k-1+l)}{(k-1)!} =$$
$$= k(k+1)\cdots(k+l-1),$$

che è chiaramente zero se $k = 0$.

Per dimostrare ora l'esistenza di $e^{\alpha c + \beta c^\dagger} e_k$ è sufficiente osservare che, a causa della (4.23),

$$\left\|\sum_{l=0}^{\infty}\frac{1}{l!}(\alpha c + \beta c^\dagger)^l e_k\right\| \leq \sum_{l=0}^{\infty}\frac{1}{l!}\sqrt{\frac{(k+l)!}{k!}}(|\alpha| + |\beta|)^l,$$

per tutti i $k \geq 0$. Il membro a destra di questa formula può essere visto come una serie di potenze nella variabile $|\alpha| + |\beta|$, con coefficienti dipendenti da k, $a_l(k) = \frac{1}{l!}\sqrt{\frac{(k+l)!}{k!}}$. Il raggio di convergenza può essere facilmente calcolato e, $\forall k$, troviamo che questa serie converge in tutto il piano complesso, cioè per tutti i possibili valori complessi di α e β, che è quello che volevamo dimostrare.

Dopo questi controlli preliminari, la nostra dimostrazione della (4.22) non è particolarmente diversa dalla dimostrazione standard che si può trovare in letteratura. L'unica differenza è che, come già fatto in precedenza, rendiamo qui esplicito il ruolo del dominio degli operatori, introducendo il vettore e_k. Iniziamo considerando, prendendo $z \in \mathbb{C}$, la funzione

$$f_k(z) = e^{z(\alpha c)} e^{z(\beta c^\dagger)} e_k,$$

$k \geq 0$ arbitrario, ma fissato. Questa funzione a valori vettoriali è sempre (cioè, per tutti $\alpha, \beta, z \in \mathbb{C}$) ben definita, come abbiamo dedotto in precedenza, è analitica in z, e soddisfa la $f_k(0) = e_k$.

Ora, poiché

$$\frac{df_k(z)}{dz} = \alpha c e^{\alpha c} e^{\beta c^\dagger} e_k + \beta e^{\alpha c} c^\dagger e^{\beta c^\dagger} e_k,$$

usando la (4.20) troviamo che

$$\beta e^{\alpha c} c^\dagger e^{\beta c^\dagger} e_k = \beta\left(c^\dagger + z\alpha\right) e^{\alpha c} e^{\beta c^\dagger} e_k,$$

che implica

$$\frac{df_k(z)}{dz} = \left(\alpha c + \beta c^\dagger + z\alpha\beta\right) f_k(z).$$

La soluzione di questa equazione differenziale, con la corretta condizione iniziale, è

$$f_k(z) = e^{z(\alpha c + \beta c^\dagger) + \frac{z^2}{2}\alpha\beta} e_k,$$

che restituisce la (4.22) fissando $z = 1$.

4.5 Altri risultati

Per completezza, dimostriamo adesso l'espressione *complementare* della formula (4.17):

$$e^{\gamma c^\dagger} c e^{-\gamma c^\dagger} e_k = (c - \gamma) e_k, \tag{4.24}$$

$\gamma \in \mathbb{C}$ e $k \geq 0$. Naturalmente, anche questa formula può essere facilmente estesa a $\mathcal{L}_e$.

Prima di dare la nostra dimostrazione, notiamo che l'espressione operatoriale di questa formula, $e^{\gamma c^\dagger} c e^{-\gamma c^\dagger} = (c - \gamma)$, è ampiamente utilizzata in letteratura, e ancora una volta sottolineiamo come, comunque, sia necessaria una certa cura matematica visto che gli operatori coinvolti sono illimitati.

Piuttosto della (4.24), consideriamo prima l'uguaglianza,

$$c e^{-\gamma c^\dagger} e_k = e^{-\gamma c^\dagger} (c - \gamma) e_k, \tag{4.25}$$

$\gamma \in \mathbb{C}$ e $k \geq 0$, ed introduciamo le seguenti quantità:

$$I_1(k,l) = \langle c e^{-\gamma c^\dagger} e_k, e_l \rangle, \qquad I_2(k,l) = \langle e^{-\gamma c^\dagger}(c-\gamma) e_k, e_l \rangle,$$

$k, l \geq 0$. Dimostreremo che, per tutti i k fissati, risulta $I_1(k,l) = I_2(k,l)$, $\forall l \geq 0$. Allora la (4.25) segue dalla totalità di $\mathcal{F}_e$.

Iniziamo notando che $I_1(k,l) = \langle e^{-\gamma c^\dagger} e_k, c^\dagger e_l \rangle = \sqrt{l+1} \langle e^{-\gamma c^\dagger} e_k, e_{l+1} \rangle$, che è chiaramente zero se $l+1 < k$. Per quanto riguarda $I_2(k,l)$, usando la (A.1), può essere riscritta come segue: $I_2(k,l) = \langle (c-\gamma) e_k, e^{-\overline{\gamma} c} e_l \rangle = \sqrt{k} \langle e_{k-1}, e^{-\overline{\gamma} c} e_l \rangle - \overline{\gamma} \langle e_k, e^{-\overline{\gamma} c} e_l \rangle$, con l'intesa che $e_{-1} = 0$. È chiaro che $I_2(k,l) = 0$, se $k-1 > l$, che è la stessa condizione che abbiamo dedotto per $I_1(k,l)$. Ora è un calcolo banale, usando la (4.6) e la (4.8), consente di concludere che, se $k \leq l+1$,

$$I_1(k,l) = I_2(k,l) = (-\overline{\gamma})^{l+1-k} \sqrt{\frac{(l+1)!}{k!}} \frac{\sqrt{l+1}}{(l+1-k)!}.$$

Allora concludiamo che, per ogni k fisso, $I_1(k,l)$ e $I_2(k,l)$ coincidono $\forall l \geq 0$. Segue allora, come già osservato, l'uguaglianza in (4.25).

Ora osserviamo che, poiché $e^{-\gamma c^\dagger}(c-\gamma)e_k \in \mathcal{D}(e^{\gamma c^\dagger})$, lo stesso vale per il vettore $c e^{-\gamma c^\dagger} e_k$, a causa del fatto che questi due vettori coincidono: $c e^{-\gamma c^\dagger} e_k \in \mathcal{D}(e^{\gamma c^\dagger})$. Quindi, moltiplicando a sinistra entrambi i membri della (4.25) per $e^{\gamma c^\dagger}$, otteniamo la (4.24).

4.6 BCH ed altre formule al di fuori di $\mathcal{L}_e$

Nelle sezioni precedenti di questo capitolo abbiamo dimostrato diversi risultati sugli esponenziali di c, $c^\dagger$, e su alcune loro combinazioni, considerandone la loro azione su vettori e_k costruiti come all'inizio della Sezione 2.2, $e_k = \frac{1}{\sqrt{k!}} {c^\dagger}^k e_0$, e su combinazioni lineari finite di questi vettori. Questi risultati sono, ovviamente, indipendenti dalle rappresentazioni esplicite che usiamo per c e $c^\dagger$. Infatti, dipendono tutti unicamente dalle equazioni scala in (2.12), e, a causa di ciò, possono tutti essere visti come conseguenze delle CCR.

In questa sezione mostreremo che alcuni di questi risultati possono essere estesi anche a combinazioni lineari infinite degli e_n's, $\sum_{n=0}^{\infty} c_n e_n$, almeno se i c_n's vanno a zero abbastanza velocemente. Come discuteremo nell'Appendice A.7, il decadimento asintotico dei c_n's è rilevante, nel nostro contesto. Infatti, un decadimento molto veloce dei suoi coefficienti di espansione può essere dedotto, in particolare, per qualsiasi funzione in $S(\mathbb{R})$, che sono spesso importanti nell'analisi di alcuni sistemi fisici, come abbiamo già visto nel Capitolo 2.

Iniziamo la nostra analisi qui introducendo un sottoinsieme dello spazio di Hilbert $l^2(\mathbb{N}_0) = \{c = \{c_n\},\ c_n \in \mathbb{C},\ \sum_{n=0}^{\infty} |c_n|^2 < \infty\}$. In particolare, se fissiamo $A, \mu > 0$, poniamo

$$l_0 = \left\{ c \in l^2(\mathbb{N}_0) : |c_n| \leq A e^{-\mu n}, \forall n \right\}. \tag{4.26}$$

È chiaro che l_0 dipende dalla scelta di A e di μ, ma questa dipendenza non è particolarmente rilevante per noi e, per questo motivo, non è resa esplicita qui[4]. Ora usiamo l_0 per definire l'insieme

$$\mathcal{R} = \left\{ f = \sum_{n=0}^{\infty} c_n e_n,\ c \in l_0 \right\}. \tag{4.27}$$

Osserviamo che $\mathcal{R}$ è un sottospazio denso di $\mathcal{H}$. Questo perché $\mathcal{L}_e \subset \mathcal{R}$, e $\mathcal{L}_e$ è denso in $\mathcal{H}$.

È possibile verificare ora che $\mathcal{R} \subseteq \mathcal{D}(e^{\gamma c})$, $\forall \gamma \in \mathbb{C}$. Infatti, prendiamo $f \in \mathcal{R}$, $f = \sum_{n=0}^{\infty} c_n e_n$. Quindi poniamo, $\forall N > 0$, $f_N = \sum_{n=0}^{N} c_n e_n$, e calcoliamo $e^{\gamma c} f_N$, e poi la sua norma. Troviamo, con calcoli non molto diversi da quelli già visti più volte in questo capitolo,

$$e^{\gamma c} f_N = \sum_{n=0}^{N} c_n \sum_{l=0}^{n} \frac{\gamma^l}{l!} \sqrt{\frac{n!}{(n-l)!}}\, e_{n-l},$$

$$\Rightarrow \quad \|e^{\gamma c} f_N\| \leq \sum_{n=0}^{N} |c_n| \sum_{l=0}^{n} \frac{|\gamma|^l}{l!} \sqrt{\frac{n!}{(n-l)!}}.$$

Ora, usando la disuguaglianza (4.12), abbiamo

$$\|e^{\gamma c} f_N\| \leq \sum_{n=0}^{N} |c_n| \sum_{l=0}^{n} \frac{(|\gamma|\sqrt{n})^l}{l!} < \sum_{n=0}^{N} |c_n| \sum_{l=0}^{\infty} \frac{(|\gamma|\sqrt{n})^l}{l!} = \sum_{n=0}^{N} |c_n| e^{|\gamma|\sqrt{n}} \leq$$
$$\leq A \sum_{n=0}^{\infty} e^{-\mu n} e^{|\gamma|\sqrt{n}},$$

in cui l'ultima disuguaglianza è una conseguenza della definizione di l_0. Osserviamo anche che abbiamo sostituito la somma finita originale $\sum_{n=0}^{N}$ di quantità non negative con $\sum_{n=0}^{\infty}$. Ovviamente, in questo modo la disuguaglianza precedente è vera a fortiori. La serie $\sum_{n=0}^{\infty} e^{-\mu n} e^{|\gamma|\sqrt{n}}$ è una serie di potenze in $s = e^{-\mu}$. Un semplice calcolo mostra che il suo raggio di convergenza è $\rho = 1$: la serie converge se $s < 1$. Ma questo è sempre vero, poiché $\mu > 0$. Quindi possiamo prendere il limite per $N \to \infty$ di $e^{\gamma c} f_N$, e questo limite esiste in $\mathcal{H}$ e definisce $e^{\gamma c} f$:

$$e^{\gamma c} f = \sum_{n=0}^{\infty} c_n \sum_{l=0}^{n} \frac{\gamma^l}{l!} \sqrt{\frac{n!}{(n-l)!}}\, e_{n-l}. \tag{4.28}$$

[4] In altre parole, preferiamo chiamare questo insieme semplicemente l_0 piuttosto che, per esempio, $l_0(A, \mu)$.

Con una strategia simile possiamo ora verificare che $e^{\gamma c} f \in \mathcal{D}(c^\dagger)$, $\forall \gamma \in \mathbb{C}$ e $\forall f \in \mathcal{R}$. Infatti deduciamo

$$\|c^\dagger e^{\gamma c} f_N\| \leq A \sum_{n=0}^{\infty} e^{-\mu n} \sqrt{n+1}\, e^{|\gamma|\sqrt{n+1}},$$

che è ancora una serie di potenze convergente ovunque. Quindi $c^\dagger e^{\gamma c} f \in \mathcal{H}$, $\forall \gamma \in \mathbb{C}$. In particolare, se fissiamo $\gamma = 0$, ciò implica che $f \in \mathcal{D}(c^\dagger)$, e quindi abbiamo anche $f \in \mathcal{D}(c^\dagger + \gamma \mathbb{1})$. Inoltre, utilizzando disuguaglianze simili a quelle adoperate sopra, possiamo dimostrare che $(c^\dagger + \gamma \mathbb{1}) f$ appartiene non solo a $\mathcal{H}$, ma a $\mathcal{D}(e^{\rho c})$, $\forall \rho \in \mathbb{C}$. Alla luce di tutti questi fatti, possiamo concludere che sia $c^\dagger e^{-\gamma c} f$ che $e^{-\gamma c}(c^\dagger + \gamma \mathbb{1}) f$ sono ben definiti in $\mathcal{H}$. Il passo successivo è mostrare che coincidono: $c^\dagger e^{-\gamma c} f = e^{-\gamma c}(c^\dagger + \gamma \mathbb{1}) f$, $\forall f \in \mathcal{R}$. Questo è un controllo piuttosto lungo ma non particolarmente laborioso, basato principalmente sulla (4.28). Come conseguenza di questa uguaglianza, poiché $e^{-\gamma c}(c^\dagger + \gamma \mathbb{1}) f \in \mathcal{D}(e^{\gamma c})$, è chiaro che anche $c^\dagger e^{-\gamma c} f \in \mathcal{D}(e^{\gamma c})$. Pertanto, moltiplicando a sinistra l'uguaglianza $c^\dagger e^{-\gamma c} f = e^{-\gamma c}(c^\dagger + \gamma \mathbb{1}) f$ per $e^{\gamma c}$, troviamo l'analogo della formula (4.18), che può quindi essere estesa a tutto $\mathcal{R}$:

$$e^{\gamma c} c^\dagger e^{-\gamma c} f = (c^\dagger + \gamma) f, \tag{4.29}$$

per tutti $f \in \mathcal{R}$ e per tutti $\gamma \in \mathbb{C}$. Ovviamente, questa uguaglianza implica quella in (4.18), mentre il viceversa è falso, a causa del fatto che non tutte le funzioni in $\mathcal{R}$ appartengono a $\mathcal{L}_e$: $\mathcal{L}_e \subset \mathcal{R}$, e l'inclusione è stretta.

Nello stesso modo in cui abbiamo esteso la (4.18) alla (4.29), è possibile vedere che la formula (4.24) può essere estesa a $\mathcal{R}$:

$$e^{\gamma c^\dagger} c e^{-\gamma c^\dagger} f = (c - \gamma) f, \tag{4.30}$$

$\gamma \in \mathbb{C}$ e $f \in \mathcal{R}$. Come nella Sezione 4.5, è conveniente verificare intanto che valga

$$c e^{-\gamma c^\dagger} f = e^{-\gamma c^\dagger}(c - \gamma) f, \tag{4.31}$$

$f \in \mathcal{R}$ e $\gamma \in \mathbb{C}$. Prima di tutto, osserviamo che la (4.31) è ben posta: se $f \in \mathcal{R}$, allora $(c - \gamma) f \in \mathcal{R}$. Infatti, se riscriviamo $(c - \gamma) f = \sum_{k=0}^{\infty} d_k e_k$, è facile vedere che $d = \{d_k\} \in l_0$. Ora, come discusso nell'Appendice A.4, ogni vettore in $\mathcal{R}$ appartiene al dominio di $e^{\alpha c^\dagger}$, $\forall \alpha \in \mathbb{C}$, vedi in particolare (A.4). Allora $e^{-\gamma c^\dagger}(c - \gamma) f$ è ben definito. Per quanto riguarda il primo membro della (4.31), $c e^{-\gamma c^\dagger} f$, anche questo è ben definito: poiché $f \in \mathcal{R}$, allora $f \in \mathcal{D}(^{-\gamma c^\dagger})$, vedi nuovamente l'Appendice A.4. Alcune semplici stime mostrano quindi che $e^{-\gamma c^\dagger} f \in \mathcal{D}(c)$, così che $c e^{-\gamma c^\dagger} f$ è anch'esso ben definito. Adesso, se la (4.31) è vera, procediamo come in Sezione 4.5: osserviamo che poiché $e^{-\gamma c^\dagger}(c - \gamma) f \in \mathcal{D}(e^{\gamma c^\dagger})$, anche $c e^{-\gamma c^\dagger} f$ deve appartenere a $\mathcal{D}(e^{\gamma c^\dagger})$. Pertanto la (4.30) deriva dalla (4.31) semplicemente moltiplicando a sinistra quest'ultima per $e^{\gamma c^\dagger}$.

Resta da dimostrare l'uguaglianza (4.31). Questa prova estende quella nella Sezione 4.5, e adotta una strategia simile. Iniziamo considerando $\langle ce^{-\gamma c^\dagger} f, e_k\rangle$, $k \geq 0$. Poiché $e_k \in \mathcal{D}(c^\dagger)$, e poiché $c^\dagger e_k = \sqrt{k+1}\, e_{k+1}$, usando la (A.1) abbiamo

$$\langle ce^{-\gamma c^\dagger} f, e_k\rangle = \langle f, e^{-\overline{\gamma} c} c^\dagger e_k\rangle = \langle f, (c^\dagger - \overline{\gamma}) e^{-\overline{\gamma} c} e_k\rangle,$$

dove abbiamo usato la (4.17) (o la (4.29) ristretta a $\mathcal{L}_e$). Infatti, possiamo riscrivere la (4.17) come $c^\dagger e^{-\gamma c} e_k = e^{-\gamma c}(c^\dagger + \gamma) e_k$, che può essere ancora riscritta come $(c^\dagger - \gamma) e^{-\gamma c} e_k = e^{-\gamma c} c^\dagger e_k$. Pertanto $e^{-\overline{\gamma} c} c^\dagger e_k = (c^\dagger - \overline{\gamma}) e^{-\overline{\gamma} c} e_k$. Ora possiamo spostare $(c^\dagger - \overline{\gamma})$ a sinistra, poiché $f \in \mathcal{D}((c^\dagger - \overline{\gamma})^\dagger)$ e $(c^\dagger - \overline{\gamma})^\dagger f = (c - \gamma) f$. Ma $(c - \gamma) f \in \mathcal{R}$ anch'esso. Quindi possiamo anche spostare a sinistra $e^{-\overline{\gamma} c}$ e, a causa della (A.3), concludiamo che

$$\langle ce^{-\gamma c^\dagger} f, e_k\rangle = \langle e^{-\gamma c^\dagger}(c - \gamma) f, e_k\rangle.$$

La formula (4.31) deriva adesso dalla totalità di $\mathcal{F}_e$.

È molto più difficile estendere la formula BCH (4.22) al di fuori di $\mathcal{L}_e$. Quello che vogliamo fare nell'ultima parte di questo capitolo è trovare le condizioni che garantiscono che le seguenti identità siano soddisfatte:

$$\begin{cases} e^{\alpha c} e^{\beta c^\dagger} f = e^{\frac{\alpha\beta}{2}} e^{\alpha c + \beta c^\dagger} f, \\ e^{\beta c^\dagger} e^{\alpha c} f = e^{-\frac{\alpha\beta}{2}} e^{\alpha c + \beta c^\dagger} f, \\ e^{\alpha c} e^{\beta c^\dagger} f = e^{\alpha\beta} e^{\beta c^\dagger} e^{\alpha c} f, \end{cases} \tag{4.32}$$

per tutti $f \in \mathcal{R}_0$ e per tutti $\alpha, \beta \in \mathbb{C}$. Qui $\mathcal{R}_0 \subseteq \mathcal{R}$ è un insieme ancora da identificare. Concentriamoci sulla prima uguaglianza, $e^{\alpha c} e^{\beta c^\dagger} f = e^{\frac{\alpha\beta}{2}} e^{\alpha c + \beta c^\dagger} f$. Nell'Appendice A.4 è dimostrato che ogni $f \in \mathcal{R}$ appartiene al dominio di $e^{\beta c^\dagger}$. Tuttavia, non è così facile verificare che $e^{\beta c^\dagger} f \in \mathcal{D}(e^{\alpha c})$, il che garantirebbe che il membro sinistro dell'identità che vogliamo verificare abbia senso. Analogamente, dovremmo anche verificare che $f \in \mathcal{D}(e^{\alpha c + \beta c^\dagger})$. Ricordiamo che queste proprietà sono soddisfatte, ad esempio, se $f \in \mathcal{L}_e$. Chiamiamo $\mathcal{R}_0$ l'insieme di tutte quelle funzioni in $\mathcal{R}$ che soddisfano queste condizioni, e tali che le formule (A.3) possano essere estese come segue: $\forall f \in \mathcal{R}_0$, $f \in \mathcal{D}\Big((e^{\alpha c + \beta c^\dagger})^\dagger\Big)$ e

$$(e^{\alpha c + \beta c^\dagger})^\dagger f = e^{\overline{\alpha} c^\dagger + \overline{\beta} c} f.$$

Allora abbiamo il seguente:

$$\langle e^{\alpha c} e^{\beta c^\dagger} f, e_l\rangle = \langle e^{\beta c^\dagger} f, e^{\overline{\alpha} c^\dagger} e_l\rangle = \langle f, e^{\overline{\beta} c} e^{\overline{\alpha} c^\dagger} e_l\rangle,$$

dove abbiamo utilizzato le proprietà dell'aggiunto dedotte in (A.1) e la formula *complementare* della (A.2),

$$\left(e^{\beta c^\dagger}\right)^\dagger e^{\overline{\alpha} c^\dagger} e_l = e^{\overline{\beta} c} e^{\overline{\alpha} c^\dagger} e_l,$$

che può essere dimostrata con calcoli simili. Ora, utilizzando la (4.22), e le nostre ipotesi su f, troviamo che

$$\langle e^{\alpha c} e^{\beta c^\dagger} f, e_l\rangle = \langle f, e^{\frac{\overline{\alpha\beta}}{2}} e^{\overline{\beta} c + \overline{\alpha} c^\dagger} e_l\rangle = \langle e^{\frac{\alpha\beta}{2}} e^{\beta c^\dagger + \alpha c} f, e_l\rangle,$$

così che la nostra affermazione deriva dalla totalità di $\mathcal{F}_e$.

In modo simile potremmo verificare la seconda uguaglianza in (4.32), mentre la terza uguaglianza è una semplice conseguenza delle prime due.

Osservazioni (1) È interessante osservare che, come mostreremo più avanti, gli stati coerenti standard appartengono a $\mathcal{R}$. Infatti, come vedremo nella Sezione 5.3, è possibile verificare che l'insieme dei coefficienti di espansione di uno stato coerente $\Phi(z)$ appartiene a l_0.

(2) Le formule (4.32) possono essere viste come la versione rigorosa delle uguaglianze in (4.3), in una forma leggermente estesa. In questa prospettiva, potrebbero essere viste come la nostra versione della formula BCH per gli operatori bosonici, e permettono una semplice estensione ad alcune classi di operatori pseudo-bosonici, visto che α e β non sono necessariamente collegati tra loro. Tuttavia, mentre le loro dimostrazioni richiedono molte stime che sono facili da controllare quando $f \in \mathcal{L}_e$, la difficoltà aumenta sensibilmente quando $f \in \mathcal{R}_0$, $f \notin \mathcal{L}_e$, e abbiamo bisogno di richiedere di più, come le ipotesi che abbiamo introdotto sopra mostrano chiaramente. Una maggiore comprensione della natura di $\mathcal{R}_0$ è parte dei nostri progetti futuri.

Altre formule utili (e, ancora, ben note) coinvolgono l'operatore di spostamento $D(z)$. Abbiamo, ad esempio,

$$D(z)cD(-z)f = (c - z)f, \qquad D(z)c^\dagger D(-z)f = (c^\dagger - \overline{z})f, \tag{4.33}$$

per tutti $z \in \mathbb{C}$ e $f(x) \in \mathcal{S}(\mathbb{R})$. A differenza delle formule considerate precedentemente, quelle date qui coinvolgono principalmente operatori esponenziali limitati (in realtà, unitari), in relazione con gli operatori scala (non limitati), c e $c^\dagger$, elevati alla potenza uno. Sappiamo che lo spazio $\mathcal{S}(\mathbb{R})$ è stabile sotto l'azione di tutti gli operatori in (4.33). Quindi, entrambi i lati di entrambe le uguaglianze in (4.33) sono ben definiti.

Un'altra uguaglianza che coinvolge invece solo $D(z)$ è la seguente:

$$D(z)D(w)f = e^{-\frac{1}{2}(\overline{z}w - \overline{w}z)} D(z + w)f, \tag{4.34}$$

per tutti $z, w \in \mathbb{C}$ e $f(x) \in \mathcal{S}(\mathbb{R})$. Questa uguaglianza è, dal nostro punto di vista, *semplice* poiché coinvolge solo operatori unitari che lasciano $\mathcal{S}(\mathbb{R})$ stabile. Ci riferiamo a [50, 79] per ulteriori dettagli su questa uguaglianza.

Stati bi-coerenti

5

Ciò di cui ci occuperemo in questo capitolo è la possibilità di definire, per gli operatori a e b in (2.14) e (2.16), alcuni vettori particolari, che chiameremo *stati bi-coerenti*, (BCSs), e di dedurne alcune loro proprietà. Dovremmo dire che il contenuto di questo capitolo è destinato a chiarire alcuni aspetti già utilizzati, *bona fide*, in vecchi articoli. Qui vogliamo verificare in dettaglio ogni singolo passaggio della costruzione, anche in vista di possibili estensioni ad altri tipi di operatori scala, per mettere in evidenza ciò che può essere esteso e ciò che non è così facile (o che è addirittura impossibile) da generalizzare.

Iniziamo ricordando cosa sia uno stato coerente *standard*. Dovremmo in effetti osservare che *standard* potrebbe non essere la parola corretta, a causa del fatto che, nel corso degli anni, diversi autori hanno introdotto quelli che hanno chiamato stati coerenti in modi talvolta molto diversi. Rimandiamo il lettore interessato a [2, 3, 50, 72, 86, 108], alcune monografie o volumi recenti su questo argomento, la maggior parte delle quali sono più focalizzati sugli aspetti fisici di questi vettori, piuttosto che su quelli matematici. Per noi, uno stato coerente è essenzialmente un vettore $\Phi(z) \in \mathcal{H}$, dipendente da una variabile complessa z, che è un autostato dell'operatore di annichilazione bosonico c introdotto nella Sezione 2.2: $c\,\Phi(z) = z\Phi(z)$. L'autovalore z non è reale poiché, ovviamente, $c \neq c^\dagger$ e poichè non è neanche possibile trovare un altro prodotto scalare $\langle\langle .,. \rangle\rangle$ su $\mathcal{H}$ tale che $\langle\langle c^\dagger f, g\rangle\rangle = \langle\langle c\, f, g\rangle\rangle$, per ogni f, g. Questo stato ha altre interessanti proprietà. In particolare, produce una risoluzione dell'identità in $\mathcal{H}$:

$$\int_{\mathbb{C}} \frac{d^2 z}{\pi} \langle f, \Phi(z)\rangle\langle\Phi(z), g\rangle = \langle f, g\rangle, \tag{5.1}$$

$\forall f, g \in \mathcal{H}$. Questa equazione implica, in particolare, che, se $f \in \mathcal{H}$ è tale che $\langle f, \Phi(z)\rangle = 0$, $\forall z \in \mathbb{C}$, allora $\|f\|^2 = 0$ e, quindi, $f = 0$: l'insieme *continuo* $\mathcal{F}_{cs} = \{\Phi(z),\ z \in \mathbb{C}\}$ è totale in $\mathcal{H}$.

L'aggettivo *coerente* deriva dal fatto che, se $\Phi(z)$ evolve secondo l'Hamiltoniana di un oscillatore armonico, $H = \omega\big(c^\dagger c + \frac{1}{2}1\!\!1\big)$, $\omega > 0$, allora esso viene mappato in un vettore diverso, che però è esso stesso uno stato coerente: $e^{-iHt}\Phi(z) =$

F. Bagarello, *Pseudo-Bosoni e Loro Stati Coerenti*,
https://doi.org/10.1007/978-3-031-61185-8_5

$e^{-i\omega t/2}\Phi(ze^{-i\omega t})$. È anche noto che $\Phi(z)$ satura la relazione di incertezza di Heisenberg e, per questo, è considerato il *più classico* (o uno dei più classici) tra tutti gli stati quantistici.

Nella letteratura $\Phi(z)$ si trova solitamente in una delle seguenti forme, tutte equivalenti:

$$\Phi(z) = D(z)e_0 = e^{-\frac{1}{2}|z|^2} e^{zc^\dagger} e^{-\overline{z}c} e_0 = e^{-\frac{1}{2}|z|^2} e^{zc^\dagger} e_0 = e^{-\frac{1}{2}|z|^2} \sum_{n=0}^{\infty} \frac{z^n}{\sqrt{n!}} e_n. \quad (5.2)$$

Si noti che, poiché l'operatore di spostamento $D(z)$ è unitario, $\|\Phi(z)\| = \|e_0\| = 1$, che è in accordo, in particolare, con il fatto che la serie in (5.2) converge per ogni $z \in \mathbb{C}$, come è facile verificare. La formula (5.2) è fortemente connessa ad alcuni dei risultati discussi nel Capitolo 4. Ad esempio, l'uguaglianza $D(z)e_0 = e^{-\frac{1}{2}|z|^2} e^{zc^\dagger} e^{-\overline{z}c} e_0$ deriva dalla (4.22), per una specifica scelta di α e β. Un altro risultato interessante sugli stati coerenti è che essi non possono mai essere ortogonali. Infatti, la loro sovrapposizione può essere facilmente calcolata e dà

$$\langle \Phi(z), \Phi(w) \rangle = e^{-\frac{1}{2}(|z|^2+|w|^2)} e^{\overline{z}w}, \quad (5.3)$$

che restituisce $\|\Phi(z)\| = 1$ quando $z = w$ e che è sempre diverso da zero, $\langle \Phi(z), \Phi(w) \rangle \neq 0$, per tutte le scelte possibili di w e z.

Negli anni gli stati coerenti sono stati oggetto di molti studi, sia per le loro proprietà matematiche che per le loro molteplici applicazioni alla fisica. Oltre al già citato fatto che $\Phi(z)$ satura la relazione di incertezza di Heisenberg, un'analisi interessante è stata condotta anni fa sulla possibilità di trovare un sottoinsieme numerabile di $\mathcal{F}_{cs}$, $\mathcal{F}_{cs,\text{disc}} = \{\Phi(z_n),\ n \in \mathbb{N}\}$ che sia ancora totale in $\mathcal{H}$. Questo è possibile, [6], e un possibile modo per dimostrare questo risultato è utilizzare la cosiddetta rappresentazione (k, q), [124]. Non daremo i dettagli di questa dimostrazione qui, poiché questo aspetto degli stati coerenti non è particolarmente interessante per quanto discusso in queste note. Maggiori dettagli possono essere trovati su [82, 85, 107]. Vogliamo solo riassumere qui le conclusioni di questa analisi, poiché hanno un'interessante interpretazione geometrica: $\mathcal{F}_{cs,\text{disc}}$ può essere totale se l'area della cella del reticolo $\{z_n,\ n \in \mathbb{N}\}$ usato per definire $\mathcal{F}_{cs,\text{disc}}$ è minore o uguale a π. In particolare, $\mathcal{F}_{cs,\text{disc}}$ è sovracompleto se questa area è strettamente minore di π, è completo (anche dopo aver rimosso un singolo vettore) se l'area è π, mentre non è completo quando l'area della cella è maggiore di π.

Nella Sezione 2.3 abbiamo introdotto due operatori differenti, a e $b^\dagger$, che sono operatori di annichilazione rispetto a due famiglie differenti, ma tra loro connesse. Negli ultimi anni abbiamo discusso se e come coppie simili di operatori producono, in qualche modo, coppie di vettori che condividono con gli stati coerenti alcune delle loro proprietà. In particolare, questo può essere fatto a un livello piuttosto astratto, o in modo più *modello-dipendente*. In seguito enunceremo e dimostreremo il nostro risultato più generale, che si riferisce a operatori di annichilazione di (quasi) qualsiasi tipo, non necessariamente del tipo pseudo-bosonico, e poi discuteremo alcuni risultati che sono più esplicitamente correlati agli operatori di annichilazione considerati nella Sezione 2.3, discutendo ulteriormente le relazioni tra questi diversi approcci e le difficoltà nell'estendere alcuni dei risultati qui dedotti ad altri modelli.

5.1 Un primo approccio generale

Consideriamo due famiglie biortogonali di vettori, $\mathcal{F}_{\tilde{\varphi}} = \{\tilde{\varphi}_n \in \mathcal{H},\, n \geq 0\}$ e $\mathcal{F}_{\tilde{\Psi}} = \{\tilde{\Psi}_n \in \mathcal{H},\, n \geq 0\}$ che siano $\mathcal{G}$-quasi basi per qualche sottospazio denso $\mathcal{G}$ di $\mathcal{H}$. Osserviamo che questo è esattamente ciò che accade in tutti i sistemi pseudo-bosonici che abbiamo introdotto nel Capitolo 2. Ad esempio, è ciò che accade per $\mathcal{F}_{\hat{\varphi}}$ e $\mathcal{F}_{\hat{\Psi}}$ nella Sezione 2.5, con $\mathcal{G} = \mathcal{L}_e$, vedi (2.49). Consideriamo una successione crescente di numeri reali α_n che soddisfa la catena di disuguaglianze $0 = \alpha_0 < \alpha_1 < \alpha_2 < \ldots$. Chiamiamo $\overline{\alpha}$ il limite di α_n per n divergente, che coincide con $\sup_n \alpha_n$ e che potrebbe anche essere $+\infty$. Consideriamo inoltre due operatori, A e $B^\dagger$, non necessariamente pseudo-bosonici, che agiscono come operatori di annichilazione rispettivamente su $\mathcal{F}_{\tilde{\varphi}}$ e $\mathcal{F}_{\tilde{\Psi}}$ nel seguente modo:

$$A\,\tilde{\varphi}_n = \alpha_n \tilde{\varphi}_{n-1}, \qquad B^\dagger\,\tilde{\Psi}_n = \alpha_n \tilde{\Psi}_{n-1}, \tag{5.4}$$

per tutti gli $n \geq 1$, con $A\,\tilde{\varphi}_0 = B^\dagger\,\tilde{\Psi}_0 = 0$. Queste equazioni implicano, in particolare, che A e $B^\dagger$ sono densamente definiti, poiché (5.4) può essere esteso alle combinazioni lineari finite degli $\tilde{\varphi}_n$ e $\tilde{\Psi}_n$, rispettivamente, che definiscono due insiemi entrambi densi in $\mathcal{H}$. Queste sono le equazioni di distruzione che sostituiscono quelle in (2.16), che però possono essere recuperate se A e B soddisfano la Definizione 2.3.1. In questo caso particolare, $\alpha_n = \sqrt{n}$ e $\overline{\alpha} = \infty$. Vale il seguente teorema, [18]:

Teorema 5.1.1 *Supponiamo che esistano quattro costanti strettamente positive A_φ, A_Ψ, r_φ e r_Ψ, insieme a due sequenze strettamente positive $M_n(\varphi)$ e $M_n(\Psi)$, per le quali risulta*

$$\lim_{n\to\infty} \frac{M_n(\varphi)}{M_{n+1}(\varphi)} = M(\varphi), \qquad \lim_{n\to\infty} \frac{M_n(\Psi)}{M_{n+1}(\Psi)} = M(\Psi), \tag{5.5}$$

dove $M(\varphi)$ e $M(\Psi)$ potrebbero essere infiniti, e tali che, per tutti $n \geq 0$,

$$\|\tilde{\varphi}_n\| \leq A_\varphi\, r_\varphi^n M_n(\varphi), \qquad \|\tilde{\Psi}_n\| \leq A_\Psi\, r_\Psi^n M_n(\Psi). \tag{5.6}$$

Allora, ponendo $\alpha_0! = 1$ e $\alpha_k! = \alpha_1\alpha_2\cdots\alpha_k$, $k \geq 1$, le seguenti serie:

$$N(|z|) = \left(\sum_{k=0}^{\infty} \frac{|z|^{2k}}{(\alpha_k!)^2}\right)^{-1/2}, \tag{5.7}$$

$$\varphi(z) = N(|z|)\sum_{k=0}^{\infty} \frac{z^k}{\alpha_k!}\tilde{\varphi}_k, \qquad \Psi(z) = N(|z|)\sum_{k=0}^{\infty} \frac{z^k}{\alpha_k!}\tilde{\Psi}_k, \tag{5.8}$$

sono tutte convergenti all'interno del cerchio $C_\rho(0)$ *in* $\mathbb{C}$ *centrato nell'origine del piano complesso e di raggio* $\rho = \overline{\alpha}\,\min\left(1, \frac{M(\varphi)}{r_\varphi}, \frac{M(\Psi)}{r_\Psi}\right)$. *Inoltre, per ogni* $z \in C_\rho(0)$,

$$A\varphi(z) = z\varphi(z), \qquad B^\dagger\Psi(z) = z\Psi(z). \tag{5.9}$$

Supponiamo inoltre che esista una misura $d\lambda(r)$ *tale che*

$$\int_0^\rho d\lambda(r)\, r^{2k} = \frac{(\alpha_k!)^2}{2\pi}, \tag{5.10}$$

per tutti i $k \geq 0$. *Allora, ponendo* $z = re^{i\theta}$ *e chiamando* $d\nu(z,\overline{z}) = N(r)^{-2}d\lambda(r)d\theta$, *abbiamo*

$$\int_{C_\rho(0)} \langle f, \Psi(z)\rangle\langle\varphi(z), g\rangle d\nu(z,\overline{z}) = \int_{C_\rho(0)} \langle f, \varphi(z)\rangle\langle\Psi(z), g\rangle d\nu(z,\overline{z}) = \langle f, g\rangle, \tag{5.11}$$

per ogni $f, g \in \mathcal{G}$.

Dimostrazione Osserviamo prima di tutto che la serie $\sum_{k=0}^\infty \frac{|z|^{2k}}{(\alpha_k!)^2}$ in (5.7) è sicuramente convergente se $|z| < \overline{\alpha}$, poiché può essere riscritta come $\sum_{k=0}^\infty a_k w^k$, dove $w = |z|^2$ e $a_k = \frac{1}{(\alpha_k!)^2}$. Questa serie converge per $|w| = w < \overline{\alpha}^2$.

Utilizziamo adesso le disuguaglianze in (5.6) per analizzare la convergenza della norma di $\sum_{k=0}^\infty \frac{z^k}{\alpha_k!}\tilde{\varphi}_k$ in (5.8). Abbiamo

$$\left\|\sum_{k=0}^\infty \frac{z^k}{\alpha_k!}\tilde{\varphi}_k\right\| \leq A_\varphi \sum_{k=0}^\infty \frac{M_k(\varphi)}{\alpha_k!}(|z|r_\varphi)^k, \tag{5.12}$$

che è anch'essa una serie di potenze in $s = |z|r_\varphi$ con coefficienti $\frac{M_k(\varphi)}{\alpha_k!}$. I risultati ben noti sulle serie di potenze assicurano che questa serie converge se $s = |s| < \lim_{k,\infty} \frac{M_k(\varphi)}{M_{k+1}(\varphi)}\alpha_{k+1}$, qualora questo limite esista. Ma, a causa delle nostre ipotesi, questo limite effettivamente esiste ed è uguale a $M(\varphi)\overline{\alpha}$. Quindi la serie in (5.12) converge per $|z| < \frac{M(\varphi)}{r_\varphi}\overline{\alpha}$. Allo stesso modo possiamo concludere che la serie in (5.8) per $\Psi(z)$, $\sum_{k=0}^\infty \frac{z^k}{\alpha_k!}\tilde{\Psi}_k$, converge per $|z| < \frac{M(\Psi)}{r_\Psi}\overline{\alpha}$. Mettendo insieme tutti questi risultati, ne segue la prima affermazione del Teorema.

Le equazioni agli autovalori in (5.9) derivano dalle (5.4) e dalla convergenza delle serie, in completa analogia con la procedura analoga per gli stati coerenti standard.

La dimostrazione della (5.11) non è particolarmente diversa da quella per $\Phi(z)$, vedi (5.1), eccetto che per alcuni dettagli. Prendiamo $f, g \in \mathcal{G}$, e calcoliamo

$$I_{f,g} = \int_{C_\rho(0)} \langle f, \Psi(z)\rangle\langle\varphi(z), g\rangle d\nu(z,\overline{z}).$$

All'interno di $C_\rho(0)$ possiamo utilizzare le espansioni in (5.8) e la continuità del prodotto scalare. Se inoltre utilizziamo $d\nu(z,\overline{z}) = N(r)^{-2}d\lambda(r)d\theta$, troviamo

$$I_{f,g} = \sum_{k,l=0}^{\infty} \frac{\langle f, \tilde{\Psi}_k\rangle\langle\tilde{\varphi}_l, g\rangle}{\alpha_k!\,\alpha_l!} \int_0^\rho d\lambda(r)\, r^{k+l} \int_0^{2\pi} d\theta\, e^{i\theta(k-l)} =$$
$$= 2\pi \sum_{k=0}^{\infty} \frac{\langle f, \tilde{\Psi}_k\rangle\langle\tilde{\varphi}, g\rangle}{(\alpha_k!)^2} \int_0^\rho d\lambda(r)\, r^{2k},$$

poiché $\int_0^{2\pi} d\theta\, e^{i\theta(k-l)} = 2\pi\delta_{k,l}$. Quindi, utilizzando l'ipotesi in (5.10) e ricordando che $\mathcal{F}_{\tilde{\varphi}}$ e $\mathcal{F}_{\tilde{\Psi}}$ sono quasi basi di $\mathcal{G}$, $I_{f,g}$ restituisce $\langle f, g\rangle$, come dovevamo dimostrare.

L'altra uguaglianza in (5.11) può essere dedotta in modo simile. □

Osservazioni (1) La scelta della normalizzazione in (5.7) garantisce che $\langle\varphi(z), \Psi(z)\rangle = 1$, per ogni $z \in C_\rho(0)$.

(2) Le formule (5.9) e (5.11) sono i principali motivi per cui chiamiamo questi vettori *stati bi-coerenti*: sono autostati di due operatori di annichilazione differenti (ma in qualche modo collegati), e risolvono l'identità su $\mathcal{G}$ quando considerati in coppia.

(3) L'ipotesi essenziale in questo teorema è basata sulla possibilità di controllare la crescita di $\|\tilde{\varphi}_n\|$ e $\|\tilde{\Psi}_n\|$ con n. Potrebbe accadere, come vedremo nella Sezione 7.2, che queste stime non siano soddisfatte. In questo caso, il Teorema 5.1.1 può essere comunque esteso adottando un approccio distribuzionale, come in [19]. Questa possibilità sarà discussa in dettaglio nel Capitolo 7.

(4) La risoluzione dell'identità in (5.11) implica, chiaramente, che se $f \in \mathcal{G}$ è ortogonale a tutti i $\varphi(z)$, o a tutti i $\Psi(z)$, $z \in C_\rho(0)$, allora $f = 0$ necessariamente. Questo perché, se $\langle f, \Psi(z)\rangle = 0$ o se $\langle f, \varphi(z)\rangle = 0$, le identità in (5.11) implicano che $\|f\| = 0$. Quindi $f = 0$. Così come è stato discuscusso per lo stato coerente standard $\Phi(z)$ ci si potrebbe chiedere se sia possibile estrarre, dai set continui $\mathcal{F}_{\varphi(z)} = \{\varphi(z),\ z \in C_\rho(0)\}$ e $\mathcal{F}_{\Psi(z)} = \{\Psi(z),\ z \in C_\rho(0)\}$, due set discreti che risultino anch'essi totali in $\mathcal{G}$. La risposta è affermativa. Rimandiamo il lettore interessato a [13], dove una versione deformata della rappresentazione (k, q), costruita ad hoc per affrontare questo problema, è stata introdotta e utilizzata per chiarire questo aspetto dei BCSs. In questo caso, la discretizzazione di $\mathbb{C}$ produce due set totali di BCSs se la superficie della cella del reticolo che consideriamo è uguale a π. Questi set non sono completi se questa superficie è maggiore di π, mentre sono sovracompleti per valori minori, in totale analogia con quanto è noto per $\Phi(z)$.

Quello che vogliamo fare adesso è applicare il Teorema 5.1.1 ai vari operatori pseudo-bosonici introdotti nel Capitolo 4, per mostrare che detto Teorema copre la maggior parte dei casi considerati. Discuteremo brevemente anche perché e quando il Teorema 5.1.1 non è sufficiente, e quando è richiesto un approccio in qualche modo generalizzato, nello spirito dell'Osservazione (3) sopra.

Iniziamo considerando gli operatori scala per i $\mathcal{D}$-PBs regolari in (2.26). In questo caso, è quasi ovvio che si possa applicare il Teorema 5.1.1. Infatti, a causa della (2.23), troviamo che $\|\varphi_n\| \leq K_\varphi$ e $\|\Psi_n\| \leq K_\Psi$, dove $K_\varphi = \|R\|$ e $K_\Psi = \|R^{-1}\|$. Queste quantità sono entrambe finite, poiché R e R^{-1} sono limitati. Osserviamo che queste disuguaglianze sono piuttosto simili a quelle dedotte nella Sezione 2.6.1, vedi (2.66), in particolare. È chiaro che le disuguaglianze in (5.6) sono entrambe soddisfatte. Infatti, è sufficiente fissare $A_\varphi = K_\varphi$, $A_\Psi = K_\Psi$, e $r_\varphi = r_\Psi = M_n(\varphi) = M_n(\Psi) = 1$, per tutti gli $n \geq 0$. Quindi abbiamo $M(\varphi) = M(\Psi) = 1$ e $\frac{M(\varphi)}{r_\varphi} = \frac{M(\Psi)}{r_\Psi} = 1$. Inoltre, poiché per $\mathcal{D}$-PBs la sequenza $\{\alpha_n\}$ in (5.4) è data da $\alpha_n = \sqrt{n}$, come abbiamo già osservato in precedenza, e come sempre quando A e B sono operatori pseudo-bosonici, concludiamo che $\rho = \infty$. L'equazione in (5.10) diventa $\int_0^\infty d\lambda(r)\, r^{2k} = \frac{k!}{2\pi}$, che è soddisfatta prendendo $d\lambda(r) = \frac{1}{\pi} e^{-r^2} r\, dr$.

Possiamo quindi concludere che le serie in (5.7) e (5.8) convergono in tutto il piano complesso e, in particolare, che

$$N(|z|) = \left(\sum_{k=0}^{\infty} \frac{|z|^{2k}}{k!}\right)^{-1/2} = e^{-\frac{1}{2}|z|^2},$$

per tutti $z \in \mathbb{C}$. Quindi $d\nu(z,\overline{z}) = e^{r^2} d\lambda(r) d\theta = \frac{1}{\pi} r\, dr\, d\theta$. I vettori

$$\varphi(z) = e^{-\frac{1}{2}|z|^2} \sum_{k=0}^{\infty} \frac{z^k}{\sqrt{k!}} \varphi_k, \qquad \Psi(z) = e^{-\frac{1}{2}|z|^2} \sum_{k=0}^{\infty} \frac{z^k}{\sqrt{k!}} \Psi_k \tag{5.13}$$

sono anche ben definiti per ogni $z \in \mathbb{C}$, e soddisfano le seguenti uguaglianze:

$$a\varphi(z) = z\varphi(z), \qquad b^\dagger \Psi(z) = z\Psi(z), \tag{5.14}$$

insieme alle

$$\int_{\mathbb{C}} \langle f, \Psi(z)\rangle \langle \varphi(z), g\rangle d\nu(z,\overline{z}) = \int_{\mathbb{C}} \langle f, \varphi(z)\rangle \langle \Psi(z), g\rangle d\nu(z,\overline{z}) = \langle f, g\rangle, \tag{5.15}$$

per ogni $f, g \in \mathcal{H}$. Quest'ultimo risultato, in particolare, è vero poiché $(\mathcal{F}_\varphi, \mathcal{F}_\Psi)$ sono basi di Riesz per $\mathcal{H}$, ed ogni base di Riesz in $\mathcal{H}$ è anche una $\mathcal{H}$-quasi base nel senso di (2.18).

Successivamente consideriamo gli operatori scala traslati in (2.30). In questo caso, le equazioni di annichilazione (5.4) del teorema riflettono quelle in (2.48), gli operatori $(A, B^\dagger)$ sono gli analoghi di $(a, b^\dagger)$ e i set biortogonali $(\mathcal{F}_{\tilde{\varphi}}, \mathcal{F}_{\tilde{\Psi}})$ sono quelli di $(\mathcal{F}_{\hat{\varphi}}, \mathcal{F}_{\hat{\Psi}})$ della Sezione 2.5. Inoltre, poiché $\alpha_n = \sqrt{n}$, otteniamo di nuovo $\overline{\alpha} = \infty$. Ciò che è rilevante per noi qui è verificare se alcune disuguaglianze del tipo (5.6) sono soddisfatte, poiché queste sono di fatto gli ingredienti principali nel Teorema 5.1.1. Per vedere ciò, dobbiamo modificare le disuguaglianze in (2.40) ricavate in precedenza. Infatti, sebbene queste siano sufficienti per garantire che $\hat{\varphi}_n$

e $\hat{\psi}_n$ sono vettori ben definiti in $\mathcal{H}$, non sono particolarmente utili per controllare se le (5.6) sono soddisfatte o meno. Iniziamo osservando che, per tutti $k \leq n$, $\frac{1}{(n-k)!} \leq \frac{n^k}{n!}$. Quindi, modificando leggermente ciò che abbiamo fatto nell'Appendice A.2, abbiamo

$$\|\hat{\varphi}_n\|^2 = |N_0|^2 n! \sum_{k=0}^{n} \frac{|\gamma|^{2k}}{(k!)^2 (n-k)!} \leq |N_0|^2 \sum_{k=0}^{n} \frac{(n|\gamma|^2)^k}{(k!)^2} \leq |N_0|^2 \sum_{k=0}^{\infty} \frac{(n|\gamma|^2)^k}{k!},$$

con manipolazioni ovvie. Quindi troviamo che $\|\hat{\varphi}_n\| \leq |N_0| e^{\frac{1}{2} n|\gamma|^2}$, $\forall n \geq 0$. Una stima simile può essere dedotta per $\hat{\psi}_n$: $\|\hat{\psi}_n\| \leq |N_0| e^{\frac{1}{2} n|\gamma|^2}$. Quindi le disuguaglianze in (5.6) sono soddisfatte con la seguente identificazione:

$$A_\varphi = A_\Psi = |N_0|, \qquad r_\varphi = r_\Psi = e^{\frac{1}{2}|\gamma|^2}, \qquad M_n(\varphi) = M_n(\Psi) = 1,$$

per tutti n. Quindi $M(\varphi) = M(\Psi) = 1$, $\frac{M(\varphi)}{r_\varphi} = \frac{M(\Psi)}{r_\Psi} = e^{-\frac{1}{2}|\gamma|^2}$ e $\rho = \infty$, e le nostre conclusioni non differiscono significativamente da quelle per i $\mathcal{D}$-PBs regolari analizzati precedentemente: le serie in (5.7) e (5.8) convergono in tutto il piano complesso e

$$N(|z|) = \left(\sum_{k=0}^{\infty} \frac{|z|^{2k}}{k!} \right)^{-1/2} = e^{-\frac{1}{2}|z|^2},$$

per ogni $z \in \mathbb{C}$. La misura è anche in questo caso $d\nu(z, \overline{z}) = e^{r^2} d\lambda(r) d\theta = \frac{1}{\pi} r\, dr\, d\theta$. I vettori

$$\varphi(z) = e^{-\frac{1}{2}|z|^2} \sum_{k=0}^{\infty} \frac{z^k}{\sqrt{k!}} \hat{\varphi}_k, \qquad \Psi(z) = e^{-\frac{1}{2}|z|^2} \sum_{k=0}^{\infty} \frac{z^k}{\sqrt{k!}} \hat{\Psi}_k \tag{5.16}$$

sono ben definiti per tutti $z \in \mathbb{C}$, e soddisfano le equazioni agli autovalori

$$a\varphi(z) = z\varphi(z), \qquad b^\dagger \Psi(z) = z\Psi(z), \tag{5.17}$$

così come le identità

$$\int_{\mathbb{C}} \langle f, \Psi(z)\rangle \langle \varphi(z), g\rangle d\nu(z, \overline{z}) = \int_{\mathbb{C}} \langle f, \varphi(z)\rangle \langle \Psi(z), g\rangle d\nu(z, \overline{z}) = \langle f, g\rangle, \tag{5.18}$$

per tutti $f(x), g(x) \in \mathcal{L}_e$. Quest'ultimo risultato, in particolare, è dovuto al fatto che $(\mathcal{F}_{\hat{\varphi}}, \mathcal{F}_{\hat{\psi}})$ sono $\mathcal{L}_e$-quasi basi, come abbiamo visto in (2.49). Notiamo che, in questo caso, la risoluzione dell'identità non vale in tutto $\mathcal{H}$, ma (almeno) nel suo sottospazio denso $\mathcal{L}_e$: questa è la principale differenza tra questo caso, e i $\mathcal{D}$-PBs regolari considerati in precedenza.

Osservazione Le stesse conclusioni (in particolare, la convergenza delle serie in (5.7) e (5.8) in tutto $\mathbb{C}$) potrebbero anche essere dedotte utilizzando le stime per $\|\varphi_n\|$ e $\|\Psi_n\|$ date nelle formule (2.74), piuttosto che quelle utilizzate qui.

Vediamo ora cosa succede per il modello di Swanson, quando gli operatori scala sono definiti come in (2.76). Ancora una volta, quello che dobbiamo verificare per utilizzare il Teorema 5.1.1, è se valgono o meno stime adeguate per le norme dei vettori delle famiglie biortogonali. Queste possono essere dedotte dalle formule (2.77). Infatti, poniamo $A_\varphi = |N_1|k(\theta)$, $A_\Psi = |N_2|k(\theta)$ $r_\varphi = r_\Psi = t(\theta)$, e $M_n(\varphi) = M_n(\Psi) = \frac{1}{n^{1/4}}$. Quindi possiamo procedere come al solito. In particolare, come per gli operatori scala traslati, la risoluzione dell'identità vale in $\mathcal{L}_e$, con la stessa misura $d\nu(z,\overline{z})$, e non in tutto $\mathcal{H}$, poiché $(\mathcal{F}_\varphi, \mathcal{F}_\Psi)$ sono $\mathcal{L}_e$-quasi basi, come discusso nella Sezione 2.7.

Osservazione Può ancora accadere, [19], che le funzioni $\varphi_n(x)$ o $\psi_n(x)$, o entrambe, non appartengano a $\mathcal{L}^2(\mathbb{R})$. Come abbiamo visto nella Sezione 2.6, questo può essere il caso delle funzioni in (2.61), $\varphi_n(x) = c_n(x)\rho_\varphi(x)$ e $\psi_n(x) = c_n(x)\rho_\psi(x)$, a seconda della particolare scelta dei PBSs $w_A(x)$ e $w_B(x)$. In questo caso, è chiaro che il Teorema 5.1.1 non può essere applicato, poiché le disuguaglianze in (5.6) semplicemente non hanno senso: abbiamo $\|\varphi_n\| = \infty$, o $\|\Psi_n\| = \infty$, o entrambe. Considereremo questo caso nel Capitolo 7, dove proporremo un *approccio distribuzionale* che può aiutare a considerare questa situazione.

La conclusione di questa analisi è che tutti i $\mathcal{D}$-PBs considerati nel Capitolo 2 danno origine a BCSs nel modo e con le proprietà descritte dal Teorema 5.1.1. Tuttavia, almeno per quanto abbiamo discusso in questa sezione, sembrerebbe che l'operatore di spostamento non giochi alcun ruolo, o almeno alcun ruolo evidente. Il resto del capitolo è destinato a mostrare invece il suo uso in relazione ai BCSs, e le sue relazioni con il Teorema 5.1.1. Tuttavia, prima di discutere questo aspetto dei BCSs, vogliamo considerare più in dettaglio il problema della risoluzione dell'identità, in relazione con i *nuclei riproducenti*[1].

5.1.1 Nuclei riproducenti

Il Teorema 5.1.1 descrive la possibilità di utilizzare gli BCSs $\varphi(z)$ e $\Psi(z)$ per risolvere l'identità in $\mathcal{G}$. Qui $\mathcal{G}$ è un sottospazio denso di $\mathcal{H}$ per il quale le famiglie biortogonali $\mathcal{F}_{\tilde{\varphi}}$ e $\mathcal{F}_{\tilde{\psi}}$ risultano essere quasi basi. Si noti che la formula (5.11) mostra che il ruolo di $\varphi(z)$ e $\Psi(z)$ nella risoluzione dell'identità è completamente simmetrico: integrando $\langle f, \Psi(z)\rangle\langle\varphi(z), g\rangle$ o $\langle f, \varphi(z)\rangle\langle\Psi(z), g\rangle$, $f, g \in \mathcal{G}$, si ottiene lo stesso risultato. Quindi due domande vengono naturalmente in mente: la scelta di $\mathcal{G}$ è *obbligata*? e poi, questa simmetria è sempre vera in applicazioni concrete?

[1] Questa traduzione di *reproducing kernels* non è forse particolarmente azzeccata, ma è comunque la migliore che siamo riusciti ad immaginare!

Per affrontare queste domande ci limiteremo qui a lavorare con BCSs definiti in un qualsiasi contesto pseudo-bosonico, piuttosto che nella situazione più generale descritta dal Teorema 5.1.1. Questa scelta non è essenziale, ma è utile per semplificare il trattamento e chiarire i risultati. Tuttavia, le conclusioni che descriveremo qui possono essere estese senza particolari difficoltà.

Nel nostro caso, come abbiamo discusso prima, α_n in (5.4) è $\sqrt{n}$, $\rho = \infty$ (almeno, in tutti i casi discussi finora), $N(|z|) = e^{-\frac{1}{2}|z|^2}$ e $d\nu(z, \overline{z}) = \frac{d^2z}{\pi} = \frac{1}{\pi} r\, dr\, d\theta$. Allora

$$\varphi(z) = e^{-\frac{1}{2}|z|^2} \sum_{k=0}^{\infty} \frac{z^k}{\sqrt{k!}} \varphi_k, \qquad \Psi(z) = e^{-\frac{1}{2}|z|^2} \sum_{k=0}^{\infty} \frac{z^k}{\sqrt{k!}} \Psi_k,$$

dove $\mathcal{F}_\varphi = \{\varphi_n\}$ e $\mathcal{F}_\Psi = \{\Psi_n\}$ sono le famiglie biortogonali (generiche) definite dai vettori in (2.15). Supponiamo, per concretezza, che $\mathcal{F}_\varphi$ e $\mathcal{F}_\varphi$ siano $\mathcal{L}_e$-quasi basi. Questo è proprio quello che succede per gli operatori scala traslati o per il modello di Swanson, per esempio.

È chiaro che $\varphi(z), \Psi(z) \notin \mathcal{L}_e$ poiché nessuno di questi vettori è una somma finita degli $e_n(x)$. Tuttavia, non è difficile mostrare che la (5.11), o almeno la metà di essa, può essere facilmente estesa a questi vettori, e il risultato è una proprietà interessante, nota come *identità del nucleo riproducente*, ben nota per gli stati coerenti standard $\Phi(z)$, vedi [72] per esempio, che coincide esattamente con la formula che troveremo qui. Calcoliamo il prodotto scalare tra $\Psi(z_1)$ e $\varphi(z_2)$, con $z_1 \neq z_2$, in generale. Utilizzando le formule sopra per questi stati in termini di serie, insieme alla biortonormalità tra $\mathcal{F}_\varphi$ e $\mathcal{F}_\varphi$, $\langle \Psi_k, \varphi_l \rangle = \delta_{k,l}$, troviamo

$$K(z_1, z_2) = \langle \Psi(z_1), \varphi(z_2) \rangle = e^{-\frac{1}{2}(|z_1|^2 + |z_2|^2)} e^{\overline{z_1} z_2}. \tag{5.19}$$

Notiamo che, se $z_1 = z_2$, allora $K(z_1, z_1) = 1$, come ci si aspettava. Notiamo anche che $K(z_1, z_2)$ coincide con $\langle \Phi(z_1), \Phi(z_2) \rangle$, vedi formula (5.3).

Ora usiamo la formula (5.19) per calcolare l'integrale

$$\int_{\mathbb{C}} \frac{d^2z}{\pi} \langle \Psi(z_1), \varphi(z) \rangle \langle \Psi(z), \varphi(z_2) \rangle = \int_{\mathbb{C}} \frac{d^2z}{\pi} K(z_1, z) K(z, z_2) =$$
$$= e^{-\frac{1}{2}(|z_1|^2 + |z_2|^2)} \int_{\mathbb{C}} \frac{d^2z}{\pi} e^{-|z|^2} e^{\overline{z_1} z + \overline{z} z_2},$$

che, utilizzando l'integrale (A.7) nell'Appendice A.8, restituisce

$$\int_{\mathbb{C}} \frac{d^2z}{\pi} \langle \Psi(z_1), \varphi(z) \rangle \langle \Psi(z), \varphi(z_2) \rangle = e^{-\frac{1}{2}(|z_1|^2 + |z_2|^2)} e^{\overline{z_1} z_2} = \langle \Psi(z_1), \varphi(z_2) \rangle, \tag{5.20}$$

o, in termini di $K(z, w)$,

$$\int_{\mathbb{C}} \frac{d^2z}{\pi} K(z_1, z) K(z, z_2) = K(z_1, z_2). \tag{5.21}$$

In virtù di questa identità $K(z, w)$ è chiamato un nucleo riproducente.

La formula (5.20) mostra quello che abbiamo affermato all'inizio di questa sezione: la risoluzione dell'identità può essere estesa al di fuori di $\mathcal{L}_e$, seppur solamente su vettori opportuni e non (in generale) su tutto $\mathcal{H}$.

Tuttavia, quello che non possiamo fare, a prima vista, è scambiare il ruolo di $\varphi(z)$ e $\Psi(z)$ in (5.20) all'interno dell'integrale, poiché perdiamo, come è chiaro, la possibilità di utilizzare la biortonormalità dei vettori. In altre parole, non c'è un motivo facile per concludere se si abbia

$$\int_{\mathbb{C}} \frac{d^2z}{\pi} \langle \Psi(z_1), \Psi(z)\rangle \langle \varphi(z), \varphi(z_2)\rangle = \langle \Psi(z_1), \varphi(z_2)\rangle,$$

o meno. Tuttavia, poiché questa formula non gioca alcun ruolo in tutte queste note, lasciamo aperta questo aspetto per un'analisi futura.

5.2 Introduzione degli operatori di spostamento deformati

Nel Teorema 5.1.1 appare solo l'analogo della forma di $\Phi(z)$ fornita in termini di serie nella formula (5.2), $\Phi(z) = e^{-\frac{1}{2}|z|^2} \sum_{n=0}^{\infty} \frac{z^n}{\sqrt{n!}} e_n$. In particolare, non viene introdotto nessun operatore di spostamento, o di *tipo spostamento*. Questo perché l'analogo dell'operatore unitario $D(z) = e^{zc^\dagger - \overline{z}\,c}$, nel nostro caso, sarebbe $e^{zb-\overline{z}\,a}$ o $e^{za^\dagger - \overline{z}\,b^\dagger}$ che sono, per il momento, solo oggetti formali. Essi sono ottenuti da $D(z)$ sostituendo gli operatori di annichilazione e creazione bosonici $(c, c^\dagger)$ con i loro corrispondenti pseudo-bosonici, (a, b) o $(b^\dagger, a^\dagger)$. Tuttavia, è già chiaro a prima vista che $e^{zb-\overline{z}\,a}$ o $e^{za^\dagger-\overline{z}\,b^\dagger}$ non sono unitari e non c'è nessuna ragione generale, a priori, perché essi siano limitati, o addirittura anche solo ben definiti. Per queste ragioni, nei nostri recenti articoli sui BCSs, abbiamo principalmente utilizzato la definizione di BCSs descritta nel Teorema 5.1.1. Tuttavia, è chiaramente interessante, e utile, capire fino a che punto possiamo arrivare deformando $D(z)$ per produrre stati con proprietà simili a quelle di $\varphi(z)$ e $\Psi(z)$ in (5.8). Non è così facile trovare una risposta generale a questa domanda. Pertanto, anche per ragioni pedagogiche, discuteremo nelle sezioni seguenti diverse situazioni in cui gli operatori di spostamento deformati possono essere introdotti non solo a livello formale, ma con un approccio rigoroso. In particolare, ad esempio, per gli operatori analizzati nella Sezione 2.5 possiamo ottenere molti dettagli e verificare che operatori di spostamento deformati limitati possono essere definiti, e che questi operatori danno effettivamente origine a BCSs.

Questo è ciò che faremo nella prossima sezione. A parte l'interesse matematico in sé, una possibile motivazione fisica per questa analisi sarà evidente nella parte finale di queste note, nel calcolo della probabilità di transizione per un oscillatore armonico spostato. Tornando alle motivazioni matematiche, la prima è certamente che i risultati che stiamo per discutere possono essere utili per chiarire alcuni aspetti analitici della formula BCH, in contesti in cui gli operatori bosonici sono sostituiti da una qualche deformazione adeguata. Nelle altre sezioni di questo capitolo considereremo altri tipi di BCSs, e i loro relativi operatori di spostamento deformati, e mostreremo come questi vettori apparentemente diversi siano in effetti connessi a quelli introdotti nel Teorema 5.1.1.

5.3 Stati bi-coerenti per gli operatori scala traslati

Nonostante il fatto che, a prima vista, i $\mathcal{D}$-PBs regolari introdotti nella Sezione 2.4 siano le deformazioni analiticamente più semplici delle CCR, e forniscano gli esempi più naturali di deformazione degli operatori scala in un contesto non Hermitiano, preferiamo iniziare la nostra analisi degli operatori di spostamento deformati discutendo prima il caso degli operatori scala traslati, vedi Sezioni 2.5 e 2.6.2. Il motivo è che, come sarà evidente presto, gli operatori di tipo spostamento che otteniamo sono, essenzialmente, proporzionali a $D(z)$, e questa proporzionalità mantiene la limitatezza dei nuovi operatori, anche se se ne perde l'unitarietà.

Iniziamo considerando gli operatori

$$V(z) = e^{\beta z-\alpha\overline{z}} D(z) = e^{zb-\overline{z}\,a}, \qquad W(z) = e^{z\overline{\alpha}-\overline{z}\overline{\beta}} D(z) = e^{za^\dagger-\overline{z}\,b^\dagger}, \tag{5.22}$$

dove α e β sono quelli nella Sezione 2.5. Queste formule derivano dal fatto che, ad esempio, $(\beta z-\alpha\overline{z})+(zc^\dagger-\overline{z}\,c)=z(\beta+c^\dagger)-\overline{z}(\alpha+c)=zb-\overline{z}a$. $V(z)$ e $W(z)$ sono limitati, e abbiamo $\|V(z)\|=e^{\Re(\beta z-\alpha\overline{z})}$ e $\|W(z)\|=\|V(z)\|^{-1}$. Inoltre, utilizzando i nostri risultati nel Capitolo 4, e in particolare le identità in (4.32), otteniamo le seguenti espressioni per $V(z)f$ e $W(z)f$, $f\in\mathcal{R}_0$, vedi (4.27) e l'analisi che segue, che restituiscono essenzialmente la formula BCH applicata direttamente a $V(z)$ e $W(z)$:

$$\begin{aligned} V(z)f &= e^{zb-\overline{z}\,a}f = e^{\beta z-\alpha\overline{z}}D(z)f = e^{\beta z-\alpha\overline{z}}e^{-\overline{z}\,c}e^{zc^\dagger}e^{\frac{1}{2}|z|^2}f = \\ &= e^{\frac{1}{2}|z|^2}e^{-\overline{z}\,(c+\alpha)}e^{z(c^\dagger+\beta)}f = e^{\frac{1}{2}|z|^2}e^{-\overline{z}\,a}e^{z\,b}f. \end{aligned} \tag{5.23}$$

È anche possibile dedurre che

$$V(z)f = e^{-\frac{1}{2}|z|^2}e^{z\,b}e^{-\overline{z}\,a}f, \tag{5.24}$$

e

$$W(z)f = e^{\frac{1}{2}|z|^2}e^{-\overline{z}\,b^\dagger}e^{z\,a^\dagger}f = e^{-\frac{1}{2}|z|^2}e^{z\,a^\dagger}e^{-\overline{z}\,b^\dagger}f. \tag{5.25}$$

Gli operatori $V(z)$ e $W(z)$ ammettono inverso limitato, ed è chiaro che $U(z)$, $V(z)$, $W(z)$ commutano tutti tra loro e con i loro aggiunti e inversi. È anche facile verificare che

$$V^\dagger(z)=W^{-1}(z), \qquad W^\dagger(z)=V^{-1}(z), \tag{5.26}$$

$\forall z\in\mathbb{C}$. Il fatto che sia $V(z)$ che $W(z)$ siano limitati garantisce che i vuoti $\hat{\varphi}_0$ e $\hat{\psi}_0$ in (2.32) siano tali che $\hat{\varphi}_0\in D(V(z))$ e $\hat{\psi}_0\in D(W(z))$, così che i vettori

$$\tilde{\varphi}(z)=V(z)\hat{\varphi}_0, \qquad \tilde{\psi}(z)=W(z)\hat{\psi}_0 \tag{5.27}$$

risultano essere elementi ben definiti in $\mathcal{H}$ per tutti i complessi z. In particolare, se usiamo la rappresentazione delle coordinate, è facile vedere che $\tilde{\varphi}(z)$ e $\tilde{\psi}(z)$ sono entrambe funzioni in $\mathcal{S}(\mathbb{R})$. Questo perché $\mathcal{S}(\mathbb{R})$ è stabile sotto l'azione di $D(z)$, e perché $\hat{\varphi}_0(x), \hat{\psi}_0(x) \in \mathcal{S}(\mathbb{R})$, ricordando anche la formula (5.22). Inoltre, a causa della (5.26), questi stati soddisfano l'uguaglianza $\langle\tilde{\varphi}(z), \tilde{\psi}(z)\rangle = 1$, $\forall z \in \mathbb{C}$. Questi vettori sono rilevanti per noi, poiché le definizioni in (5.27) sono due possibili deformazioni della formula $\Phi(z) = D(z)e_0$ in (5.2). In questa prospettiva è importante chiedersi se siano BCSs nel senso del Teorema 5.1.1, cioè se siano autostati degli operatori di annichilazione a e $b^\dagger$, e se risolvano l'identità, almeno in qualche sottospazio opportuno denso in $\mathcal{H}$. In effetti, questo è esattamente ciò che accade. Il modo più semplice per dimostrare queste affermazioni consiste nel verificare che $\tilde{\varphi}(z)$ e $\tilde{\psi}(z)$ coincidano in realtà con gli stati $\varphi(z)$ e $\Psi(z)$ in (5.16), il che implica automaticamente che (5.17) e (5.18) siano veri.

Per verificare che $\tilde{\varphi}(z) = \varphi(z)$ è conveniente usare la (5.24) su $\hat{\varphi}_0$. Incidentalmente abbiamo già osservato che $\hat{\varphi}_0 \in \mathcal{S}(\mathbb{R})$, ma non necessariamente in $\mathcal{R}$. Tuttavia, non è difficile dimostrare che $\hat{\varphi}_0$ appartiene effettivamente a $\mathcal{R}$.

Iniziamo riscrivendo $\hat{\varphi}_0$ nella rappresentazione delle coordinate come $\hat{\varphi}_0(x) = \frac{1}{\pi^{1/4}} N_0 e^{-\alpha_r^2} e^{-\sqrt{2}\alpha x - x^2/2}$, usando (2.31), (2.32) e la ben nota espressione analitica dello stato coerente $\Phi(z)$ nella rappresentazione x, vedi ad esempio (6.4), che calcoliamo qui in $z = -\alpha$, $\alpha = \alpha_r + i\alpha_i$. Quello che dobbiamo verificare ora è se i coefficienti di espansione $\{c_n = \langle e_n, \hat{\varphi}_0\rangle\}$ di $\hat{\varphi}_0(x)$ appartengano o meno a l_0 in (4.26). Per questo, dobbiamo trovare il comportamento asintotico dei c_n, usando la seguente formula, vedi [77], pg. 803:

$$\int_{\mathbb{R}} H_n(x) e^{-(x-y)^2}\, dx = \sqrt{\pi}(2y)^n,$$

$n \geq 0$. Dopo pochi calcoli troviamo

$$c_n = N_0 e^{\frac{\alpha^2}{2} - \alpha_r^2} \frac{(-\alpha)^n}{\sqrt{n!}},$$

così che $|c_n| \leq A_1 \frac{|\alpha|^n}{\sqrt{n!}}$, con notazione ovvia. Ora, poiché la sequenza $\{\frac{(|\alpha|e)^n}{\sqrt{n!}}\}$ tende a zero per tutti $\alpha \in \mathbb{C}$, possiamo definire una quantità positiva finita, $A_2 < \infty$, come segue: $A_2 = \sup_{n\geq 0} \frac{(|\alpha|e)^n}{\sqrt{n!}}$. Questo implica che $\frac{|\alpha|^n}{\sqrt{n!}} \leq A_2\, e^{-n}$ così che

$$|c_n| \leq A_1\, A_2 e^{-n},$$

che garantisce che, prendendo $A = A_1 A_2$ e $\mu = 1$ nella (4.26), $\{c_n\} \in l_0$, come dovevamo dimostrare. Un controllo simile può essere ripetuto anche per $\hat{\psi}_0$. Quindi abbiamo anche che $\hat{\psi}_0 \in \mathcal{R}$. In seguito, per semplicità, assumeremo che $\hat{\varphi}_0, \hat{\psi}_0 \in \mathcal{R}_0$ pure. In effetti, basterebbe verificare qui che la (4.32) ha senso su $\hat{\varphi}_0$ e $\hat{\psi}_0$. Un'altra strategia per dedurre lo stesso risultato è proposta nell'Osservazione sottostante.

A questo punto, usando la (5.24), abbiamo

$$\tilde{\varphi}(z) = e^{-\frac{1}{2}|z|^2} e^{z\,b} e^{-\overline{z}\,a} \hat{\varphi}_0 = e^{-\frac{1}{2}|z|^2} e^{z\,b} \hat{\varphi}_0 = e^{-\frac{1}{2}|z|^2} \sum_{k=0}^{\infty} \frac{z^k}{\sqrt{k!}} \hat{\varphi}_k = \varphi(z),$$

che è quello che dovevamo verificare.

Osservazione Alla stessa conclusione, cioè all'uguaglianza $\tilde{\varphi}(z) = \varphi(z)$, potremmo arrivare seguendo un approccio diverso, basato sul fatto che $\mathcal{F}_{\hat{\psi}}$ è totale in $\mathcal{L}^2(\mathbb{R})$. Infatti, a causa di questa caratteristica di $\mathcal{F}_{\hat{\psi}}$, è sufficiente verificare che $\langle \hat{\psi}_l, \tilde{\varphi}(z) - \varphi(z) \rangle = 0$, $\forall l \geq 0$. Iniziamo notando che la biortonormalità di $\mathcal{F}_{\hat{\varphi}}$ e $\mathcal{F}_{\hat{\psi}}$ implica facilmente che $\langle \hat{\psi}_l, \varphi(z) \rangle = e^{-\frac{1}{2}|z|^2} \frac{z^l}{\sqrt{l!}}$. Quindi dobbiamo solo verificare che $\langle \hat{\psi}_l, \tilde{\varphi}(z) \rangle = e^{-\frac{1}{2}|z|^2} \frac{z^l}{\sqrt{l!}}$ pure. Iniziamo questo controllo ricordando che

$$\begin{aligned}\tilde{\varphi}(z) = V(z)\hat{\varphi}_0 &= \left(e^{\beta z - \alpha \overline{z}} D(z)\right)\left(N_0 D(-\alpha) e_0\right) = \\ &= N_0 e^{\beta z - \alpha \overline{z}} e^{\frac{1}{2}(\alpha \overline{z} - \overline{\alpha} z)} D(z - \alpha) e_0,\end{aligned} \tag{5.28}$$

usando le (5.22), (5.27), (2.31) e la (2.32), insieme alla (4.34), che può essere applicata tranquillamente poiché $e_0(x) \in \mathcal{S}(\mathbb{R})$. Poi abbiamo, vedi (2.37) e (2.38),

$$\hat{\psi}_l = S(\alpha, \beta) e_l = e^{\frac{1}{4}(|\alpha|^2 - |\beta|^2)} e^{-\overline{\beta} c^\dagger + \overline{\alpha} c} e_l.$$

Usando ora i risultati dedotti nel Capitolo 4, insieme ai risultati sull'aggiunto dimostrati nell'Appendice A.3 e nell'Appendice A.4, e ricordando ancora l'espressione esplicita di N_0, concludiamo che $\langle \hat{\psi}_l, \tilde{\varphi}(z) \rangle = e^{-\frac{1}{2}|z|^2} \frac{z^l}{\sqrt{l!}}$, come dovevamo dimostrare.

La conclusione è quindi che

$$V(z)\hat{\varphi}_0 = \tilde{\varphi}(z) = \varphi(z) = e^{-\frac{1}{2}|z|^2} \sum_{k=0}^{\infty} \frac{z^k}{\sqrt{k!}} \hat{\varphi}_k. \tag{5.29}$$

Analogamente concludiamo che

$$W(z)\hat{\psi}_0 = \tilde{\psi}(z) = \psi(z) = e^{-\frac{1}{2}|z|^2} \sum_{k=0}^{\infty} \frac{z^k}{\sqrt{k!}} \hat{\psi}_k, \tag{5.30}$$

così che, come affermato, la coppia $(\tilde{\varphi}(z), \tilde{\psi}(z))$ coincide con i vettori $(\varphi(z), \psi(z))$ nel Teorema 5.1.1, e quindi $(\tilde{\varphi}(z), \tilde{\psi}(z))$ possiedono tutte le proprietà dimostrate in quel teorema. In particolare, $\tilde{\varphi}(z)$ e $\tilde{\psi}(z)$ sono autostati di a e $b^\dagger$ rispettivamente, e producono una risoluzione dell'identità in $\mathcal{L}_e$. Ritroviamo dunque un completo parallelismo tra gli operatori scala traslati a, b e gli operatori originali $c, c^\dagger$, sia dal punto di vista delle espansioni dei BCSs, che dall'utilizzo degli operatori di spostamento o di tipo spostamento.

Osservazioni (1) Se ora lavoriamo formalmente con (5.29) e (5.30) possiamo dedurre le seguenti uguaglianze:

$$V(z)\hat{\varphi}_0 = W(\alpha,\beta)D(z)W^{-1}(\alpha,\beta)\hat{\varphi}_0,$$
$$W(z)\hat{\psi}_0 = S(\alpha,\beta)D(z)S^{-1}(\alpha,\beta)\hat{\psi}_0. \tag{5.31}$$

Tuttavia, prima di descrivere come funzionano questi calcoli formali, vogliamo commentare che queste uguaglianze suggeriscono solo che $V(z) = W(\alpha,\beta)D(z) W^{-1}(\alpha,\beta)$ e $W(z) = S(\alpha,\beta)D(z)S^{-1}(\alpha,\beta)$. Infatti: prima di tutto, come abbiamo già scritto, queste sono solo *identità formali*, come verrà chiarito presto. In secondo luogo, ed in modo assolutamente ovvio, il fatto che due operatori agiscano allo stesso modo su un singolo vettore non implica assolutamente che i due operatori coincidano.

Per derivare la prima equazione in (5.31) usiamo prima la (5.29). Poi, usando la (2.35), abbiamo

$$V(z)\hat{\varphi}_0 = e^{-\frac{1}{2}|z|^2}\sum_{k=0}^{\infty}\frac{z^k}{\sqrt{k!}}W(\alpha,\beta)e_k = W(\alpha,\beta)\left(e^{-\frac{1}{2}|z|^2}\sum_{k=0}^{\infty}\frac{z^k}{\sqrt{k!}}e_k\right).$$

Tuttavia, l'ultima uguaglianza è, come affermato, solo formale. Infatti, abbiamo già visto che $W(\alpha,\beta)$ è illimitato, e quindi non è continuo. Quindi non c'è garanzia che possa essere spostato fuori dalla somma. Tuttavia, quando ciò è possibile, possiamo scrivere

$$V(z)\hat{\varphi}_0 = W(\alpha,\beta)D(z)e_0 = W(\alpha,\beta)D(z)W^{-1}(\alpha,\beta)\hat{\varphi}_0,$$

che è quello che dovevamo verificare. La seconda uguaglianza in (5.31) può essere dedotta in modo simile.

(2) È importante sottolineare ancora una volta che nel caso considerato in questa sezione gli operatori di spostamento $V(z)$ e $W(z)$ sono entrambi limitati, anche se non unitari, e di una forma molto speciale, vedi (5.22). Questo semplifica notevolmente il trattamento degli stati bi-coerenti, ma non copre altri interessanti operatori pseudo-bosonici, come quelli collegati ai pseudo-bosoni regolari, al modello di Swanson o ad alcuni sistemi meccanici quantistici supersimmetrici, in cui gli stessi operatori possono invece risultare illimitati. Queste altre situazioni saranno analizzate nelle prossime sezioni, utilizzando stime che potrebbero anche essere adattate agli operatori scala traslati considerati qui, restituendo le stesse conclusioni dedotte in questa sezione.

5.4 Pseudo-bosoni regolari

La seconda classe di $\mathcal{D}$-PBs che vogliamo considerare ora, in connessione con gli BCSs e con gli operatori di spostamento, sono i pseudo-bosoni regolari introdotti per la prima volta nella Sezione 2.4 e poi riconsiderati, come una scelta speciale dei PBSs nella Sezione 2.6.1.

In analogia con la (2.23) introduciamo ora i seguenti vettori dipendenti da z, chiamati per ragioni che saranno chiare in seguito *stati bi-coerenti di Riesz (o regolari)*, [32]:

$$\varphi(z) = R\Phi(z), \qquad \psi(z) = (R^{-1})^{\dagger}\Phi(z). \tag{5.32}$$

R è lo stesso operatore limitato con inverso limitato considerato nella Sezione 2.4. Questi vettori sono ben definiti e appartengono a $\mathcal{D}$. Infatti, poiché $e_0 \in \mathcal{D}$, che è stabile sotto l'azione di $D(z)$, risulta anche $\Phi(z) = D(z)e_0 \in \mathcal{D}$. Ma $\mathcal{D} \subseteq D(R)$, ed è stabile sotto l'azione di R. Quindi $\varphi(z) \in \mathcal{D}$. Allo stesso modo possiamo verificare che $\Psi(z) \in \mathcal{D}$. Inoltre, invertendo le formule (2.23), possiamo scrivere $e_0 = R^{-1}\varphi_0 = R^{\dagger}\psi_0$. Quindi abbiamo

$$\varphi(z) = RD(z)e_0 =: V(z)\varphi_0, \qquad \psi(z) = (R^{\dagger})^{-1}D(z)e_0 =: W(z)\psi_0, \tag{5.33}$$

dove abbiamo introdotto i seguenti operatori:

$$V(z) = RD(z)R^{-1}, \qquad W(z) = (R^{\dagger})^{-1}D(z)R^{\dagger}. \tag{5.34}$$

Notiamo che $V(z)$ e $W(z)$ sono entrambi limitati, e ben definiti per tutti $z \in \mathbb{C}$. Inoltre, è facile verificare che

$$V^{\dagger}(z) = W^{-1}(z), \qquad W^{\dagger}(z) = V^{-1}(z), \tag{5.35}$$

per tutti $z \in \mathbb{C}$.

Osservazione Potrebbe essere interessante confrontare la (5.34) con la (5.31). Sembrano abbastanza simili, ma, in realtà, sono molto diversi da un punto di vista matematico, poiché gli operatori R, R^{-1}, $(R^{\dagger})^{-1}$ e $R^{\dagger}$ sono tutti limitati in (5.34), mentre W, W^{-1}, S e S^{-1} in (5.31) sono illimitati. Questa è una tipica differenza tra $\mathcal{D}$-PBs che sono regolari e $\mathcal{D}$-PBs che non lo sono.

Ora, utilizzando le definizioni in (2.23), e l'espansione di $\Phi(z)$ in (5.2), $\Phi(z) = e^{-\frac{1}{2}|z|^2}\sum_{n=0}^{\infty}\frac{z^n}{\sqrt{n!}}e_n$, la continuità di R e $(R^{\dagger})^{-1}$ implica che

$$\varphi(z) = R\Phi(z) = R\left(e^{-\frac{1}{2}|z|^2}\sum_{n=0}^{\infty}\frac{z^n}{\sqrt{n!}}e_n\right) = e^{-\frac{1}{2}|z|^2}\sum_{n=0}^{\infty}\frac{z^n}{\sqrt{n!}}\varphi_n, \tag{5.36}$$

e

$$\psi(z) = (R^{\dagger})^{-1}\Phi(z) = (R^{\dagger})^{-1}\left(e^{-\frac{1}{2}|z|^2}\sum_{n=0}^{\infty}\frac{z^n}{\sqrt{n!}}e_n\right) = e^{-\frac{1}{2}|z|^2}\sum_{n=0}^{\infty}\frac{z^n}{\sqrt{n!}}\psi_n. \tag{5.37}$$

Vediamo allora che abbiamo ritrovato le stesse espansioni per gli BCSs che abbiamo già incontrato nelle (5.29) e (5.30), e come, cosa ancora più rilevante, quelle in (5.8) del Teorema 5.1.1, con le *giuste* ipotesi. Questo garantisce che tutte le proprietà dedotte in quel teorema siano soddisfatte dai vettori in (5.32). In un certo senso, come abbiamo già osservato nella Sezione 5.1, questi risultati sono conseguenze banali del Teorema 5.1.1. Ciò che non è banale, ed è particolarmente rilevante per noi, è se gli operatori $V(z)$ e $W(z)$ in (5.34) possono essere considerati come operatori di spostamento deformati, come abbiamo già visto, abbastanza facilmente in effetti, nella Sezione 5.3 per gli operatori scala traslati: in quel caso la formula (5.22) mostra che, se $\alpha = \beta = 0$, allora $V(z) = W(z) = D(z)$. Qui, per i nostri regolari $\mathcal{D}$-PBs, vogliamo dimostrare che

$$V(z) = RD(z)R^{-1} = e^{zb-\overline{z}\,a} =: \tilde{V}(z),$$
$$W(z) = (R^{\dagger})^{-1}D(z)R^{\dagger} = e^{za^{\dagger}-\overline{z}\,b^{\dagger}} =: \tilde{W}(z). \tag{5.38}$$

Queste uguaglianze sono banalmente vere a un livello formale, come si può vedere espandendo, ad esempio, $D(z)$ e $\tilde{V}(z)$:

$$RD(z)R^{-1} = Re^{zc^{\dagger}-\overline{z}\,c}R^{-1} = R\left(\sum_{k=0}^{\infty}\frac{1}{k!}(zc^{\dagger}-\overline{z}\,c)^k\right)R^{-1} =$$
$$= \sum_{k=0}^{\infty}\frac{1}{k!}[R(zc^{\dagger}-\overline{z}\,c)R^{-1}]^k = \sum_{k=0}^{\infty}\frac{1}{k!}(zb-\overline{z}\,a)^k = e^{zb-\overline{z}\,a} = \tilde{V}(z).$$

Con calcoli simili si verifica che $W(z) = \tilde{W}(z)$. Tuttavia, come abbiamo sottolineato molte volte, questi calcoli formali rischiano di produrre risultati inesatti, della stessa natura che abbiamo già incontrato nel Capitolo 4: abbiamo già visto nella Sezione 4.4 che $D(z)$ può essere espanso in serie di potenze, almeno su $\mathcal{L}_e$. Ma ci chiediamo se sia possibile risommare l'ultima serie di potenze sopra. E se sì, in che senso? E l'operatore $\tilde{V}(z)$ è ben definito? Infatti, questo potrebbe essere un problema serio, in linea di principio, a causa del fatto che $D(z)$ è unitario, mentre non è nemmeno chiaro a priori se $\tilde{V}(z)$ in (5.38) abbia senso.

Per passare da calcoli formali a calcoli rigorosi abbiamo bisogno di ripetere, ed estendere, alcuni dei calcoli e delle stime ottenute nel Capitolo 4. Di seguito, mostriamo che la maggior parte dei risultati dedotti per gli operatori bosonici ordinari, possono essere estesi anche ai pseudo-bosoni regolari, e non solo. Infatti, le stesse conclusioni possono essere trovate, con qualche sforzo in più, anche per i pseudo-bosoni che non sono regolari. Questo sarà fatto a breve, nella Sezione 5.5.

5.4.1 Alcuni risultati utili

Il primo risultato che vogliamo dimostrare è che $e^{\gamma a}$ e $e^{\gamma b}$ sono entrambi operatori densamente definiti, comunque sia preso il parametro complesso γ. Questi risultati estendono quelli nella Sezione 4.1. Infatti, poiché $\mathcal{F}_\varphi$ è una base di Riesz per $\mathcal{H}$, la combinazione lineare dei vari φ_n, $\mathcal{L}_\varphi$, è densa in $\mathcal{H}$. Ora, modificando leggermente i calcoli effettuati nella Sezione 4.1, possiamo verificare che

$$e^{\gamma a}\varphi_k = \sum_{l=0}^{k} \frac{\gamma^l}{l!}\sqrt{\frac{k!}{(k-l)!}}\,\varphi_{k-l}, \tag{5.39}$$

e

$$e^{\gamma b}\varphi_k = \sum_{l=0}^{\infty} \frac{\gamma^l}{l!}\sqrt{\frac{(k+l)!}{k!}}\,\varphi_{k+l}, \tag{5.40}$$

e in particolare che quest'ultima serie converge per ogni $\gamma \in \mathbb{C}$. Infatti abbiamo, a causa della (2.23), $\|\varphi_{k+l}\| = \|Re_{k+l}\| \le \|R\|$, così che, in particolare,

$$\left\|\sum_{l=0}^{\infty} \frac{\gamma^l}{l!}\sqrt{\frac{(k+l)!}{k!}}\,\varphi_{k+l}\right\| \le \|R\| \sum_{l=0}^{\infty} \frac{|\gamma|^l}{l!}\sqrt{\frac{(k+l)!}{k!}},$$

che è una serie di potenze in $|\gamma|$ con raggio di convergenza $\rho = \infty$, per tutti i $k \ge 0$ fissati. Naturalmente, mentre $e^{\gamma a}\varphi_k \in \mathcal{L}_\varphi$, e per questo motivo è sicuramente ben definito, $e^{\gamma b}\varphi_k$ non appartiene allo stesso spazio $\mathcal{L}_e$. Tuttavia, la stima precedente mostra che anche questo vettore è certamente ben definito. Le formule (5.39) e (5.40) possono essere estese a tutto $\mathcal{L}_\varphi$. Inoltre, come nella Sezione 4.1, è possibile verificare che $e^{\gamma a}$ e $e^{\gamma b}$ sono entrambi illimitati, se $\gamma \neq 0$. È ora necessario capire se questi due esponenziali possono essere moltiplicati tra loro, o meno. Più propriamente, vogliamo capire se, dato $f \in \mathcal{L}_\varphi$, $e^{\alpha a}e^{\beta b}f$ e $e^{\beta b}e^{\alpha a}f$ hanno senso, e come sono legati l'uno all'altro. Ancora una volta, questo è di fatto una generalizzazione di quanto discusso nella Sezione 4.2. In particolare, è chiaro che $e^{\beta b}e^{\alpha a}\varphi_k$ è ben definito, $\forall\alpha,\beta \in \mathbb{C}$ e $\forall k \ge 0$. Questo è una conseguenza di (5.40) e del fatto che $e^{\alpha a}\varphi_k \in \mathcal{L}_\varphi$. Più complesso è verificare che anche $e^{\alpha a}e^{\beta b}\varphi_k$ è ben definito, $\forall\alpha,\beta \in \mathbb{C}$ e $\forall k \ge 0$. La dimostrazione ripercorre quella della formula (4.10), con l'unica differenza che, per verificare che la sequenza $\left\{e^{\alpha a}\left(\sum_{l=0}^{N}\frac{(\beta b)^l}{l!}\right)\varphi_l\right\}$ è $\|.\|$-Cauchy, le stime in (4.13) sono sostituite da

$$\left\|e^{\alpha c}\left(\sum_{l=0}^{N}\frac{(\beta b)^l}{l!}\right)\varphi_k - e^{\alpha c}\left(\sum_{l=0}^{M}\frac{(\beta b)^l}{l!}\right)\varphi_k\right\| \le$$

$$\le \frac{\|R\|}{\sqrt{k!}} \sum_{l=M+1}^{N} \frac{|\beta|^l}{l!}\sqrt{(k+l)!}\,e^{|\alpha|\sqrt{k+l}}, \tag{5.41}$$

che è anch'essa arbitrariamente piccola, per N e M sufficientemente grandi. Concludiamo che, analogamente alle (4.14) e (4.15),

$$e^{\beta b}e^{\alpha a}\varphi_k = \sqrt{k!}\sum_{l=0}^{k}\frac{\alpha^l}{l!(k-l)!}\sum_{j=0}^{\infty}\frac{\beta^j}{j!}\sqrt{(k-l+j)!}\,\varphi_{k-l+j} \tag{5.42}$$

e

$$e^{\alpha a}e^{\beta b}\varphi_k = \frac{1}{\sqrt{k!}}\sum_{l=0}^{\infty}\frac{\beta^l}{l!}(k+l)!\sum_{j=0}^{k+l}\frac{\alpha^j}{j!}\frac{1}{\sqrt{(k+l-j)!}}\varphi_{k+l-j}. \tag{5.43}$$

In modo simile possiamo anche verificare che

$$e^{\beta a^\dagger}e^{\alpha b^\dagger}\psi_k = \sqrt{k!}\sum_{l=0}^{k}\frac{\alpha^l}{l!(k-l)!}\sum_{j=0}^{\infty}\frac{\beta^j}{j!}\sqrt{(k-l+j)!}\,\psi_{k-l+j} \tag{5.44}$$

e

$$e^{\alpha b^\dagger}e^{\beta a^\dagger}\psi_k = \frac{1}{\sqrt{k!}}\sum_{l=0}^{\infty}\frac{\beta^l}{l!}(k+l)!\sum_{j=0}^{k+l}\frac{\alpha^j}{j!}\frac{1}{\sqrt{(k+l-j)!}}\psi_{k+l-j}, \tag{5.45}$$

per ogni $\alpha, \beta \in \mathbb{C}$ e $\forall k \geq 0$. Naturalmente, le formule (5.42) e (5.43) possono essere estese per linearità a $\mathcal{L}_\varphi$, mentre le (5.44) e (5.45) possono essere estese a $\mathcal{L}_\psi$.

Osservazione In particolare, la formula (5.44) con $\beta = 0$ produce

$$e^{\alpha b^\dagger}\psi_k = \sqrt{k!}\sum_{l=0}^{k}\frac{\alpha^l}{l!(k-l)!}\sqrt{(k-l)!}\,\psi_{k-l} = \sum_{l=0}^{k}\frac{\alpha^l}{l!}\sqrt{\frac{k!}{(k-l)!}}\,\psi_{k-l}, \tag{5.46}$$

mentre la formula (5.45) con $\alpha = 0$ dà

$$\begin{aligned} e^{\beta a^\dagger}\psi_k &= \frac{1}{\sqrt{k!}}\sum_{l=0}^{\infty}\frac{\beta^l}{l!}(k+l)!\frac{1}{\sqrt{(k+l)!}}\psi_{k+l} = \\ &= \sum_{l=0}^{\infty}\frac{\beta^l}{l!}\sqrt{\frac{(k+l)!}{k!}}\,\psi_{k+l}, \end{aligned} \tag{5.47}$$

che sono le controparti delle formule (5.39) e (5.40), rispettivamente.

Osserviamo che le (5.42)–(5.45) restituiscono la (4.14) e la (4.15) quando $R = \mathbb{1}$, l'operatore identità. Questo risultato è in accordo con il fatto che, in questo caso, $\varphi_n = \psi_n = e_n$, $\forall n \geq 0$.

Mostriamo adesso che, nelle nostre condizioni di lavoro, la serie $\sum_{l=0}^{\infty}\frac{1}{l!}(\alpha a + \beta b)^l\varphi_k$ è uniformemente convergente in $\mathcal{H}$, $\forall \alpha, \beta \in \mathbb{C}$, e $\forall k \geq 0$. A causa di ciò, sarà possibile introdurre

$$\tilde{V}(\alpha, \beta)\varphi_k = e^{\alpha a + \beta b}\varphi_k = \sum_{l=0}^{\infty}\frac{1}{l!}(\alpha a + \beta b)^l\varphi_k, \tag{5.48}$$

$\forall\alpha, \beta \in \mathbb{C}$, e $\forall k \geq 0$, dove la convergenza è nella norma di $\mathcal{H}$. Naturalmente, questa formula può essere estesa a $\mathcal{L}_\varphi$. In questo modo saremo in grado di definire l'operatore di spostamento deformato che sostituisce quello in (5.22). In modo simile definiremo l'analogo dell'operatore di spostamento *duale* $W(z)$ in (5.22) mostrando che si può scrivere

$$\tilde{W}(\alpha, \beta)\psi_k = e^{\alpha b^\dagger + \beta a^\dagger}\psi_k = \sum_{l=0}^{\infty} \frac{1}{l!}(\alpha b^\dagger + \beta a^\dagger)^l \psi_k, \tag{5.49}$$

$\forall\alpha, \beta \in \mathbb{C}$, e $\forall k \geq 0$, visto che la convergenza della serie è di nuovo nella norma di $\mathcal{H}$. Questa formula può essere estesa a $\mathcal{L}_\psi$.

Le dimostrazioni della convergenza delle serie in (5.48) e (5.49) non sono significativamente diverse da quella per la convergenza di $\sum_{l=0}^{\infty} \frac{1}{l!}(\alpha c + \beta c^\dagger)^l\, e_k$ nella Sezione 4.4. L'unica differenza è nel ruolo di R, qui. Ma poiché R è limitato, con inverso limitato, possiamo ripetere gli stessi passaggi e osserviamo prima che

$$\left\|(\alpha a + \beta b)^l \varphi_k\right\| \leq \|R\| \sqrt{\frac{(k+l)!}{k!}}(|\alpha| + |\beta|)^l, \tag{5.50}$$

$\forall\alpha, \beta \in \mathbb{C}$, e $\forall k \geq 0$ fissato e $\forall l \geq 0$, in completa analogia con la (4.23). Naturalmente $\|R\|$ appare qui perché $\varphi_k = Re_k$.

Per dimostrare ora la formula (5.48) è quindi sufficiente osservare che, a causa della (5.50),

$$\left\|\sum_{l=0}^{\infty} \frac{1}{l!}(\alpha a + \beta b)^l \varphi_k\right\| \leq \|R\| \sum_{l=0}^{\infty} \frac{1}{l!}\sqrt{\frac{(k+l)!}{k!}}(|\alpha| + |\beta|)^l,$$

per tutti i $k \geq 0$. Il membro a destra di questa formula può essere visto come una serie di potenze nella variabile $|\alpha| + |\beta|$, con coefficienti $a_l(k) = \frac{1}{l!}\sqrt{\frac{(k+l)!}{k!}}$ dipendenti non solo da l ma anche da k. Il raggio di convergenza può essere calcolato facilmente, e troviamo che questa serie converge in tutto il piano complesso indipendentemente dal valore di k, che è quello che dovevamo dimostrare.

In modo simile possiamo anche verificare che

$$\left\|(\alpha b^\dagger + \beta a^\dagger)^l \psi_k\right\| \leq \|R^{-1}\| \sqrt{\frac{(k+l)!}{k!}}(|\alpha| + |\beta|)^l, \tag{5.51}$$

$\forall\alpha, \beta \in \mathbb{C}$, e $\forall k \geq 0$, così che la (5.49) segue.

5.4.2 Conseguenze sui pseudo-bosoni regolari

Torniamo ora alla (5.38), ed alle domande che ci siamo posti in proposito: *è possibile definire* $\tilde{V}(z) = e^{zb - \overline{z}a}$ *e* $\tilde{W}(z) = e^{za^\dagger - \overline{z}b^\dagger}$*? E questi operatori coincidono* *rispettivamente con* $V(z) = RD(z)R^{-1}$ *e con* $W(z) = (R^\dagger)^{-1}D(z)R^\dagger$*? E, ultimo ma non meno importante, se tutto ciò è vero ci sono (e quali sono) le conseguenze per i nostri BCSs?*

Prodeceremo adesso a rispondere a tutte queste domande. In particolare concluderemo che gli BCSs in (5.36) e (5.37) possono essere ottenuti applicando due diversi operatori di spostamento deformati sui due vuoti dei due operatori di annichilazione a e $b^\dagger$, in completa analogia con quanto abbiamo fatto nella Sezione 5.3.

Prima osserviamo che, in virtù della (5.48) e della (5.49), possiamo introdurre gli operatori $\tilde{V}(z)$ e $\tilde{W}(z)$ su due sottoinsiemi densi di $\mathcal{H}$ come segue:

$$\tilde{V}(z)\varphi_k := \tilde{V}(-\overline{z}, z)\varphi_k, \qquad \tilde{W}(z)\psi_k := \tilde{W}(-\overline{z}, z)\psi_k, \tag{5.52}$$

$\forall k \geq 0$. Naturalmente, queste definizioni possono essere estese rispettivamente a $\mathcal{L}_\varphi$ e $\mathcal{L}_\psi$, che sono densi in $\mathcal{H}$.

Nella parte rimanente di questa sezione dimostreremo alcuni risultati rilevanti, che ci permettono essenzialmente di ripetere qui, per i $\mathcal{D}$-PBs regolari, quello che abbiamo dedotto nella sezione precedente per gli operatori scala traslati. In particolare dimostreremo che:

Primo risultato con le definizioni in (5.52), abbiamo

$$V(z)f = \tilde{V}(z)f, \qquad W(z)g = \tilde{W}(z)g, \tag{5.53}$$

$\forall f \in \mathcal{L}_\varphi$, $g \in \mathcal{L}_\psi$, dove $V(z)$ e $W(z)$ sono quelli in (5.34).

Secondo risultato $\tilde{V}(z)$ e $\tilde{W}(z)$ soddisfano le seguenti formule BCH:

$$\tilde{V}(z)f = e^{zb-\overline{z}a}f = e^{\frac{1}{2}|z|^2}e^{-\overline{z}a}e^{zb}f = e^{-\frac{1}{2}|z|^2}e^{zb}e^{-\overline{z}a}f, \tag{5.54}$$

$\forall f \in \mathcal{L}_\varphi$ e $z \in \mathbb{C}$. Analogamente, vale la

$$\tilde{W}(z)g = e^{za^\dagger-\overline{z}b^\dagger}g = e^{\frac{1}{2}|z|^2}e^{-\overline{z}b^\dagger}e^{za^\dagger}g = e^{-\frac{1}{2}|z|^2}e^{za^\dagger}e^{-\overline{z}b^\dagger}g, \tag{5.55}$$

$\forall g \in \mathcal{L}_\psi$ e $z \in \mathbb{C}$. Queste uguaglianze coincidono con quelle che abbiamo trovato per gli operatori scala traslati in (5.23), (5.24) e (5.25), ma qui sono derivate sotto diverse ipotesi. Esse implicano inoltre, chiaramente, le seguenti uguaglianze

$$e^{zb}e^{-\overline{z}a}f = e^{|z|^2}e^{-\overline{z}a}e^{zb}f, \qquad e^{za^\dagger}e^{-\overline{z}b^\dagger}g = e^{|z|^2}e^{-\overline{z}b^\dagger}e^{za^\dagger}g, \tag{5.56}$$

per tutti $f \in \mathcal{L}_\varphi$ e $g \in \mathcal{L}_\psi$ e $z \in \mathbb{C}$.

Terzo risultato Le seguenti uguaglianze che coinvolgono gli BCSs sono soddisfatte:

$$\varphi(z) = R\Phi(z) = V(z)\varphi_0 = \tilde{V}(z)\varphi_0 = e^{-\frac{1}{2}|z|^2}\sum_{n=0}^{\infty}\frac{z^n}{\sqrt{n!}}\varphi_n, \tag{5.57}$$

e

$$\psi(z) = (R^\dagger)^{-1}\Phi(z) = W(z)\varphi_0 = \tilde{W}(z)\varphi_0 = e^{-\frac{1}{2}|z|^2}\sum_{n=0}^{\infty}\frac{z^n}{\sqrt{n!}}\psi_n, \tag{5.58}$$

e questi stati esistono $\forall z \in \mathbb{C}$. Quindi il Teorema 5.1.1 implica che $\varphi(z)$ e $\psi(z)$ sono BCSs, con tutte le loro utili proprietà. Quindi, anche per i pseudo-bosoni regolari, gli BCSs possono essere introdotti come opportune serie (sempre convergenti) o, equivalentemente, applicando una versione deformata[2] dell'operatore di spostamento $D(z)$ ai vettori di vuoto degli operatori pseudo-bosonici di annichilazione, a e $b^\dagger$. Tutto ciò è completamente analogo a quello che abbiamo dedotto nella Sezione 5.3 per gli operatori scala traslati, vedi formule (5.29) e (5.30).

Nella restante parte di questa sezione dimostreremo questi risultati per l'operatore $\tilde{V}(z)$. Quelli per $\tilde{W}(z)$ possono essere dimostrati in modi simili, semplicemente sostituendo (a, b, φ_k, f) con $(b^\dagger, a^\dagger, \psi_k, g)$.

Iniziamo notando che, $\forall k \geq 0$ e $\forall z \in \mathbb{C}$,

$$(zb - \overline{z}\,a)^l \varphi_k = R(zc^\dagger - \overline{z}\,c)^l R^{-1}\varphi_k, \tag{5.59}$$

$l = 0, 1, 2, \ldots$. La dimostrazione formale di questa affermazione è banale, come spesso accade in queste note. Ma una prova rigorosa è leggermente più complicata. Osserviamo prima che la (5.59) è ovvia per $l = 0$, poiché diventa semplicemente l'identità $\varphi_k = \varphi_k$, mentre l'identità per $l = 1$ segue dalla (2.26). Ora, supponiamo che la (5.59) valga per un certo l e per un k fissato. Verifichiamo che vale anche per $l + 1$. Abbiamo

$$\begin{aligned}(zb - \overline{z}\,a)^{l+1}\varphi_k &= (zb - \overline{z}\,a)(zb - \overline{z}\,a)^l\varphi_k = (zb - \overline{z}\,a)R(zc^\dagger - \overline{z}\,c)^l R^{-1}\varphi_k = \\ &= (zb - \overline{z}\,a)R(zc^\dagger - \overline{z}\,c)^l e_k = (zb - \overline{z}\,a)R\sum_j \alpha_j(k,l)e_j = \\ &= (zb - \overline{z}\,a)\sum_j \alpha_j(k,l)\varphi_j.\end{aligned}$$

Qui la forma esplicita dei coefficienti $\alpha_j(k,l)$ non è rilevante. Ciò che è importante è il fatto che la somma su j è finita. Ora, poiché la (5.59) è vera per $l = 1$, possiamo scrivere

$$\begin{aligned}(zb - \overline{z}\,a)^{l+1}\varphi_k &= \sum_j \alpha_j(k,l)(zb - \overline{z}\,a)\varphi_j = R(zc^\dagger - \overline{z}\,c)\sum_j \alpha_j(k,l)e_j = \\ &= R(zc^\dagger - \overline{z}\,c)(zc^\dagger - \overline{z}\,c)^l e_k = R(zc^\dagger - \overline{z}\,c)^{l+1}e_k,\end{aligned}$$

calcolando di nuovo la somma su j. Questo è ciò che dovevamo dimostrare, poiché $e_k = R^{-1}\varphi_k$.

[2] La ragione per cui usiamo la parola *deformata* qui è perché, se $R = \mathbb{1}$, $V(z) = W(z) = D(z)$. Tuttavia, questi operatori sono diversi se $R \neq \mathbb{1}$, in generale.

Ora, utilizzando le (5.48), (5.52), e (5.59), abbiamo quanto segue:

$$\tilde{V}(z)\varphi_k = e^{zb-\overline{z}\,a}\varphi_k = \sum_{l=0}^{\infty}\frac{1}{l!}(zb-\overline{z}a)^l\varphi_k = R\sum_{l=0}^{\infty}\frac{1}{l!}(zc^\dagger-\overline{z}c)^l e_k,$$

dove abbiamo anche utilizzato la continuità dell'operatore R. Ora possiamo usare di nuovo la formula (5.48) per la scelta particolare $R = \mathbb{1}$, o semplicemente ricordare ciò che abbiamo visto nella Sezione 4.4, per concludere che $\sum_{l=0}^{\infty}\frac{1}{l!}(zc^\dagger-\overline{z}c)^l e_k = D(z)e_k$ nella topologia della norma di $\mathcal{H}$. Quindi abbiamo

$$\tilde{V}(z)\varphi_k = RD(z)e_k = RD(z)R^{-1}\varphi_k = V(z)\varphi_k,$$

poiché $RD(z)R^{-1} = V(z)$, vedi (5.38), che implica la prima uguaglianza in (5.53) per linearità.

Il passo successivo è la dimostrazione di (5.54). Iniziamo notando che, per quanto appena dimostrato e utilizzando la (4.22) o la (4.32) ristretta a $\mathcal{L}_e$,

$$\begin{aligned}
e^{zb-\overline{z}\,a}\varphi_k &= RD(z)e_k = R\left(e^{\frac{1}{2}|z|^2}e^{-\overline{z}\,c}e^{z\,c^\dagger}\right)e_k = \\
&= e^{\frac{1}{2}|z|^2}R\left(\frac{1}{\sqrt{k!}}\sum_{l=0}^{\infty}\frac{z^l}{l!}(k+l)!\sum_{j=0}^{k+l}\frac{(-\overline{z})^j}{j!}\frac{1}{\sqrt{(k+l-j)!}}e_{k+l-j}\right) = \\
&= e^{\frac{1}{2}|z|^2}\left(\frac{1}{\sqrt{k!}}\sum_{l=0}^{\infty}\frac{z^l}{l!}(k+l)!\sum_{j=0}^{k+l}\frac{(-\overline{z})^j}{j!}\frac{1}{\sqrt{(k+l-j)!}}\varphi_{k+l-j}\right),
\end{aligned}$$

utilizzando la continuità di R e la formula (4.15) per $\alpha = -\overline{z}$ e $\beta = z$. Utilizzando ora la (5.43), concludiamo che il termine tra parentesi nella formula precedente coincide con $e^{-\overline{z}\,a}e^{z\,b}\varphi_k$, quindi $e^{zb-\overline{z}\,a}\varphi_k = e^{\frac{1}{2}|z|^2}e^{-\overline{z}\,a}e^{z\,b}\varphi_k$, $\forall z \in \mathbb{C}$ e $k \geq 0$. Naturalmente, questa uguaglianza può essere estesa a $\mathcal{L}_\varphi$. Le altre uguaglianze in (5.54) e (5.55) possono essere dedotte allo stesso modo. Per concludere l'analisi dei pseudo-bosoni regolari, dobbiamo ancora verificare la (5.57) e la (5.58). Questi sono conseguenze immediate delle (5.36), (5.37) e (5.53). Incidentalmente, osserviamo anche che esse sono in accordo con le formule di tipo BCH in (5.54) e (5.55).

5.5 Modello di Swanson e altre deformazioni non limitate

Il caso dei pseudo-bosoni regolari non è così comune nella letteratura. Più spesso, come accade ad esempio nella Sezione 5.3, i set biortonormali $\mathcal{F}_{\hat{\varphi}}$ e $\mathcal{F}_{\hat{\psi}}$ sono legati a una base ortonormale $\mathcal{F}_e$ non come in (2.23), dove R e R^{-1} sono limitati, ma come in (2.35) e (2.37), con $W(\alpha,\beta)$ e $S(\alpha,\beta)$ non limitati, per α e β generici. Tuttavia, per il tipo speciale di deformazione considerata per gli operatori scala nella Sezione 5.3, risulta che la definizione degli operatori di spostamento deformati non sia così difficile, poiché entrambi risultano proporzionali a $D(z)$. La situazione non è così semplice per i pseudo-bosoni regolari e, come discuteremo qui, è ancora più complicata in altre situazioni rilevanti, ancora collegate a insiemi biortonormali $(\mathcal{F}_{\hat{\varphi}}, \mathcal{F}_{\hat{\psi}})$ che non sono basi di Riesz. Tuttavia, al prezzo ragionevole di controllare più stime, saremo in grado di estendere la maggior parte dei risultati dedotti finora per gli operatori di spostamento deformati e per i loro BCS correlati anche a questi altri casi. In particolare, mostreremo che le disuguaglianze in (5.6) sono esattamente quelle di cui abbiamo bisogno per collegare le serie infinite in (5.8) con vettori dedotti agendo su due vuoti con operatori di spostamento deformati, come abbiamo già visto nelle due sezioni precedenti per i pseudo-bosoni regolari e per gli operatori scala traslati. In altre parole: le (5.6) sono l'*ipotesi chiave* per definire i BCS, sia che li si definiscano tramite serie convergenti, sia che invece si utilizzino operatori di spostamento deformati.

Gli ingredienti minimi e le ipotesi di lavoro considerate in questa sezione sono i seguenti: (1) $\mathcal{F}_\varphi = \{\varphi_n\}$ e $\mathcal{F}_\Psi = \{\psi_n\}$ sono biortonormali e completi in $\mathcal{H}$; (2) esistono due operatori a e b, densamente definiti in $\mathcal{D}$ (sottospazio denso di $\mathcal{H}$, stabile sotto l'azione di a, b e i loro aggiunti), che soddisfano le stesse equazioni scala in (2.16). Ovviamente, queste implicano che risulti $N\varphi_n = n\,\varphi_n$ e $N^\dagger\psi_n = n\,\psi_n$, $n \geq 0$. Ora, piuttosto che assumere che $\mathcal{F}_\varphi$ e $\mathcal{F}_\Psi$ siano basi di Riesz, lavoriamo sotto le stesse ipotesi utilizzate nel Teorema 5.1.1. In particolare, assumeremo che esistano quattro costanti strettamente positive A_φ, A_Ψ, r_φ e r_Ψ, insieme a due sequenze strettamente positive $M_n(\varphi)$ e $M_n(\Psi)$, per le quali la (5.5) è vera e tale che, per tutti $n \geq 0$,

$$\|\varphi_n\| \leq A_\varphi\, r_\varphi^n M_n(\varphi), \qquad \|\Psi_n\| \leq A_\Psi\, r_\Psi^n M_n(\Psi). \tag{5.60}$$

È chiaro che la situazione peggiore in queste stime è quando $M_n(\varphi)$ e $M_n(\Psi)$ divergono e quando $r_\varphi, r_\Psi > 1$ poiché questo è il caso in cui $\|\varphi_n\|$ e $\|\Psi_n\|$ potrebbero essere divergenti, anche molto rapidamente, in n. Pertanto, non sono basi di Riesz e, come abbiamo già visto nel Capitolo 2, spesso non sono basi affatto, tranne che per qualche caso speciale.

Osservazione Abbiamo introdotto nella Sezione 2.1.2 un esempio di una coppia di basi biortonormali che non sono basi di Riesz: se $\mathcal{F}_e = \{e_n, n \geq 0\}$ è una base ortonormale di $\mathcal{H}$, i due set $\mathcal{F}_f = \{f_n = (1+n^2)e_n, n \geq 0\}$ e $\mathcal{F}_g = \{g_n = (1+n^2)^{-1}e_n, n \geq 0\}$ sono in effetti basi biortonormali per $\mathcal{H}$, ma non di Riesz. Questo esempio può essere facilmente generalizzato: se $\mathcal{F}_\rho = \{\rho_n, n \geq 0\}$ è una qualsiasi base ortonormale data di $\mathcal{H}$, e $\{k_n, n \geq 0\}$ è una successione di numeri reali strettamente positivi limitati dal basso da qualche $k_{\min} > 0$, $0 < k_{\min} \leq k_n$, $\forall n \geq 0$, e tale che $\sup_n k_n = \infty$, allora le due famiglie $\{k_n\rho_n, n \geq 0\}$ e $\{k_n^{-1}\rho_n, n \geq 0\}$ sono basi biortonormali, ma non di Riesz.

Nel seguito, per concretezza, ci limiteremo alla seguente espressione per $M_n(\varphi)$ e $M_n(\Psi)$: $M_n(\varphi) = n^{k_\varphi}$ e $M_n(\Psi) = n^{k_\Psi}$, con k_φ e k_Ψ entrambi fissati e non negativi. Naturalmente, con questa scelta $M(\varphi) = M(\Psi) = 1$ in (5.5). Nonostante questa scelta speciale, queste forme per $M_n(\varphi)$ e $M_n(\Psi)$ sono sufficientemente generali, poiché altri termini nelle stime delle norme possono spesso essere riassorbiti in A_φ e r_φ, o in A_Ψ e r_Ψ. Le disuguaglianze in (5.60) sono quindi

$$\|\varphi_n\| \leq A_\varphi\, r_\varphi^n n^{k_\varphi}, \qquad \|\Psi_n\| \leq A_\Psi\, r_\Psi^n n^{k_\Psi}, \tag{5.61}$$

$\forall n \geq 0$.

Mostriamo adesso come estendere i risultati dedotti nella Sezione 5.4 al caso in esame. Potrebbe valere la pena sottolineare che il nostro approccio qui, così come in molte parti di queste note, è volutamente pedagogico: iniziamo con il caso più semplice, e poi consideriamo situazioni sempre più complicate[3]. In particolare osserviamo che la maggior parte delle stime dedotte nella Sezione 5.4 possono essere viste come casi speciali di quelle che dimostreremo qui, con $r_\varphi = r_\Psi = 1$, $k_\varphi = k_\Psi = 0$, $A_\varphi = \|R\|$ e $A_\Psi = \|R^{-1}\|$. Tuttavia, in questa sezione non faremo uso di alcun operatore, limitato o meno, che mappi $\mathcal{F}_e$ in $\mathcal{F}_\varphi$ e $\mathcal{F}_\Psi$.

Le formule (5.42)–(5.45) possono essere dedotte anche sotto le nostre condizioni più deboli in (5.61). Ad esempio, per dedurre la formula (5.43), usiamo il fatto che la disuguaglianza in (5.41) appare ora

$$\begin{aligned} J_{N,M}(\alpha,\beta;k) &:= \left\| e^{\alpha c}\left(\sum_{l=0}^{N}\frac{(\beta b)^l}{l!}\right)\varphi_k - e^{\alpha c}\left(\sum_{l=0}^{M}\frac{(\beta b)^l}{l!}\right)\varphi_k \right\| \leq \\ &\leq \frac{1}{\sqrt{k!}}\sum_{l=M+1}^{N}\frac{|\beta|^l}{l!}(k+l)!\sum_{n=0}^{k+l}\frac{|\alpha|^n}{n!}\frac{1}{\sqrt{(k+l-n)!}}\|\varphi_{k+l-n}\| \leq \\ &\leq \frac{A_\varphi\, r_\varphi^k}{\sqrt{k!}}\sum_{l=M+1}^{N}\frac{(|\beta| r_\varphi)^l}{l!}\sqrt{(k+l)!}\,(k+l)^{k_\varphi}\sum_{n=0}^{k+l}\frac{(|\alpha|/r_\varphi)^n}{n!}(\sqrt{k+l})^n, \end{aligned}$$

usando la (5.61) e la disuguaglianza $\frac{1}{\sqrt{(k+l-n)!}} \leq \sqrt{\frac{(k+l)^n}{(k+l)!}}$, per $n \leq k+l$, che è una conseguenza della (4.12). Poiché

$$\sum_{n=0}^{k+l}\frac{(|\alpha|/r_\varphi)^n}{n!}(\sqrt{k+l})^n \leq \sum_{n=0}^{\infty}\frac{(|\alpha|/r_\varphi)^n}{n!}(\sqrt{k+l})^n = e^{\frac{|\alpha|}{r_\varphi}\sqrt{k+l}},$$

concludiamo che

$$J_{N,M}(\alpha,\beta;k) \leq \frac{A_\varphi\, r_\varphi^k}{\sqrt{k!}}\sum_{l=M+1}^{N}\frac{(|\beta| r_\varphi)^l}{l!}\sqrt{(k+l)!}\,(k+l)^{k_\varphi} e^{\frac{|\alpha|}{r_\varphi}\sqrt{k+l}},$$

che può essere reso piccolo a piacere, per N e M sufficientemente grandi, per ogni $\alpha, \beta \in \mathbb{C}$ e $\forall k \geq 0$. Questo perché, chiamando $s = |\beta| r_\varphi$ e $a_l(k) = \frac{1}{l!}\sqrt{(k+l)!}\,(k+$

[3] Naturalmente, potremmo adottare l'atteggiamento opposto: potremmo iniziare con la situazione più generale (e più difficile), e recuperare tutte le altre applicazioni più semplici come casi speciali. Preferiamo piuttosto aumentare la difficoltà poco a poco.

$l)^{k_\varphi} e^{\frac{|\alpha|}{r_\varphi}\sqrt{k+l}}$, la serie di potenze $\sum_{l=0}^{\infty} a_l(k)s^l$ converge, per tutti i valori fissati di $k \geq 0$, per ogni valore di s. Quindi segue la (5.43). Le formule (5.42), (5.44) e (5.45) possono essere dedotte con stime simili. Naturalmente, come già osservato nella Sezione 5.4, le formule (5.39), (5.40), (5.46) e (5.47) possono essere dedotte mandando α o β a zero nelle (5.42)–(5.45). Successivamente, dobbiamo estendere la dimostrazione della convergenza delle serie in (5.48) e (5.49) alla situazione attuale. La dimostrazione si basa su una versione generalizzata della disuguaglianza (5.50):

$$\left\|(\alpha a + \beta b)^l \varphi_k\right\| \leq A_\varphi \sqrt{\frac{(k+l)!}{k!}} (k+l)^{k_\varphi} {r_\varphi}^{k+l} (|\alpha| + |\beta|)^l, \tag{5.62}$$

$\forall \alpha, \beta \in \mathbb{C}$, e $\forall k \geq 0$. Per dimostrarla usiamo l'induzione su l, osservando prima che, per $l = 0$, questa disuguaglianza non è altro che la prima maggiorazione in (5.61). Supponiamo ora che (5.62) sia soddisfatta per un dato l, con k fisso. Verificheremo ora che la stessa ineguaglianza vale per $l + 1$. Infatti abbiamo, come nella Sezione 5.4.1,

$$\begin{aligned}\left\|(\alpha a + \beta b)^{l+1} \varphi_k\right\| &= \left\|(\alpha a + \beta b)^l (\alpha\sqrt{k}\,\varphi_{k-1} + \beta\sqrt{k+1}\varphi_{k+1})\right\| \leq \\ &\leq |\alpha|\sqrt{k}\left\|(\alpha a + \beta b)^l \varphi_{k-1}\right\| + |\beta|\sqrt{k+1}\left\|(\alpha a + \beta b)^l \varphi_{k+1}\right\|,\end{aligned}$$

che a causa dell'ipotesi di induzione, restituisce

$$\begin{aligned}&\left\|(\alpha a + \beta b)^{l+1} \varphi_k\right\| \leq A_\varphi \sqrt{k+1}(|\alpha| + |\beta|)^l \times \\ &\times \left(|\alpha|\sqrt{\frac{(k-1+l)!}{(k-1)!}}(k-1+l)^{k_\varphi} {r_\varphi}^{k-1+l} + |\beta|\sqrt{\frac{(k+1+l)!}{(k+1)!}}(k+1+l)^{k_\varphi} {r_\varphi}^{k+1+l}\right).\end{aligned}$$

Osserviamo adesso che $(k-1+l)^{k_\varphi} < (k+1+l)^{k_\varphi}$, $\sqrt{\frac{(k-1+l)!}{(k-1)!}} < \sqrt{\frac{(k+1+l)!}{(k+1)!}}$ e, se $r_\varphi \geq 1$, che è il caso più interessante (e pericoloso), ${r_\varphi}^{k-1+l} \leq {r_\varphi}^{k+1+l}$. Deduciamo allora

$$\left\|(\alpha a + \beta b)^{l+1} \varphi_k\right\| \leq A_\varphi \sqrt{\frac{(k+l+1)!}{k!}} (k+l+1)^{k_\varphi} {r_\varphi}^{k+l+1} (|\alpha| + |\beta|)^{l+1},$$

che è ciò che dovevamo dimostrare. Quindi (5.62) può essere utilizzato per dimostrare la convergenza di $\tilde{V}(\alpha, \beta)\varphi_k$, in analogia con la (5.48). Come per i pseudobosoni regolari, l'idea è verificare che questa convergenza in norma segue dal fatto che la norma della serie sia limitata da una serie di potenze con raggio di convergenza infinito, per tutti i $k \geq 0$ fissati. Infatti abbiamo

$$\left\|\sum_{l=0}^{\infty} \frac{1}{l!}(\alpha a + \beta b)^l \varphi_k\right\| \leq \frac{A_\varphi r_\varphi^k}{\sqrt{k!}} \sum_{l=0}^{\infty} \frac{1}{l!}\sqrt{(k+l)!}\,(k+l)^{k_\varphi} \left[r_\varphi(|\alpha| + |\beta|)\right]^l,$$

che è una serie di potenze in $r_\varphi(|\alpha| + |\beta|)$ con raggio di convergenza ∞ per ogni scelta di k. Quindi possiamo concludere che, come in (5.48),

$$\tilde{V}(\alpha,\beta)\varphi_k = e^{\alpha a+\beta b}\varphi_k = \sum_{l=0}^{\infty}\frac{1}{l!}(\alpha a + \beta b)^l\varphi_k, \tag{5.63}$$

esiste per ogni $\alpha, \beta \in \mathbb{C}$ e $\forall k \geq 0$. Come sempre, possiamo estendere questa formula a $\mathcal{L}_\varphi$ per linearità.

È chiaro che proprietà simili possono anche essere dedotte per $\tilde{W}(\alpha,\beta)$ in (5.49). Infatti l'analogo della (5.62) è

$$\left\|(\alpha b^\dagger + \beta a^\dagger)^l\psi_k\right\| \leq A_\psi\sqrt{\frac{(k+l)!}{k!}}(k+l)^{k_\psi}{r_\psi}^{k+l}(|\alpha| + |\beta|)^l, \tag{5.64}$$

$\forall\alpha, \beta \in \mathbb{C}$, e $\forall k \geq 0$, che garantisce che

$$\tilde{W}(\alpha,\beta)\psi_k = e^{\alpha b^\dagger+\beta a^\dagger}\psi_k = \sum_{l=0}^{\infty}\frac{1}{l!}(\alpha b^\dagger + \beta a^\dagger)^l\psi_k, \tag{5.65}$$

converga $\forall\alpha, \beta \in \mathbb{C}$, e $\forall k \geq 0$. Questa formula può essere estesa a $\mathcal{L}_\psi$ Come prima, la convergenza della serie è nella norma di $\mathcal{H}$.

Quello che abbiamo fatto finora ci permette, prima di tutto, di definire gli operatori di spostamento anche in questo caso (non regolare) in analogia con (5.52) come segue:

$$\tilde{V}(z)f = \tilde{V}(-\overline{z}, z)f = e^{zb-\overline{z}a}f, \qquad \tilde{W}(z)g = \tilde{W}(-\overline{z}, z)g = e^{za^\dagger-\overline{z}b^\dagger}g, \tag{5.66}$$

$\forall f \in \mathcal{L}_\varphi$ e $\forall g \in \mathcal{L}_\psi$.

5.5.1 Altri risultati utili

Per continuare la nostra analisi abbiamo bisogno di estendere il risultato in (4.20), dedotto per i bosoni, ai pseudo-bosoni che non siano necessariamente regolari. Più esplicitamente, abbiamo bisogno di verificare che risulti

$$e^{\alpha a}\, b\, e^{\beta b}\varphi_k = (b+\alpha)e^{\alpha a}e^{\beta b}\varphi_k, \tag{5.67}$$

per ogni $\alpha, \beta \in \mathbb{C}$ e per tutti i $k \geq 0$. Prima di tutto, vogliamo mostrare che entrambi i membri di queste uguaglianze sono ben definiti. Dopo questo controllo preliminare (ma utile), dimostreremo che essi coincidono.

Il primo membro è sicuramente ben definito perché può essere riscritto come $e^{\alpha a}\, b\, e^{\beta b}\varphi_k = e^{\alpha a}e^{\beta b}\, b\,\varphi_k = \sqrt{k+1}e^{\alpha a}e^{\beta b}\varphi_{k+1}$. Quindi, usando la formula (5.43), che come abbiamo già notato vale anche nel nostro contesto attuale (e non solo per i pseudo-bosoni regolari), abbiamo

$$e^{\alpha a} b e^{\beta b} \varphi_k =$$
$$= \frac{1}{\sqrt{k!}} \sum_{l=0}^{\infty} \frac{\beta^l}{l!} (k+1+l)! \sum_{j=0}^{k+1+l} \frac{\alpha^j}{j!} \frac{1}{\sqrt{(k+1+l-j)!}} \varphi_{k+1+l-j}. \qquad (5.68)$$

D'altra parte, non è così chiaro che esista anche il membro a destra della (5.67). Infatti, anche se sappiamo, ancora a causa della (5.43), che $e^{\alpha a} e^{\beta b} \varphi_k$ esiste in $\mathcal{H}$, non sappiamo, a priori, se appartiene anche a $\mathcal{D}(b + \alpha \mathbb{1}) = \mathcal{D}(b)$, il dominio di b. Tuttavia, è possibile verificare che questo è effettivamente vero. Ancora una volta il trucco è verificare che $b e^{\alpha a} e^{\beta b} \varphi_k$ può essere scritto come una serie di potenze convergente ovunque in $\mathbb{C}$, per ogni $k \geq 0$ fissato. Più in dettaglio, verificheremo che la serie

$$f_k(\alpha, \beta) = \frac{1}{\sqrt{k!}} \sum_{l=0}^{\infty} \frac{\beta^l}{l!} (k+l)! \sum_{j=0}^{k+l} \frac{\alpha^j}{j!} \frac{1}{\sqrt{(k+l-j)!}} b \, \varphi_{k+l-j},$$

converge $\forall \alpha, \beta \in \mathbb{C}$ e per tutti i $k \geq 0$. Infatti abbiamo, ricordando che b è un operatore di creazione per $\mathcal{F}_\varphi$, e usando le (5.61),

$$\| f_k(\alpha, \beta) \| \leq \frac{A_\varphi r_\varphi^{k+1}}{\sqrt{k!}} \sum_{l=0}^{\infty} \frac{|\beta|^l}{l!} (k+l)! \sum_{n=0}^{k+l} \frac{|\alpha|^n}{n!} r_\varphi^{l-n} \frac{(k+l+1-n)^{k_\varphi+1}}{\sqrt{(k+l+1-n)!}}.$$

Successivamente usiamo la disuguaglianza $\frac{1}{\sqrt{(k+l+1-n)!}} \leq \sqrt{\frac{(k+l+1)^n}{(k+l+1)!}}$, $n \leq k+l+1$, vedi (4.12), insieme alla ovvia disuguaglianza $(k+l+1-n)^{k_\varphi+1} \leq (k+l+1)^{k_\varphi+1}$, valida per tutti i valori consentiti di n. Usiamo anche il fatto che

$$\sum_{n=0}^{k+l} \frac{1}{n!} \left(\frac{|\alpha|}{r_\varphi} \sqrt{k+l+1} \right)^n \leq \sum_{n=0}^{\infty} \frac{1}{n!} \left(\frac{|\alpha|}{r_\varphi} \sqrt{k+l+1} \right)^n = e^{\frac{|\alpha|}{r_\varphi} \sqrt{k+l+1}},$$

così che

$$\| f_k(\alpha, \beta) \| \leq \frac{A_\varphi r_\varphi^{k+1}}{\sqrt{k!}} \sum_{l=0}^{\infty} \frac{(r_\varphi |\beta|)^l}{l!} \sqrt{(k+l)!} \, (k+l+1)^{k_\varphi + \frac{1}{2}} e^{\frac{|\alpha|}{r_\varphi} \sqrt{k+l+1}}.$$

Non è ora difficile verificare che il raggio di convergenza di questa serie di potenze è ∞, indipendentemente dal valore di k. Quindi $f_k(\alpha, \beta)$ converge per tutti i valori di $\alpha, \beta \in \mathbb{C}$. Ora, per verificare la (5.67) dobbiamo calcolare $(b + \alpha) e^{\alpha a} e^{\beta b} \varphi_k = f_k(\alpha, \beta) + \alpha e^{\alpha a} e^{\beta b} \varphi_k$, e confrontare il risultato con (5.68). Il modo più semplice per farlo è considerare i due membri della (5.67) come serie di potenze in β, sempre convergenti in $\mathbb{C}$. Allora le due serie coincidono se i coefficienti di ogni β^l coincidono, cioè se, dopo alcune semplificazioni,

$$\sum_{j=0}^{k+1+l} \frac{\alpha^j}{j!} \frac{(k+l+1)}{\sqrt{(k+1+l-j)!}} \varphi_{k+1+l-j} =$$
$$= \sum_{j=0}^{k+l} \frac{\alpha^j}{j!} \frac{1}{\sqrt{(k+l-j)!}} \sqrt{k+l+1-j}\, \varphi_{k+1+l-j} +$$
$$+ \sum_{j=0}^{k+l} \frac{\alpha^{j+1}}{j!} \frac{1}{\sqrt{(k+l-j)!}} \varphi_{k+l-j},$$

è soddisfatta per ogni $l \geq 0$. Questa uguaglianza può essere riscritta come

$$\sum_{j=0}^{k+l} \frac{\alpha^j}{j!} \frac{(k+l+1)}{\sqrt{(k+1+l-j)!}} \varphi_{k+1+l-j} + \frac{\alpha^{k+l+1}}{(k+l)!} \varphi_0 =$$
$$= \sum_{j=0}^{k+l} \frac{\alpha^j}{j!} \frac{1}{\sqrt{(k+l-j)!}} \sqrt{k+l+1-j}\, \varphi_{k+1+l-j} +$$
$$+ \sum_{j=0}^{k+l} \frac{\alpha^{j+1}}{j!} \frac{1}{\sqrt{(k+l-j)!}} \varphi_{k+l-j} =$$
$$= \sum_{j=0}^{k+l} \frac{\alpha^j}{j!} \frac{1}{\sqrt{(k+l+1-j)!}} (k+l+1-j)\, \varphi_{k+1+l-j} +$$
$$+ \sum_{j=0}^{k+l} \frac{\alpha^{j+1}}{j!} \frac{1}{\sqrt{(k+l-j)!}} \varphi_{k+l-j},$$

suddividendo la prima somma da 0 a $k+l+1$ in una somma da 0 a $k+l$ e aggiungendo a questa il contributo $k+l+1$-esimo, e dividendo e moltiplicando il primo termine nel membro a sinistra per $\sqrt{k+l+1-j}$. Spostando questo termine a primo mrmbro ne deduciamo che questa uguaglianza è vera se è vera la:

$$\sum_{j=1}^{k+l} \frac{\alpha^j}{(j-1)!} \frac{1}{\sqrt{(k+1+l-j)!}} \varphi_{k+1+l-j} + \frac{\alpha^{k+l+1}}{(k+l)!} \varphi_0 =$$
$$= \sum_{j=0}^{k+l} \frac{\alpha^{j+1}}{j!} \frac{1}{\sqrt{(k+l-j)!}} \varphi_{k+l-j},$$

che è banalmente soddisfatta.

In modo simile possiamo dimostrare che

$$e^{\beta b}\, a\, e^{\alpha a} \varphi_k = (a-\alpha) e^{\beta b} e^{\alpha a} \varphi_k, \tag{5.69}$$

per tutti $\alpha, \beta \in \mathbb{C}$ e per tutti $k \geq 0$. Come prima, dovremmo prima verificare che entrambi i membri dell'uguaglianza siano ben definiti, e poi verificare che coincidano. Poiché questi passaggi non differiscono molto da quelli utilizzati per verificare la correttezza di (5.67) non li ripeteremo qui.

5.5.2 Torniamo agli stati bi-coerenti

Le identità in (5.67) e (5.69) sono necessarie per dimostrare la formula BCH in questo contesto, come in (5.23), (5.24) e (5.25) per gli operatori scala traslati e come in (5.54) e (5.55) per i pseudo-bosoni regolari. Le dimostrazioni che abbiamo adottato per quelle particolari situazioni sono molto ad hoc per quelle situazioni in particolare. Qui procediamo come nella Sezione 4.4, definendo prima

$$f_k(z) = e^{z(\alpha a)} e^{z(\beta b)} \varphi_k,$$

che, per ogni $k \geq 0$ fisso, è ben definita $\forall \alpha, \beta, z \in \mathbb{C}$ a causa della (5.43). Poi la prova è identica a quella nella Sezione 4.4, e richiede l'uguaglianza in (5.67). La conclusione è che

$$e^{z(\alpha a+\beta b)} \varphi_k = e^{-\frac{1}{2}z^2\alpha\beta} e^{z(\alpha a)} e^{z(\beta b)} \varphi_k.$$

Nello stesso modo, introducendo la funzione ben definita $g_k(z) = e^{z(\beta b)} e^{z(\alpha a)} \varphi_k$, vedi (5.42), possiamo ripetere gli stessi passaggi come nella Sezione 4.4 e, usando la (5.69), ne deduciamo che

$$e^{z(\alpha a+\beta b)} \varphi_k = e^{\frac{1}{2}z^2\alpha\beta} e^{z(\beta b)} e^{z(\alpha a)} \varphi_k.$$

Quindi, prendendo $z = 1$ in queste formule, ed estendendo i risultati a $\mathcal{L}_\varphi$, recuperiamo la nostra versione della formula BCH

$$e^{\alpha a+\beta b} f = e^{-\frac{1}{2}\alpha\beta} e^{\alpha a} e^{\beta b} f = e^{\frac{1}{2}\alpha\beta} e^{\beta b} e^{\alpha a} f \tag{5.70}$$

$\forall f \in \mathcal{L}_\varphi$ e $\forall \alpha, \beta \in \mathbb{C}$. Ovviamente, queste uguaglianze implicano anche che, per gli stessi α, β e f,

$$e^{\alpha a} e^{\beta b} f = e^{\alpha\beta} e^{\beta b} e^{\alpha a} f \tag{5.71}$$

Osservazione Sostituendo (a, b, f) con $(b^\dagger, a^\dagger, g)$, $f \in \mathcal{L}_\varphi$ e $g \in \mathcal{L}_\psi$, troviamo le seguenti uguaglianze *duali*

$$e^{\alpha b^\dagger} a^\dagger e^{\beta a^\dagger} g = (a^\dagger + \alpha) e^{\alpha b^\dagger} e^{\beta a^\dagger} g,$$

$$e^{\beta a^\dagger} b^\dagger e^{\alpha b^\dagger} g = (b^\dagger - \beta) e^{\beta a^\dagger} e^{\alpha b^\dagger} g, \tag{5.72}$$

$$e^{\alpha b^\dagger + \beta a^\dagger} g = e^{-\frac{1}{2}\alpha\beta} e^{\alpha b^\dagger} e^{\beta a^\dagger} g = e^{\frac{1}{2}\alpha\beta} e^{\beta a^\dagger} e^{\alpha b^\dagger} g, \tag{5.73}$$

e

$$e^{\alpha b^\dagger} e^{\beta a^\dagger} g = e^{\alpha\beta} e^{\beta a^\dagger} e^{\alpha b^\dagger} g, \tag{5.74}$$

che sono le controparti di alcuni dei risultati che abbiamo dimostrato in precedenza in questa sezione.

Con quello che abbiamo dedotto finora, siamo in grado di recuperare, anche in questo caso (non regolare), il secondo e il terzo risultato discussi nella Sezione 5.4, formule (5.54)–(5.58). Infatti le (5.54), (5.55) e (5.56) possono essere dedotti dalle (5.66), (5.70), (5.71), (5.73) e (5.74), prendendo $\alpha = -\overline{z}$ e $\beta = z$. Le formule (5.57) e (5.58) diventano ora

$$\varphi(z) = \tilde{V}(z)\varphi_0 = e^{zb - \overline{z}a}\varphi_0 = e^{-\frac{1}{2}|z|^2} \sum_{n=0}^{\infty} \frac{z^n}{\sqrt{n!}} \varphi_n, \tag{5.75}$$

e

$$\psi(z) = \tilde{W}(z)\psi_0 = e^{za^\dagger - \overline{z}b^\dagger}\psi_0 = e^{-\frac{1}{2}|z|^2} \sum_{n=0}^{\infty} \frac{z^n}{\sqrt{n!}} \psi_n, \tag{5.76}$$

e questi stati esistono $\forall z \in \mathbb{C}$. Essi differiscono dalle formule analoghe per i pseudo-bosoni regolari poiché, in questa sezione, i set $\mathcal{F}_\varphi$ e $\mathcal{F}_\psi$ non sono basi di Riesz, e non esiste nessun operatore R, con inverso limitato, che colleghi $\mathcal{F}_\varphi$ e $\mathcal{F}_\psi$ con una qualche base ortonormale di $\mathcal{H}$.

Come già osservato diverse volte, queste ultime uguaglianze, insieme al Teorema 5.1.1, implicano che $\tilde{V}(z)\varphi_0$ e $\tilde{W}(z)\psi_0$ siano BCSs, e che quindi godano di tutte le proprietà dei BCSs. Quindi, anche per i pseudo-bosoni non regolari, gli BCSs possono essere introdotti come alcune serie (sempre convergenti) o, equivalentemente, applicando una versione deformata dell'operatore di spostamento $D(z)$ ai vettori di vuoto degli operatori di annichilazione pseudo-bosonici, a e $b^\dagger$. Ciò che è molto interessante, a nostro avviso, è che le stesse disuguaglianza sulle norme dei vettori di $\mathcal{F}_\varphi$ e $\mathcal{F}_\psi$ che sono necessarie per dimostrare il Teorema 5.1.1, sono anche alla base delle stime discusse qui per dimostrare l'esistenza di operatori di spostamento deformati densamente definiti per i pseudo-bosoni.

Tornando ora al modello di Swanson, possiamo finalmente concludere che le (5.75) e (5.76) sono soddisfatte, e che quindi gli BCSs possono essere scritti sia come due serie sempre convergenti o agendo su φ_0 e ψ_0 con $\tilde{V}(z)$ o con $\tilde{W}(z)$. Questo perché, come abbiamo osservato alla fine della Sezione 5.1, gli autostati dell'Hamiltoniana di Swanson H_θ e di $H_\theta^\dagger$ soddisfano le disuguaglianze in (5.60) e, come è facile da verificare, anche quelle in (5.61).

Esempi di stati bi-coerenti

6

In questo capitolo considereremo brevemente alcuni esempi espliciti di BCS per tutti i sistemi analizzati in precedenza, nel Capitolo 2 e nel Capitolo 5, cioè per pseudo-bosoni regolari, per gli operatori scala traslati, e per l'Hamiltoniana di Swanson. Introdurremo anche una famiglia di pseudo-bosoni legati al sistema meccanico quantistico supersimmetrico descritto, nel nostro schema generale, nella Sezione 2.6.

6.1 Stati bi-coerenti per pseudo-bosoni regolari, I

Un esempio per pseudo-bosoni regolari si può costruire a partire da un operatore limitato con inverso limitato. Non è difficile, ovviamente, costruire un operatore simile. Molti di questi operatori esistono in letteratura, ma quello che considereremo in questo esempio è particolarmente utile poiché ci permette di eseguire tutti i calcoli analiticamente. L'operatore che stiamo per utilizzare qui estende quello originariamente proposto in una forma un pò più semplice in [32].

Sia $\eta(x) \in \mathcal{H} = \mathcal{L}^2(\mathbb{R})$ una funzione di norma uno: $\|\eta\| = 1$. Per i nostri scopi, è necessario prendere $\eta(x) \in \mathcal{L}_e$, l'insieme introdotto per la prima volta nella Sezione 2.2, o $\eta(x) \in \mathcal{S}(\mathbb{R})$. Ricordiamo che $\mathcal{L}_e \subset \mathcal{S}(\mathbb{R})$. Introduciamo ora il seguente operatore: $P_\eta f = \langle \eta, f \rangle \eta(x)$, $\forall f(x) \in \mathcal{L}^2(\mathbb{R})$. È chiaro che P_η è definito ovunque, ed è un operatore di proiezione ortogonale: $P_\eta = P_\eta^\dagger = P_\eta^2$. Consideriamo adesso un $\alpha \in \mathbb{C}$, $\alpha \neq -1$, e poniamo $\beta = \frac{-\alpha}{1+\alpha}$. Allora $\alpha + \beta + \alpha\beta = 0$. Introduciamo quindi l'operatore

$$R_{\alpha,\eta} f = (1\!\!1 + \alpha P_\eta) f(x) = f(x) + \alpha \langle \eta, f \rangle \eta(x). \tag{6.1}$$

Non è difficile verificare le seguenti proprietà di $R_{\alpha,\eta}$: $R_{\alpha,\eta}$ è limitato e definito ovunque in $\mathcal{L}^2(\mathbb{R})$, con $\|R_{\alpha,\eta}\| \in [1, 1 + |\alpha|]$. Inoltre, $R_{\alpha,\eta}$ è invertibile e abbiamo $R_{\alpha,\eta}^{-1} = R_{\beta,\eta}$, che è anche limitato con norma nell'intervallo $[1, 1 + |\beta|]$: $R_{\alpha,\eta} R_{\beta,\eta} = R_{\beta,\eta} R_{\alpha,\eta} = 1\!\!1$. Inoltre, $R_{\mu,\eta}^\dagger = R_{\overline{\mu},\eta}$, $\mu = \alpha, \beta$ e, se $\mu \to 0$, allora $\|R_{\mu,\eta} - 1\!\!1\| \to 0$.

F. Bagarello, *Pseudo-Bosoni e Loro Stati Coerenti*,
https://doi.org/10.1007/978-3-031-61185-8_6

Per dimostrare queste affermazioni, iniziamo notando che

$$\|R_{\alpha,\eta}\| = \sup_{\|f\|=1} \|R_{\alpha,\eta} f\| \leq \sup_{\|f\|=1} (\|f\| + |\alpha|\,|\langle\eta, f\rangle|\,\|\eta\|) \leq 1 + |\alpha|,$$

usando la disuguaglianza di Schwarz $|\langle\eta, f\rangle| \leq \|\eta\|\|f\| = \|f\|$. Inoltre, poiché $\mathcal{L}^2(\mathbb{R})$ è uno spazio di dimensione infinita, indipendentemente da come viene scelto $\eta(x)$, sarà sicuramente possibile trovare una seconda funzione, $\eta_\perp(x) \in \mathcal{L}^2(\mathbb{R})$, tale che $\|\eta_\perp\| = 1$ e $\langle\eta, \eta_\perp\rangle = 0$. Allora abbiamo

$$\|R_{\alpha,\eta}\| = \sup_{\|f\|=1} \|R_{\alpha,\eta} f\| \geq \|R_{\alpha,\eta}\eta_\perp\| = \|\eta_\perp\| = 1.$$

Osserviamo adesso che, poiché $P_\eta^2 = P_\eta$,

$$R_{\alpha,\eta} R_{\beta,\eta} = (1\!\!1 + \alpha P_\eta)(1\!\!1 + \beta P_\eta) = 1\!\!1 + (\alpha + \beta + \alpha\beta) P_\eta = 1\!\!1.$$

Allo stesso modo possiamo verificare che $R_{\beta,\eta} R_{\alpha,\eta} = 1\!\!1$. Infine

$$\|R_{\mu,\eta} - 1\!\!1\| = \sup_{\|f\|=1} \|f + \mu P_\eta f - f\| = \sup_{\|f\|=1} \|\mu P_\eta f\| \leq |\mu|\|P_\eta\| \sup_{\|f\|=1} \|f\| = |\mu|,$$

che tende a zero quando $\mu \to 0$.

Un'altra caratteristica interessante di $R_{\alpha,\eta}$ è che, insieme al suo inverso, al suo aggiunto e all'aggiunto del suo inverso, mappano tutti $\mathcal{L}_e$ o $\mathcal{S}(\mathbb{R})$ in se stessi, a seconda dello spazio cui appartiene $\eta(x)$. Ad esempio, se $\eta(x) \in \mathcal{L}_e$, allora $R_{\alpha,\eta}$, $R_{\beta,\eta}$, $R_{\alpha,\eta}^\dagger$ e $R_{\beta,\eta}^\dagger : \mathcal{L}_e \to \mathcal{L}_e$.

Possiamo ora introdurre le basi biortonormali di Riesz $\mathcal{F}_\varphi = \{\varphi_n(x)\}$ e $\mathcal{F}_\psi = \{\psi_n(x)\}$, nel modo seguente:

$$\varphi_n(x) = (R_{\alpha,\eta} e_n(x)) = e_n(x) + \alpha\langle\eta, e_n\rangle\eta(x), \tag{6.2}$$

e

$$\psi_n(x) = (R_{\beta,\eta}^\dagger e_n(x)) = e_n(x) + \overline{\beta}\,\langle\eta, e_n\rangle\eta(x). \tag{6.3}$$

Queste definizioni mostrano che, se $\eta(x) \in \mathcal{L}_e$, sia $\varphi_n(x)$ che $\psi_n(x)$ appartengono a $\mathcal{L}_e$. Allo stesso modo, se $\eta(x) \in \mathcal{S}(\mathbb{R})$, allora $\varphi_n(x), \psi_n(x) \in \mathcal{S}(\mathbb{R})$ indipendentemente dalla scelta di α (e dunque di β).

Si può verificare direttamente che $\langle\varphi_n, \psi_m\rangle = \delta_{n,m}$ e che

$$f(x) = \sum_{n=0}^{\infty} \langle\varphi_n, f\rangle\psi_n(x) = \sum_{n=0}^{\infty} \langle\psi_n, f\rangle\varphi_n(x),$$

$\forall f(x) \in \mathcal{L}^2(\mathbb{R})$. Questi risultati derivano tutti dalla condizione $\alpha + \beta + \alpha\beta = 0$. Questa stessa uguaglianza ci permette di verificare le varie equazioni scala in (2.27) e (2.28), dove $a = R_{\alpha,\eta} c R_{\beta,\eta}$ e $b = R_{\alpha,\eta} c^\dagger R_{\beta,\eta}$. Questi operatori sono densamente definiti, e $D(a), D(b) \supseteq S(\mathbb{R})$, che è anche stabile sotto la loro azione: ad esempio, $af(x) \in S(\mathbb{R})$ per tutti $f(x) \in S(\mathbb{R})$, poiché $R_{\beta,\eta} f(x) \in S(\mathbb{R})$, $c(R_{\beta,\eta} f(x)) \in S(\mathbb{R})$, e infine $(R_{\alpha,\eta} c R_{\beta,\eta} f(x)) \in S(\mathbb{R})$.

Ricordiamo ora che lo stato coerente per l'oscillatore armonico nella rappresentazione x, cioè la soluzione dell'equazione agli autovalori $c\, \Phi_z(x) = z\Phi_z(x)$, è la seguente funzione:

$$\Phi_z(x) = \frac{1}{\pi^{1/4}} e^{-z_r^2} e^{\sqrt{2}zx - \frac{x^2}{2}}, \tag{6.4}$$

dove $z = z_r + iz_i \in \mathbb{C}$, e la normalizzazione è scelta in modo tale che $\|\Phi_z\|^2 = 1$, per ogni $z \in \mathbb{C}$. Abbiamo già visto che, la seguente risoluzione dell'identità vale:

$$\frac{1}{\pi} \int_{\mathbb{C}} d^2 z \langle f, \Phi_z \rangle \langle \Phi_z, g \rangle = \langle f, g \rangle, \tag{6.5}$$

per tutti $f(x), g(x) \in \mathcal{L}^2(\mathbb{R})$.

Osservazione Notiamo che stiamo usando qui una notazione leggermente diversa rispetto a quella adottata nel Capitolo 5, formule (5.1)–(5.3) in particolare, poiché siamo interessati qui a mettere in evidenza la dipendenza dalla variabile spaziale x, considerando z più come un parametro dello stato coerente che come la sua variabile *principale*.

Ora, applicando quanto abbiamo proposto nella Sezione 5.4, introduciamo i nostri BCSs regolari come in (5.32), e otteniamo

$$\varphi_z(x) = (R_{\alpha,\eta} \Phi_z(x)) = \Phi_z(x) + \alpha \langle \eta, \Phi_z \rangle \eta(x), \tag{6.6}$$

e

$$\psi_z(x) = (R_{\beta,\eta}^\dagger \Phi_z(x)) = \Phi_z(x) + \overline{\beta} \langle \eta, \Phi_z \rangle \eta(x), \tag{6.7}$$

che sono, ovviamente, entrambi ben definiti per ogni $z \in \mathbb{C}$.

L'identità $\alpha + \beta + \alpha\beta = 0$ è anche l'ingrediente principale per verificare che

$$\langle \psi_z, \varphi_z \rangle = 1, \qquad a\varphi_z(x) = z\varphi_z(x), \qquad b^\dagger \psi_z(x) = z\psi_z(x),$$

e

$$\frac{1}{\pi} \int_{\mathbb{C}} d^2 z \langle f, \varphi_z \rangle \langle \psi_z, g \rangle = \frac{1}{\pi} \int_{\mathbb{C}} d^2 z \langle f, \psi_z \rangle \langle \varphi_z, g \rangle = \langle f, g \rangle,$$

per tutti le funzioni $f(x), g(x) \in \mathcal{L}^2(\mathbb{R})$. Qui $b^\dagger = R_{\overline{\beta},\eta} c\, R_{\overline{\alpha},\eta}$. Le forme delle espansioni in (5.36) e (5.37) possono essere facilmente verificate. In particolare abbiamo

$$\varphi_z(x) = \Phi_z(x) + \alpha \langle \eta, \Phi_z \rangle \eta(x) = e^{-\frac{1}{2}|z|^2} \sum_{n=0}^{\infty} \frac{z^n}{\sqrt{n!}} (e_n(x) + \alpha \langle \eta, e_n \rangle \eta(x)) =$$

$$= e^{-\frac{1}{2}|z|^2} \sum_{n=0}^{\infty} \frac{z^n}{\sqrt{n!}} \varphi_n(x),$$

utilizzando la continuità del prodotto scalare. In questo modo recuperiamo la formula (5.36). L'esistenza degli operatori di spostamento deformati $\tilde{V}(z) = e^{zb-\overline{z}a}$ e $\tilde{W}(z) = e^{za^\dagger - \overline{z}b^\dagger}$ può essere dimostrata seguendo gli stessi passaggi utilizzati in (5.48). In questo caso, per esempio, la disuguaglianza in (5.50) diventa

$$\left\|(-\overline{z}a + zb)^l \varphi_k\right\| \leq \|R_{\alpha,\eta}\| \sqrt{\frac{(k+l)!}{k!}}(2|z|)^l \leq (1+|\alpha|)\sqrt{\frac{(k+l)!}{k!}}(2|z|)^l,$$

$\forall z \in \mathbb{C}$, e $\forall k \geq 0$ fissato, e $\forall l \geq 0$.

6.1.1 Una scelta particolare di $\eta(x)$

Espandiamo ora $\eta(x)$ in termini delle funzioni di $\mathcal{F}_e$, $\eta(x) = \sum_{n=0}^{\infty} \eta_n e_n(x)$, per qualche $\eta = \{\eta_n\} \in l^2(\mathbb{N}_0)$ con $\|\eta\|^2 = \sum_{n=0}^{\infty} |\eta_n|^2 = 1$. Se $\eta_n = 0$, eccetto per un insieme finito di indici n, allora $\eta(x) \in \mathcal{L}_e$. Altrimenti, $\eta(x) \in \mathcal{L}^2(\mathbb{R})$ ma, per alcune scelte particolari di $\{\eta_n\}$, $\eta(x) \in \mathcal{S}(\mathbb{R})$ o $\eta(x) \in \mathcal{R}$, vedi (4.27). Qui considereremo solo il primo caso. L'estensione alle altre situazioni non sarà discussa in queste note.

Riscriviamo prima

$$\langle \eta, \Phi_z \rangle = e^{-\frac{1}{2}|z|^2} \sum_{l=0}^{\infty} \frac{z^l\, \overline{\eta_l}}{\sqrt{l!}} = e^{-\frac{1}{2}|z|^2} n(z,\eta),$$

dove abbiamo introdotto $n(z,\eta) = \sum_{l=0}^{\infty} \frac{z^l\, \overline{\eta_l}}{\sqrt{l!}}$. Allora possiamo riscrivere

$$\varphi_z(x) = e^{-\frac{1}{2}|z|^2} \sum_{n=0}^{\infty} a_n^{\varphi}(z,\eta) e_n(x), \qquad \psi_z(x) = e^{-\frac{1}{2}|z|^2} \sum_{n=0}^{\infty} a_n^{\psi}(z,\eta) e_n(x), \tag{6.8}$$

dove

$$a_n^{\varphi}(z,\eta) = \frac{z^n}{\sqrt{n!}} + \alpha\, n(z,\eta)\eta_n, \qquad a_n^{\psi}(z,\eta) = \frac{z^n}{\sqrt{n!}} + \overline{\beta}\, n(z,\eta)\eta_n. \tag{6.9}$$

Scrivendo $x = \frac{1}{\sqrt{2}}(c + c^\dagger)$ e $p = \frac{1}{\sqrt{2}i}(c - c^\dagger)$, e ricordando che $\langle e_k, ce_n \rangle = \sqrt{n}\delta_{k,n-1}$, se $n \geq 1$, o zero, se $n = 0$, e che $\langle e_k, c^\dagger e_n \rangle = \sqrt{n+1}\delta_{k,n+1}$, $\forall k, n \geq 0$, calcoliamo i seguenti valori medi degli operatori di posizione e momento sui vettori $\varphi_z(x)$ e $\psi_z(x)$:

$$\langle x \rangle_{\varphi_z} = \langle \varphi_z, x\varphi_z \rangle = \frac{e^{-|z|^2}}{\sqrt{2}} \sum_{n=0}^{\infty} \sqrt{n+1}\Big(a_{n+1}^{\varphi}(z,\eta)\overline{a_n^{\varphi}(z,\eta)} + c.c.\Big), \tag{6.10}$$

$$\langle x \rangle_{\psi_z} = \langle \psi_z, x\psi_z \rangle = \frac{e^{-|z|^2}}{\sqrt{2}} \sum_{n=0}^{\infty} \sqrt{n+1}\Big(a_{n+1}^{\psi}(z,\eta)\overline{a_n^{\psi}(z,\eta)} + c.c.\Big), \tag{6.11}$$

e

$$\langle p\rangle_{\varphi_z} = \langle \varphi_z, p\varphi_z\rangle = \frac{e^{-|z|^2}}{\sqrt{2}i}\sum_{n=0}^{\infty}\sqrt{n+1}\Big(a_{n+1}^{\varphi}(z,\eta)\overline{a_n^{\varphi}(z,\eta)} - c.c.\Big), \qquad (6.12)$$

$$\langle p\rangle_{\psi_z} = \langle \psi_z, p\psi_z\rangle = \frac{e^{-|z|^2}}{\sqrt{2}i}\sum_{n=0}^{\infty}\sqrt{n+1}\Big(a_{n+1}^{\psi}(z,\eta)\overline{a_n^{\psi}(z,\eta)} - c.c.\Big). \qquad (6.13)$$

Osserviamo che queste quantità sono tutte reali, come per altro ci si attendeva.

Se consideriamo il limite $\alpha \to 0$, che implica automaticamente che si abbia anche $\beta \to 0$, deduciamo dalla (6.9) che $a_n^{\varphi}(z,\eta) = a_n^{\psi}(z,\eta) = \frac{z^n}{\sqrt{n!}}$, che coincidono tra loro e con i coefficienti dell'espansione dello stato coerente standard in (5.2). Questo è in accordo con il fatto che, in questo limite,

$$\lim_{\alpha,0}\langle x\rangle_{\varphi_z} = \lim_{\alpha,0}\langle x\rangle_{\psi_z} = \sqrt{2}\Re(z) = \langle x\rangle_{\Phi_z},$$

e

$$\lim_{\alpha,0}\langle p\rangle_{\varphi_z} = \lim_{\alpha,0}\langle p\rangle_{\psi_z} = \sqrt{2}\Im(z) = \langle p\rangle_{\Phi_z}.$$

Per concretezza, prendiamo ora $\eta(x) = e_2(x)$. Questo significa che $\eta_n = \delta_{n,2}$, quindi tutti i coefficienti in (6.9) coincidono con $\frac{z^n}{\sqrt{n!}}$ tranne quelli con $n = 2$: $a_2^{\varphi}(z,\eta) = \frac{z^2}{\sqrt{2!}}(1+\alpha)$ e $a_2^{\psi}(z,\eta) = \frac{z^2}{\sqrt{2!}}(1+\overline{\beta})$. Quindi troviamo, dopo alcune semplici manipolazioni,

$$\langle x\rangle_{\varphi_z} = \langle x\rangle_{\Phi_z} + \frac{e^{-|z|^2}}{\sqrt{2}}|z|^2\left(\alpha z + \overline{\alpha}\,\overline{z} + \frac{1}{2}|z|^2(\overline{\alpha}\,z + \alpha\overline{z})\right),$$

e

$$\langle p\rangle_{\varphi_z} = \langle p\rangle_{\Phi_z} + \frac{e^{-|z|^2}}{\sqrt{2}i}|z|^2\left(\alpha z - \overline{\alpha}\,\overline{z} + \frac{1}{2}|z|^2(\overline{\alpha}\,z - \alpha\overline{z})\right),$$

mentre i risultati analoghi per $\langle x\rangle_{\psi_z}$ e $\langle p\rangle_{\psi_z}$ possono essere dedotti da queste formule sostituendo α con $\overline{\beta}$. In particolare, se $\alpha \in \mathbb{R}$, allora anche $\beta \in \mathbb{R}$, e deduciamo i seguenti risultati:

$$\delta x_{\varphi_z} = \left|\langle x\rangle_{\varphi_z} - \langle x\rangle_{\Phi_z}\right| = \frac{|\alpha|}{\sqrt{2}}e^{-|z|^2}\Re(z)|z|^2(2+|z|^2), \qquad (6.14)$$

$$\delta x_{\psi_z} = \left|\langle x\rangle_{\psi_z} - \langle x\rangle_{\Phi_z}\right| = \frac{|\beta|}{\sqrt{2}}e^{-|z|^2}\Re(z)|z|^2(2+|z|^2), \qquad (6.15)$$

$$\delta p_{\varphi_z} = \left|\langle p\rangle_{\varphi_z} - \langle p\rangle_{\Phi_z}\right| = \frac{|\alpha|}{\sqrt{2}}e^{-|z|^2}\Im(z)|z|^2(2+|z|^2), \qquad (6.16)$$

e

$$\delta p_{\psi_z} = \left|\langle p\rangle_{\psi_z} - \langle p\rangle_{\Phi_z}\right| = \frac{|\beta|}{\sqrt{2}}e^{-|z|^2}\Im(z)|z|^2(2+|z|^2). \qquad (6.17)$$

Incidentalmente, osserviamo che, $\forall z \in \mathbb{C}$, $z \neq 0$,

$$\frac{\delta x_{\varphi_z}}{\Re(z)} = \frac{\delta p_{\varphi_z}}{\Im(z)} = \frac{|\alpha|}{\sqrt{2}} e^{-|z|^2} |z|^2 (2+|z|^2), \quad \frac{\delta x_{\psi_z}}{\Re(z)} = \frac{\delta p_{\psi_z}}{\Im(z)} = \frac{|\beta|}{\sqrt{2}} e^{-|z|^2} |z|^2 (2+|z|^2),$$

mentre tutte le quantità in (6.14)–(6.17) sono zero se $z = 0$. Se $\Re(z) = 0$, allora $\delta x_{\varphi_z} = \delta x_{\psi_z} = 0$. Se, d'altra parte, $\Im(z) = 0$, allora $\delta p_{\varphi_z} = \delta p_{\psi_z} = 0$. Inoltre, come ci si aspetta, tutte queste quantità sono nulle se $\alpha = 0 = \beta$, cioè, in assenza di deformazione. Per concludere la nostra analisi di questi particolari esempi di BCS regolari, è interessante osservare che, al contrario di ciò che accade per $\Phi_z(x)$, in questo caso i valori medi sia di x che di p dipendono dalla parte reale **e** dalla parte immaginaria di z, poiché dipendono da $|z|^2 = \Re^2(z) + \Im^2(z)$.

6.2 Stati bi-coerenti per pseudo-bosoni regolari, II

In questa sezione costruiamo un altro esempio di BCSs per $\mathcal{D}$-PB regolari. Questo esempio è costruito tramite l'operatore R in (2.68), introdotto in connessione con i PBSs $w_A(x)$ e $w_B(x)$, vedi Sezione 2.6. Come abbiamo ampiamente discusso nella Sezione 2.6.1, R è limitato, invertibile, con inverso limitato. Quindi le famiglie $(\mathcal{F}_\varphi, \mathcal{F}_\psi)$ definite come in (2.58) e (2.61) sono basi di Riesz biortonormali.

Il Teorema 5.1.1 garantisce che le serie in (5.8) convergono ovunque. Ricordiamo anche che $N(|z|)$ in (5.7) può essere calcolato, e che risulta $N(|z|) = e^{-\frac{1}{2}|z|^2}$, per ogni $z \in \mathbb{C}$. Quindi abbiamo, usando la continuità di R,

$$\varphi_z(x) = e^{-\frac{1}{2}|z|^2} \sum_{n=0}^{\infty} \frac{z^n}{\sqrt{n!}} \varphi_n(x) = e^{-\frac{1}{2}|z|^2} \sum_{n=0}^{\infty} \frac{z^n}{\sqrt{n!}} (Re_n)(x) = R\Phi_z(x) =$$
$$= \rho_\varphi(x) \Phi_z\left(x + \frac{k}{2}\right),$$

così come

$$\psi_z(x) = e^{-\frac{1}{2}|z|^2} \sum_{n=0}^{\infty} \frac{z^n}{\sqrt{n!}} \psi_n(x) = e^{-\frac{1}{2}|z|^2} \sum_{n=0}^{\infty} \frac{z^n}{\sqrt{n!}} ((R^{-1})^\dagger e_n)(x) =$$
$$= (R^{-1})^\dagger \Phi_z(x) = \rho_\psi(x) \Phi_z\left(x + \frac{k}{2}\right).$$

Quindi gli BCSs differiscono l'uno dall'altro per la presenza delle funzioni moltiplicatrici $\rho_\varphi(x)$ o $\rho_\psi(x)$. Verificare le proprietà di questi stati, per mostrare che sono effettivamente bi-normalizzati, rispettivamente autostati di a e $b^\dagger$, e che producono una risoluzione dell'identità, è un semplice esercizio. Calcoliamo prima $\langle \psi_z, \varphi_z \rangle$. Prima di farlo, tuttavia, è utile sottolineare che sia $\varphi_z(x)$ che $\psi_z(x)$ sono funzioni a quadrato integrabile, e dunque il prodotto scalare tra esse è sicuramente finito. Questo è ovviamente vero qui, poiché abbiamo specializzato i PBSs $w_A(x)$

e $w_B(x)$ in (2.50) per lavorare con $\mathcal{D}$-PB regolari, vedi Sezione 2.6.1. Ma in principio, come abbiamo già sottolineato, altre scelte di PBSs potrebbero facilmente dare luogo a BCSs per i quali l'integrabilità del modulo quadro è persa, e in questo caso il prodotto scalare dovrebbe essere sostituito, ad esempio, con una *forma di dualità*. Abbiamo già commentato questo aspetto in connessione con la Proposizione 2.6.1, ma torneremo con molti più dettagli su questo aspetto degli operatori pseudo-bosonici nel Capitolo 7. Abbiamo ora

$$\langle\psi_z, \varphi_z\rangle = \int_{\mathbb{R}} \overline{\psi_z(x)}\, \varphi_z(x)\, dx = \int_{\mathbb{R}} \overline{\rho_\psi(x)}\, \rho_\varphi(x) \left|\Phi_z\left(x + \frac{k}{2}\right)\right|^2 dx =$$
$$= \int_{\mathbb{R}} |\Phi_z(y)|^2\, dy = 1,$$

ricordando che $\overline{\rho_\psi(x)}\, \rho_\varphi(x) = 1$ e cambiando variabile nell'integrale, $y = x + \frac{k}{2}$. Ovviamente, abbiamo anche usato la ben nota normalizzazione degli stati coerenti standard, $\langle\Phi_z, \Phi_z\rangle = 1$. Per quanto riguarda la risoluzione dell'identità, prendiamo, ad esempio, $f(x),\ g(x) \in \mathcal{S}(\mathbb{R})$. Allora abbiamo, con semplici manipolazioni,

$$\int_{\mathbb{C}} \frac{d^2z}{\pi} \langle f, \varphi_z\rangle\langle\psi_z, g\rangle =$$
$$= \int_{\mathbb{R}} dx\, \overline{f\left(x - \frac{k}{2}\right)}\, \rho_\varphi\left(x - \frac{k}{2}\right) \int_{\mathbb{R}} dy\, \overline{\rho_\psi\left(y - \frac{k}{2}\right)}\, g\left(y - \frac{k}{2}\right) \int_{\mathbb{C}} \frac{d^2z}{\pi}\, \overline{\Phi_z(y)}\, \Phi_z(x) =$$
$$= \int_{\mathbb{R}} dx\, \overline{f\left(x - \frac{k}{2}\right)}\, \rho_\varphi\left(x - \frac{k}{2}\right) \int_{\mathbb{R}} dy\, \overline{\rho_\psi\left(y - \frac{k}{2}\right)}\, g\left(y - \frac{k}{2}\right) \delta(x - y) =$$
$$= \int_{\mathbb{R}} dx\, \overline{f\left(x - \frac{k}{2}\right)}\, \rho_\varphi\left(x - \frac{k}{2}\right) \overline{\rho_\psi\left(x - \frac{k}{2}\right)}\, g\left(x - \frac{k}{2}\right) =$$
$$= \int_{\mathbb{R}} dx\, \overline{f\left(x - \frac{k}{2}\right)}\, g\left(x - \frac{k}{2}\right) = \langle f, g\rangle,$$

introducendo $s = x - \frac{k}{2}$ nell'ultima uguaglianza.

Osservazione In queste uguaglianze abbiamo cambiato, quando era necessario, l'ordine dell'integrazione e abbiamo usato il fatto che le funzioni coinvolte nei calcoli sono abbastanza regolari da permettere l'azione di una funzione delta di Dirac su di esse. Abbiamo anche usato il fatto che $\int_{\mathbb{C}} \frac{d^2z}{\pi}\, \overline{\Phi_z(y)}\, \Phi_z(x) = \delta(x - y)$, da intendersi nel senso delle distribuzioni.

Analogamente possiamo verificare che $\int_{\mathbb{C}} \frac{d^2z}{\pi} \langle f, \psi_z\rangle\langle\varphi_z, g\rangle = \langle f, g\rangle$. Per verificare che $\varphi_z(x)$ e $\psi_z(x)$ sono autostati di a e $b^\dagger$ rispettivamente, dobbiamo prima calcolare come agiscono questi operatori. Prima osserviamo che

$$af(x) = RcR^{-1}f(x) = \frac{1}{\sqrt{2}}\big(RxR^{-1}f(x) + iRpR^{-1}f(x)\big),$$

$f(x) \in S(\mathbb{R})$. Poi calcoliamo

$$RxR^{-1}f(x) = R_\varphi U\left(\frac{k}{2}\right)x\,U\left(-\frac{k}{2}\right)R_\varphi^{-1}f(x) = \left(x + \frac{k}{2}\right)f(x),$$

dopo alcuni calcoli standard e ricordando il fatto che R_φ e R_ψ sono operatori di moltiplicazione. In modo simile otteniamo

$$RpR^{-1}f(x) = \left(p - i\rho_\varphi(x)\overline{\rho'_\psi(x)}\right)f(x) = \left(p - i\left(-w_B(x) + x + \frac{k}{2}\right)\right)f(x),$$

usando le espressioni esplicite per $\rho_\varphi(x)$ e $\rho_\psi(x)$ in (2.63). Quindi concludiamo che

$$a = \frac{1}{\sqrt{2}}\left(2x + \frac{d}{dx} - w_B(x) + k\right).$$

In modo simile otteniamo

$$b^\dagger = \frac{1}{\sqrt{2}}\left(2x + \frac{d}{dx} - \overline{w_A(x)} + k\right).$$

Ovviamente, questi operatori agiscono su funzioni nel loro dominio. In particolare, per quello che abbiamo visto qui, possono agire su $S(\mathbb{R})$. Usando queste formule, e ricordando che $w_A(x) + w_B(x) = 2x + k$, ricordando la (2.52), è un facile esercizio verificare che $a\varphi_z(x) = z\varphi_z(x)$ e $b^\dagger\psi_z(x) = z\psi_z(x)$.

Nel resto di questa sezione fissiamo i PBSs nel seguente modo:

$$w_A(x) = x + \frac{k}{2} - \alpha\sin(x), \qquad w_B(x) = x + \frac{k}{2} + \alpha\sin(x), \tag{6.18}$$

dove $\alpha \in \mathbb{R}$ è una costante positiva. È chiaro che questa scelta soddisfa la (2.52). Inoltre, se prendiamo $N_\varphi = N_\psi = \frac{e^{-k^2/8}}{\pi^{1/4}}$ in (2.63), concludiamo che

$$\rho_\varphi(x) = e^{-\alpha\cos(x)}, \qquad \rho_\psi(x) = e^{\alpha\cos(x)},$$

che sono chiaramente reali e sono l'una l'inversa dell'altra. Ci troviamo nella situazione descritta nella Sezione 2.6.1, poiché $\|\rho_\varphi\|_\infty = \|\rho_\psi\|_\infty = e^\alpha$. Inoltre: $e^{-\alpha} \leq \rho_j(x) \leq e^\alpha$, $j = \varphi, \psi$.

Le espressioni esplicite per i BCSs sono quindi

$$\varphi_z(x) = \frac{e^{-z_r^2}}{\pi^{1/4}}\, e^{-\alpha\cos(x)} e^{\sqrt{2}z(x+k/2)} e^{-\frac{1}{2}(x+k/2)^2}, \tag{6.19}$$

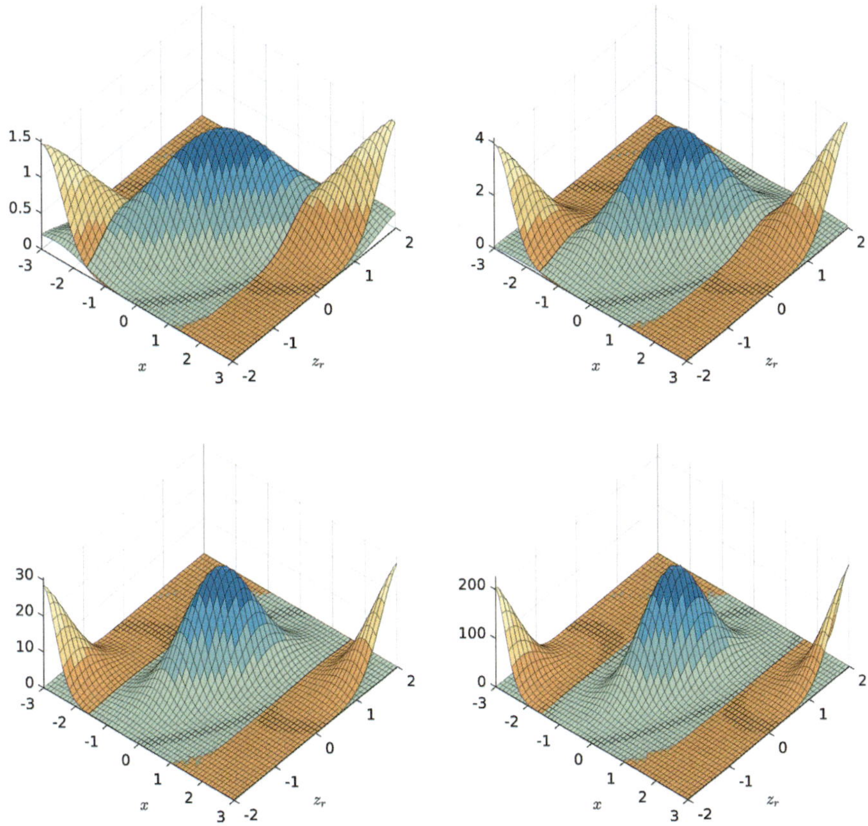

Figura 6.1 $|\psi_z(x)|^2$ (in arancione) e $|\varphi_z(x)|^2$ (in blu) in (6.19) e (6.20) per diversi α e per $k = 0$: (in alto a sinistra) $\alpha = 0.5$; (in alto a destra) $\alpha = 1$; (in basso a sinistra) $\alpha = 2$; (in basso a destra) $\alpha = 3$

e

$$\psi_z(x) = \frac{e^{-z_r^2}}{\pi^{1/4}} e^{\alpha\cos(x)} e^{\sqrt{2}z(x+k/2)} e^{-\frac{1}{2}(x+k/2)^2}, \tag{6.20}$$

dove $z_r = \Re(z)$ è, come sempre, la parte reale di z. Il calcolo dell'analogo delle formule (6.10)–(6.13) è adesso più difficile di prima. Per questo motivo, preferiamo dare qui nella Figura 6.1 alcuni grafici di questi BCSs, per diversi valori di α. In tutti i grafici qui presentati abbiamo preso $k = 0$, poiché il suo ruolo è chiaro: è solo una traslazione nella variabile x. Questo era già evidente nella (2.67), dove k era infatti un parametro di traslazione, ma anche nella (2.68). Quest'ultima mostra che, se $k = 0$, R si riduce all'operatore di moltiplicazione R_φ, poiché $U(0) = \mathbb{1}$.

Come suggeriscono le formule (6.19) e (6.20), più piccolo è α, più $|\varphi_z(x)|$ e $|\psi_z(x)|$ sono simili. Questo è chiaramente riflesso dai grafici. Ma i grafici mostrano anche che quando α aumenta, i BCSs appaiono sempre più diversi l'uno dall'altro. È utile sottolineare che, nei vari grafici nella Figura 6.1, sono state utilizzate diverse scale verticali per diversi α. Questo, se da un lato in qualche modo *appiattisce* le differenze tra le varie scelte di α, dall'altro lato è stato reso necessario per evitare di comprimere troppo le figure, rendendo difficile capire come si comportino realmente le funzioni.

6.3 Stati bi-coerenti per operatori di scala traslati

L'esempio che consideriamo in questa sezione si basa sugli operatori scala traslati in (2.30), $a = c + \alpha 1\!\!1$ e $b = c^\dagger + \beta 1\!\!1$. Come abbiamo osservato nella Sezione 2.6.2, questi corrispondono alla scelta $w_A(x) = x + \sqrt{2}\,\alpha$ e $w_B(x) = x + \sqrt{2}\,\beta$ dei PBSs in (2.70), con $k = \sqrt{2}(\alpha + \beta)$. Ricordiamo che qui stiamo assumendo che α e β siano reali. Con la scelta della normalizzazione considerata nella Sezione 2.6.2, risolvendo le equazioni differenziali corrispondenti a $a\varphi_z(x) = z\varphi_z(x)$ e $b^\dagger\psi_z(x) = z\psi_z(x)$, troviamo i seguenti BCSs:

$$\varphi_z(x) = \frac{1}{\pi^{1/4}} e^{-\frac{1}{4}(2z_r-\alpha-\beta)^2}\, e^{\sqrt{2}\,x(z-\alpha)-\frac{1}{2}x^2}, \tag{6.21}$$

e

$$\psi_z(x) = \frac{1}{\pi^{1/4}} e^{-\frac{1}{4}(2z_r-\alpha-\beta)^2}\, e^{\sqrt{2}\,x(z-\beta)-\frac{1}{2}x^2}, \tag{6.22}$$

che mostrano che $\psi_z(x)$ può essere ottenuto da $\varphi_z(x)$ cambiando α con β. Come al solito, $z_r = \Re(z)$. Tracciando, come in Figura 6.1, i moduli quadrati degli stati in (6.21) e (6.22) otteniamo la Figura 6.2. Abbiamo considerato diverse scelte di α ed abbiamo sempre fissato $\beta = 0$. Ovviamente, questo non è realmente una limitazione perché quasi tutti i nostri risultati dipendono dalla differenza tra α e β, piuttosto che da α o β da soli. Anche in questo caso vediamo che, più piccolo è α, più simili sembrano essere i due stati. Questo è chiaramente ragionevole, a causa del fatto che, vedi (6.21) e (6.22), se $\beta = 0$ e α è sufficientemente piccolo, allora $\psi_z(x) \simeq \varphi_z(x) \simeq \Phi_z(x)$. Quando α cresce, ci si aspetta che gli stati differiscano sempre di più, ovviamente, e questo è ciò che in effetti osserviamo in Figura 6.2. Come nella Figura 6.1, e per ragioni analoghe, usiamo diverse scale verticali per diversi valori di α.

In questo caso, il calcolo dei valori medi di x e p non è così difficile. Otteniamo, per esempio

$$\langle x\rangle_{\varphi_z} = \langle \varphi_z, x\varphi_z\rangle = \sqrt{2}(z_r - \alpha)\, e^{\frac{1}{2}(\alpha-\beta)(3\alpha+\beta-4z_r)},$$

mentre

$$\langle x\rangle_{\psi_z} = \langle \psi_z, x\psi_z\rangle = \sqrt{2}(z_r - \beta)\, e^{-\frac{1}{2}(\alpha-\beta)(3\beta+\alpha-4z_r)}.$$

Incidentalmente osserviamo che queste due formule sono in accordo con la simmetria di $\varphi_z(x)$ e $\psi_z(x)$ sotto il cambio $\alpha \leftrightarrow \beta$. Se mettiamo, per esempio, $\beta = 0$, queste formule mostrano che, per z_r fisso, $\langle x\rangle_{\varphi_z}$ aumenta molto rapidamente con α, mentre $\langle x\rangle_{\psi_z}$ va a zero per $\alpha \to \infty$. Questa è (un'altra) chiara evidenza della differenza tra i due BCSs.

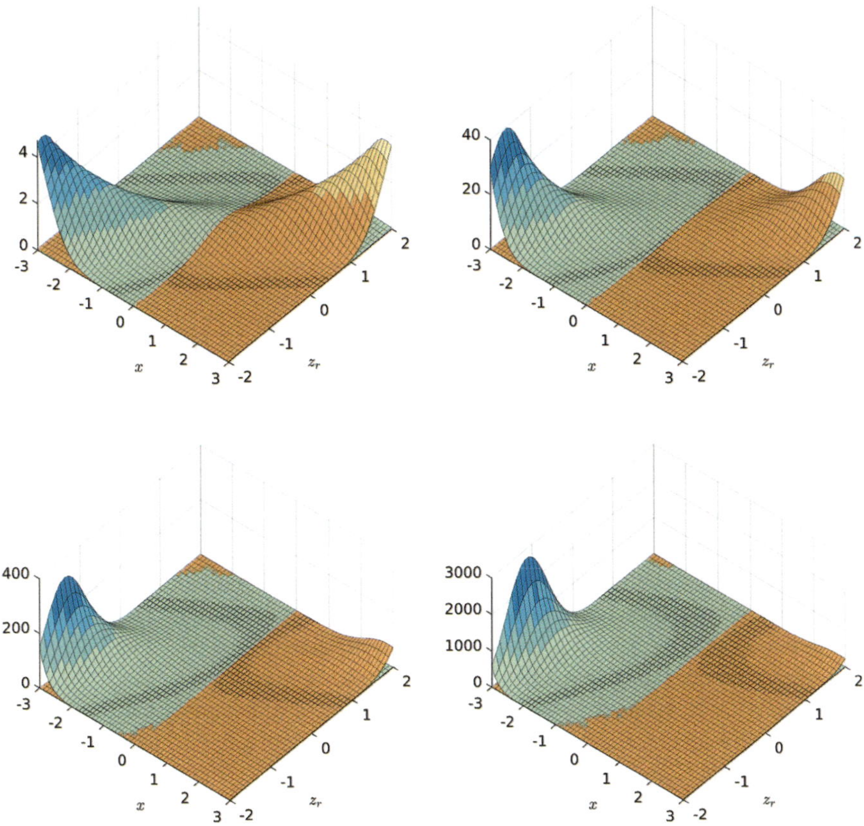

Figura 6.2 $|\psi_z(x)|^2$ (in arancione) e $|\varphi_z(x)|^2$ (in blu) in (6.21) e (6.22) per diversi α e per $\beta = 0$: (in alto a sinistra) $\alpha = 0.5$; (in alto a destra) $\alpha = 1$; (in basso a sinistra) $\alpha = 1.5$; (in basso a destra) $\alpha = 2$

6.4 Stati bi-coerenti per l'Hamiltoniana di Swanson

Abbiamo visto nella Sezione 2.7 che l'Hamiltoniana di Swanson in (2.75) può essere diagonalizzata mediante gli operatori pseudo-bosonici introdotti in (2.76),

$$A_\theta = \frac{1}{\sqrt{2}}\left(e^{i\theta}x + e^{-i\theta}\frac{d}{dx}\right), \qquad B_\theta = \frac{1}{\sqrt{2}}\left(e^{i\theta}x - e^{-i\theta}\frac{d}{dx}\right).$$

Infatti abbiamo scoperto che H_θ può essere riscritta come $H_\theta = \omega_\theta\big(B_\theta A_\theta + \frac{1}{2}\mathbb{1}\big)$, dove $\omega_\theta = \frac{1}{\cos(2\theta)}$, $\theta \in I$.

Abbiamo già discusso nella parte finale della Sezione 5.1 che il Teorema 5.1.1 può essere applicato a questi operatori scala, in modo che i BCSs potrebbero essere definiti come due serie convergenti ovunque, vedi (5.8). Questo è il punto di vista adottato, per esempio, in [18].

In [31] è stato adottato un approccio diverso, più vicino a quello che abbiamo usato nella sezione precedente per gli operatori scala traslati, e che è più interessante a questo punto. In altre parole, abbiamo semplicemente risolto le equazioni differenziali corrispondenti alle equazioni agli autovalori $A_\theta\varphi_z(x) = z\varphi_z(x)$ e $B_\theta^\dagger\psi_z(x) = z\psi_z(x)$. Le loro soluzioni sono

$$\varphi_z^{(\theta)}(x) = N_\varphi \exp\left\{e^{i\theta}\left(\sqrt{2}\,z\,x - e^{i\theta}\,\frac{x^2}{2}\right)\right\} \tag{6.23}$$

e

$$\psi_z^{(\theta)}(x) = N_\psi \exp\left\{e^{-i\theta}\left(\sqrt{2}\,z\,x - e^{-i\theta}\,\frac{x^2}{2}\right)\right\}. \tag{6.24}$$

È chiaro che, se $\theta \notin I$, potremmo avere $\Re(e^{\pm 2i\theta}) < 0$, il che impedirebbe a questi stati di appartenere a $\mathcal{L}^2(\mathbb{R})$. D'altra parte, il fatto che $\varphi_z^{(\theta)}(x)$ e $\psi_z^{(\theta)}(x)$ siano a quadrato integrabile è garantito nel caso in cui $\theta \in I$, poiché in questa situazione $\Re(e^{\pm 2i\theta}) > 0$. Se ora fissiamo N_φ e N_ψ in modo che $\overline{N_\psi}\,N_\varphi = \frac{1}{\sqrt{\pi}}\,e^{i\theta - 2z_r^2}$, possiamo verificare che $\langle\psi_z^{(\theta)}, \varphi_z^{(\theta)}\rangle = 1$, $\forall\theta \in I$.

Incidentalmente osserviamo che, quando $\theta \to 0$, questi vettori coincidono con lo stato coerente standard. Questo suggerisce che, per il modello di Swanson, i BCSs siano opportune continuazioni analitiche di questo stato coerente standard nel piano complesso per le x, che sono ottenute sostituendo x con $e^{\pm i\theta}x$.

La prova che gli stati in (6.23) e (6.24) producono, insieme, una risoluzione dell'identità è un calcolo lungo ma diretto, e non sarà dato qui. Forniamo solamente l'affermazione: $\forall f(x), g(x) \in \mathcal{L}_e$,

$$\int_{\mathbb{C}} \frac{d^2z}{\pi}\langle f, \varphi_z\rangle\langle\psi_z, g\rangle = \int_{\mathbb{C}} \frac{d^2z}{\pi}\langle f, \psi_z\rangle\langle\varphi_z, g\rangle = \langle f, g\rangle.$$

Supponiamo ora di fissare la seguente scelta asimmetrica[1] di N_φ e N_ψ:

$$N_\varphi = \frac{1}{\pi^{1/4}}\,e^{i\theta - z_r^2}, \qquad N_\psi = \frac{1}{\pi^{1/4}}\,e^{-z_r^2}.$$

Allora otteniamo

$$|\varphi_z^{(\theta)}(x)|^2 = \frac{1}{\sqrt{\pi}}\,\exp\left\{-2z_r^2 + 2\sqrt{2}\,x(\cos(\theta)z_r - \sin(\theta)z_i) - x^2\cos(2\theta)\right\},$$

e

$$|\psi_z^{(\theta)}(x)|^2 = \frac{1}{\sqrt{\pi}}\,\exp\left\{-2z_r^2 + 2\sqrt{2}\,x(\cos(\theta)z_r + \sin(\theta)z_i) - x^2\cos(2\theta)\right\}.$$

[1] Prendere $N_\varphi = N_\psi$ è incompatibile con la condizione su $\overline{N_\psi}\,N_\varphi$ sopra, poiché in questo caso otterremmo una quantità reale, il che non è possibile, per generico $\theta \in I$.

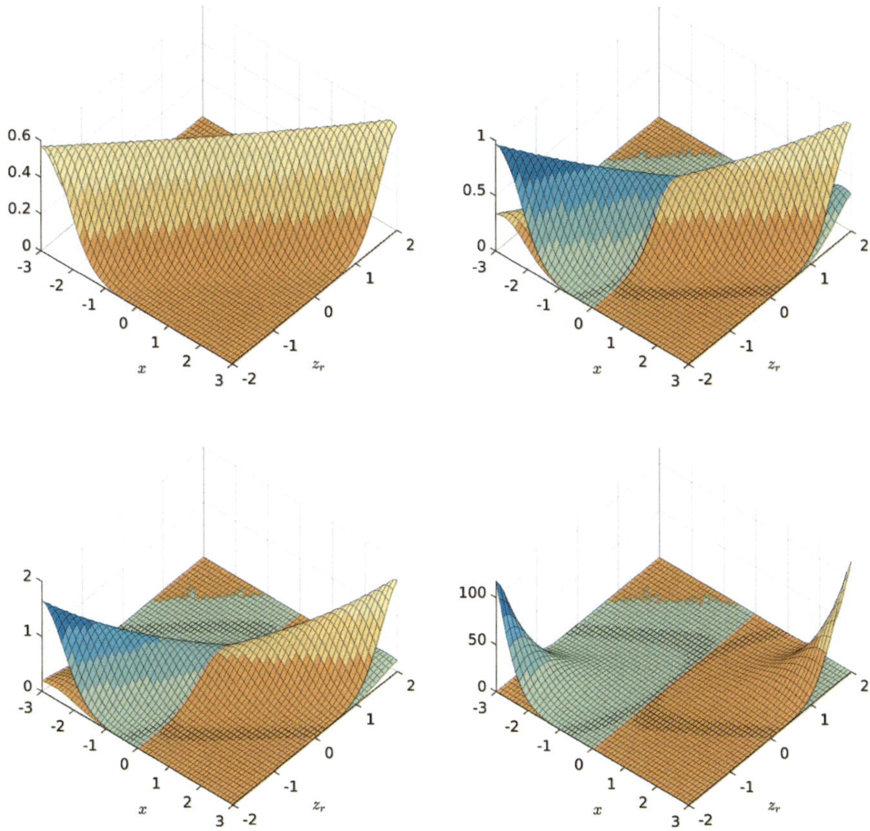

Figura 6.3 $|\psi_z(x)|^2$ (in arancione) e $|\varphi_z(x)|^2$ (in blu) per il modello di Swanson per diversi z_i e $\theta = \frac{\pi}{50}$: (in alto a sinistra) $z_i = 0$; (in alto a destra) $z_i = 1$; (in basso a sinistra) $z_i = 2$; (in basso a destra) $z_i = 10$

Vale la pena notare che, come negli esempi precedenti considerati in questo capitolo, $z_i = \Im(z)$ gioca anche un ruolo rilevante, per i BCSs di Swanson. Osserviamo anche che, quando $\theta \to 0$, entrambe queste quantità coincidono con $|\Phi_z(x)|^2$, come si deduce facilmente usando l'espressione in (6.4) per $\Phi_z(x)$. Infine, notiamo che il ruolo di z_i è cruciale nel rendere differenti la $|\psi_z^{(\theta)}(x)|^2$ e la $|\varphi_z^{(\theta)}(x)|^2$. Infatti, se $z_i = 0$, le due quantità coincidono. Questo aspetto si riflette nel calcolo di $\langle x \rangle_{\varphi_z}$ e $\langle x \rangle_{\psi_z}$. Infatti, questi valori medi possono essere calcolati analiticamente:

$$
\begin{aligned}
\langle x \rangle_{\varphi_z} = & \frac{\sqrt{2}}{\cos^{3/2}(2\theta)}(z_r \cos(\theta) - z_i \sin(\theta)) \times \\
& \times \exp\big\{2 \sec(2\theta) \sin(\theta)\big(-2 z_i z_r \cos(\theta) + |z|^2 \sin(\theta)\big)\big\},
\end{aligned}
$$

mentre $\langle x \rangle_{\psi_z}$ può essere dedotto da questa formula sostituendo θ con $-\theta$, ed è chiaro che, quando $z_i = 0$, nulla cambia. Considerazioni simili potrebbero essere

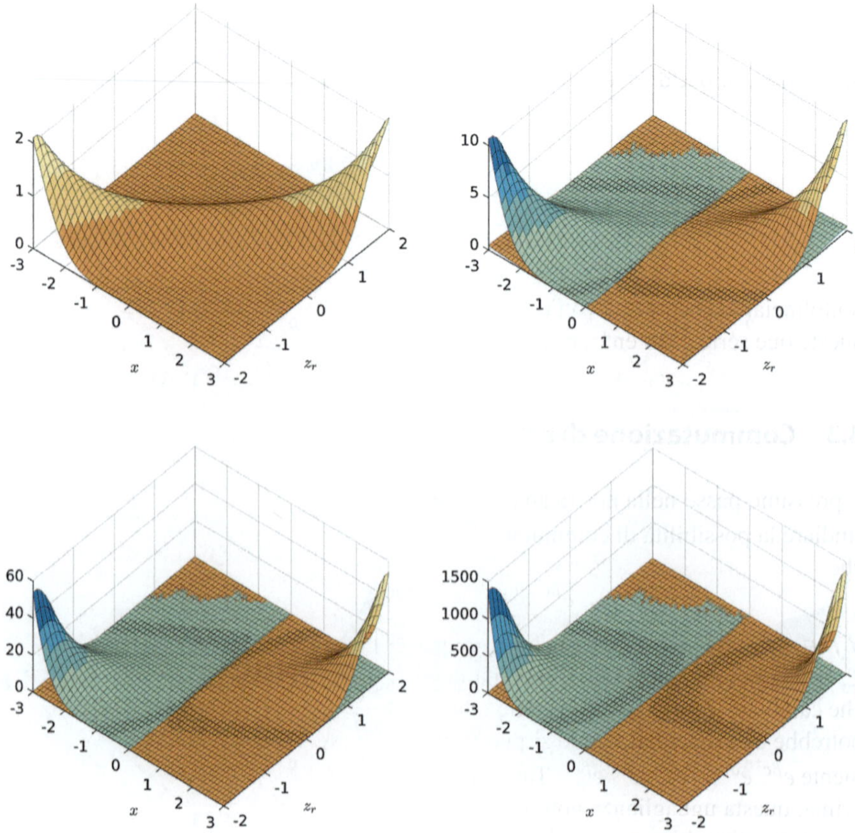

Figura 6.4 $|\psi_z(x)|^2$ (in arancione) e $|\varphi_z(x)|^2$ (in blu) per il modello di Swanson per diversi z_i e $\theta = \frac{\pi}{8}$: (in alto a sinistra) $z_i = 0$; (in alto a destra) $z_i = 0.5$; (in basso a sinistra) $z_i = 1$; (in basso a destra) $z_i = 2$

ripetute nel calcolo del valore medio dell'operatore momento. Le Figure 6.3, 6.4 e 6.5 mostrano, ancora una volta, che i BCS differiscono sempre di più l'uno dall'altro quando aumentiamo il valore di (alcuni dei) parametri di deformazione. Per l'Hamiltoniana di Swanson, abbiamo un solo simile parametro, θ. Nella Figura 6.3 fissiamo $\theta = \frac{\pi}{50}$, mentre nelle Figure 6.4 e 6.5 aumentiamo questo valore a $\theta = \frac{\pi}{8}$ e a $\theta = \frac{\pi}{5}$, vicino al valore limite, $\frac{\pi}{4}$. Le tre figure mostrano chiaramente che, quando $z_i = 0$, $|\psi_z(x)|^2$ e $|\varphi_z(x)|^2$ coincidono. Mostrano anche che, quando aumentiamo il valore di z_i, le due funzioni diventano diverse l'una dall'altra. Osserviamo che, affinchè questa differenza sia sufficientemente grande, per piccoli θ abbiamo bisogno di prendere z_i più grande di quanto sia necessario quando invece θ non è così piccolo. Infatti nella Figura 6.3, in basso a destra, abbiamo preso $z_i = 10$ poiché il valore $z_i = 2$ non è sufficiente a distinguere significativamente $|\psi_z(x)|^2$ e $|\varphi_z(x)|^2$, vedi ancora la Figura 6.3, in basso a sinistra. D'altra parte il valore $z_i = 2$ è già una

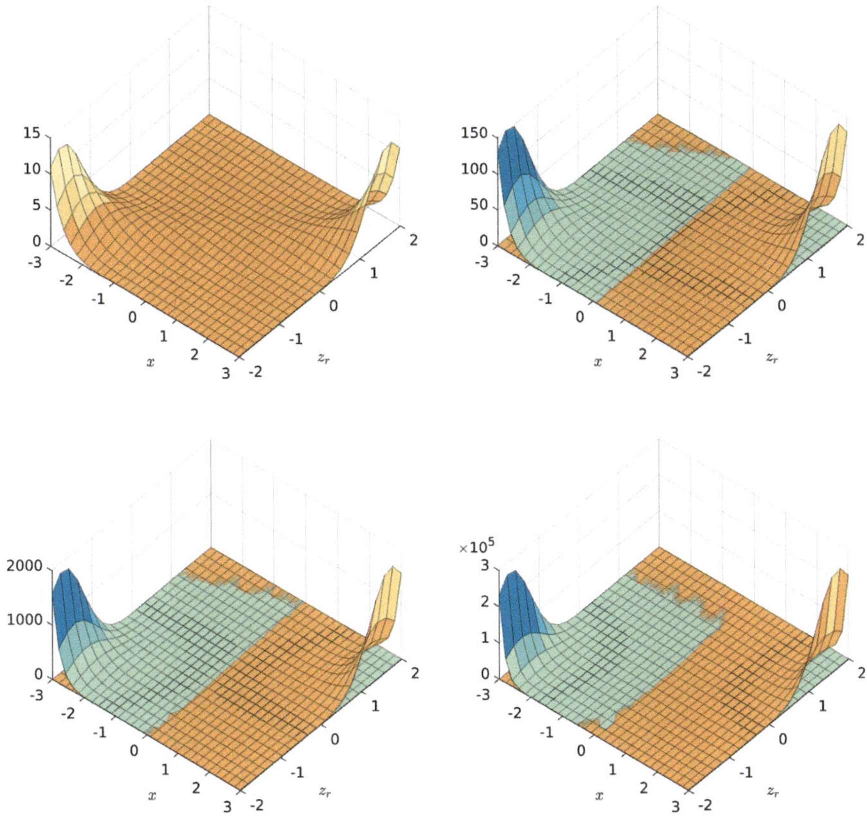

Figura 6.5 $|\psi_z(x)|^2$ (in arancione) e $|\varphi_z(x)|^2$ (in blu) per il modello di Swanson per diversi z_i e $\theta = \frac{\pi}{5}$: (in alto a sinistra) $z_i = 0$; (in alto a destra) $z_i = 0.5$; (in basso a sinistra) $z_i = 1$; (in basso a destra) $z_i = 2$

scelta molto buona per mostrare le differenze tra i BCSs sia se $\theta = \frac{\pi}{8}$, come mostra la Figura 6.4, sia se $\theta = \frac{\pi}{5}$, vedi Figura 6.5.

6.5 Un ultimo commento sugli esempi e sui BCS

Tutti gli esempi discussi qui suggeriscono, a nostro avviso, che i BCSs posseggono caratteristiche che arricchiscono le ben note proprietà degli stati coerenti standard. È, in un certo senso, come passare da stati coerenti a stati *squeezed*, dove uno dei risultati è la possibilità di avere diversi valori di Δx e Δp, pur continuando a saturare la disuguaglianza di Heisenberg. Quando passiamo da stati coerenti a BCSs, otteniamo stati che sono diversi, ma che devono essere presi *in coppia*, poiché è soprattutto quando vengono utilizzati insieme che producono risultati utili come, ad esempio, una qualche risoluzione dell'identità. E ciascuno di questi stati ha una certa peculiarità, che non è condivisa dall'altro (anche se le proprietà generali di $\varphi_z(x)$ e $\psi_z(x)$ sono completamente analoghe, essendo *speculari*).

Dovremmo anche osservare che il tipo di estensione che abbiamo discusso qui e nel Capitolo 5 è stato recentemente considerato anche per gli stati squeezed. Di nuovo, quando deformiamo le CCR come nella Sezione 2.3, un singolo stato squeezed viene *raddoppiato* producendo due *stati bi-squeezed*, che hanno proprietà interessanti. Rimandiamo il lettore interessato a [27] per alcuni risultati preliminari su questi stati sui quali, in effetti, c'è ancora molto da dire.

Pseudo-bosoni deboli e loro BCSs

7

Una delle caratteristiche essenziali degli operatori pseudo-bosonici che soddisfano la relazione di commutazione (2.14), brevemente $[a, b] = \mathbb{1}$, è che non c'è motivo, in generale, per cui a e b debbano essere legati tra di loro da qualche operazione di aggiunto, come invece capita per le CCR ordinarie, (2.9). Infatti, come abbiamo già discusso più volte, la situazione più interessante è proprio quando $b \neq a^\dagger$. Questa condizione produce diverse conseguenze, come abbiamo mostrato nella Sezione 2.3 e in tutte le applicazioni considerate finora. Un'altra conseguenza interessante è che *coppie insolite* di operatori possono essere analizzate nel contesto generale dei $\mathcal{D}$-PB, mentre non hanno possibilità di essere considerate insieme come operatori bosonici. Ad esempio, consideriamo l'operatore di moltiplicazione $\hat{x}$, e l'operatore di derivata $\hat{D} = \frac{d}{dx}$. È molto improbabile che si pensi che uno di questi due operatori sia l'aggiunto dell'altro! Infatti, è assolutamente evidente che $\hat{x} \neq \hat{D}^\dagger$. Tuttavia, essi soddisfano la $[\hat{D}, \hat{x}]f(x) = f(x)$, per tutte le $f(x) \in \mathcal{S}(\mathbb{R})$[1]. Quindi, almeno formalmente, $\hat{D}$ e $\hat{x}$ si comportano come operatori pseudo-bosonici. È quindi naturale verificare se le Assunzioni nella Sezione 2.3 siano soddisfatte o meno. Ma ci imbattiamo immediatamente nel seguente problema che abbiamo già brevemente considerato precedentemente in queste note: l'unica soluzione della equazione $\hat{x}\,\psi_0(x) = 0$ che appartiene a $\mathcal{L}^2(\mathbb{R})$ è la funzione nulla q.o.. Esiste una soluzione dell'equazione non banale, ma tale soluzione non è una funzione, ma una distribuzione: $\psi_0(x) = k_\psi \delta(x)$, per una qualsiasi costante $k_\psi \in \mathbb{C}$. Allo stesso modo, se cerchiamo soluzioni di $\hat{D}\varphi_0(x) = 0$, la soluzione è $\varphi_0(x) = k_\varphi$, per qualsiasi possibile valore fissato di $k_\varphi \in \mathbb{C}$. Naturalmente, questa soluzione è non banale se $k_\varphi \neq 0$, ma in questo caso $\varphi_0(x) \notin \mathcal{L}^2(\mathbb{R})$. Tuttavia, possiamo agire su $\varphi_0(x)$ e $\psi_0(x)$ con potenze di $\hat{x}$ e $\hat{D}$, ottenendo altre funzioni non a quadrato integrabili, e altre distribuzioni. Tutto ciò suggerisce che $\mathcal{L}^2(\mathbb{R})$ potrebbe non essere sempre lo spazio più opportuno con cui lavorare, almeno se siamo interessati ad analizzare la coppia $(\hat{x}, \hat{D})$. Naturalmente, questo è sicuramente vero a livello matematico, men-

[1] Naturalmente, sarebbe sufficiente richiedere che $f(x) \in \mathcal{D}(\hat{x}\hat{D}) \cap \mathcal{D}(\hat{D}\hat{x})$, che è molto più grande di $\mathcal{S}(\mathbb{R})$.

F. Bagarello, *Pseudo-Bosoni e Loro Stati Coerenti*,
https://doi.org/10.1007/978-3-031-61185-8_7

tre abbandonare lo spazio $\mathcal{L}^2(\mathbb{R})$ può risultare pericoloso per i fisici, poiché si perde l'interpretazione probabilistica della meccanica quantistica.

Abbiamo già incontrato una situazione simile nella Sezione 2.6. In particolare abbiamo visto che la scelta $w_A(x) = x + \frac{k}{2} + \Phi(x)$ e $w_A(x) = x + \frac{k}{2} - \Phi(x)$, è compatibile con il vincolo di avere PBS, per tutte le possibili scelte di $\Phi(x)$. Ma abbiamo anche discusso il ruolo di $\Phi(x)$ che può dare origine a $\mathcal{D}$-PB regolari, o a famiglie $\mathcal{F}_\varphi$ e $\mathcal{F}_\psi$ le cui funzioni non sono necessariamente in $\mathcal{L}^2(\mathbb{R})$. In questo caso, ad esempio, il Teorema 5.1.1 non può essere utilizzato, poiché le disuguaglianze in (5.6) non hanno, in generale, senso. In questa particolare situazione, per altro, non ci aspettiamo che i BCSs possano essere definiti come nel Capitolo 5.

Riassumendo, potrebbe essere utile, in alcune situazioni concrete, estendere i risultati discussi finora a spazi funzionali diversi. Questo è ciò che faremo in questo capitolo, iniziando con un'introduzione ai *pseudo-bosoni deboli*, e poi discutendo alcuni aspetti degli *stati bi-coerenti deboli*.

7.1 Una prima apparizione di pseudo-bosoni deboli

In questa sezione torneremo agli operatori $\hat{x}$ e $\hat{D}$ introdotti in precedenza, e discuteremo come e in che senso l'approccio generale proposto nella Sezione 2.3 può essere esteso. Nel farlo, mostreremo che la teoria delle distribuzioni fornisce una formulazione utile per la nostra analisi.

Consideriamo i seguenti operatori definiti su $\mathcal{H} = \mathcal{L}^2(\mathbb{R})$: $\hat{x} f(x) = xf(x)$, $(\hat{D}g)(x) = g'(x)$, la derivata di $g(x)$, per ogni $f(x) \in \mathcal{D}(\hat{x}) = \{h(x) \in \mathcal{L}^2(\mathbb{R}) : xh(x) \in \mathcal{L}^2(\mathbb{R}\}$ e $g(x) \in \mathcal{D}(\hat{D}) = \{h(x) \in \mathcal{L}^2(\mathbb{R}) : h'(x) \in \mathcal{L}^2(\mathbb{R})\}$. Qui $h'(x)$ è la derivata ordinaria[2] della funzione differenziabile, a quadrato integrabile, $h(x)$. Naturalmente, $\mathcal{S}(\mathbb{R}) \subset \mathcal{D}(\hat{x}) \cap \mathcal{D}(\hat{D})$. Gli aggiunti di $\hat{x}$ e $\hat{D}$ in $\mathcal{H}$ sono ben noti: $\hat{x}^\dagger = \hat{x}$ e $\hat{D}^\dagger = -\hat{D}$. Come già osservato abbiamo $[D, x]f(x) = f(x)$, per ogni $f(x) \in \mathcal{S}(\mathbb{R})$. Questo suggerisce che $\hat{x}$ e $\hat{D}$ potrebbero essere considerati come possibili $\mathcal{S}(\mathbb{R})$-PBs, in vista del fatto che soddisfano la Definizione 2.3.1 e poiché $\mathcal{S}(\mathbb{R})$ è stabile sotto l'azione di $\hat{x}$ e $\hat{D}$. Tuttavia, come abbiamo già osservato, se cerchiamo i vettori di vuoto di $a = \hat{D}$ e $b^\dagger = \hat{x}$, troviamo facilmente che questi sono $\varphi_0(x) = 1$ e $\psi_0(x) = \delta(x)$, con una scelta particolare delle costanti k_φ e k_ψ. È chiaro, quindi, che né $\varphi_0(x)$ né $\psi_0(x)$ appartengono a $\mathcal{S}(\mathbb{R})$, o almeno a $\mathcal{L}^2(\mathbb{R})$. Tuttavia, osserviamo che possiamo ancora agire su $\varphi_0(x)$ e $\psi_0(x)$ con potenze di $a^\dagger = -\hat{D}$ e di $b = \hat{x}$, ottenendo

$$\varphi_n(x) = \frac{b^n}{\sqrt{n!}}\varphi_0(x) = \frac{x^n}{\sqrt{n!}}, \qquad \psi_n(x) = \frac{(a^\dagger)^n}{\sqrt{n!}}\psi_0(x) = \frac{(-1)^n}{\sqrt{n!}}\delta^{(n)}(x), \quad (7.1)$$

per tutti $n = 0, 1, 2, 3, \ldots$. Qui $\delta^{(n)}(x)$ è la n-esima derivata debole della distribuzione delta di Dirac. Possiamo verificare che $\varphi_n(x), \psi_n(x) \in \mathcal{S}'(\mathbb{R})$, l'insieme delle distribuzioni temperate, [74]. Questo suggerisce di considerare $a^\dagger$ e b come

[2] Più avanti in questo capitolo lavoreremo con la *derivata debole* di certe distribuzioni.

(una versione estesa di) operatori lineari[3] che agiscono su $S'(\mathbb{R})$. Questo è possibile poiché l'azione di $\hat{x}$ e $\hat{D}$ può essere estesa naturalmente al di fuori di $\mathcal{L}^2(\mathbb{R})$, a $S'(\mathbb{R})$, che, come $S(\mathbb{R})$, è stabile sotto l'azione di questi operatori. Per questo motivo, possiamo estendere la relazione di commutazione pseudo-bosonica a $S'(\mathbb{R})$:

$$[a, b]\varphi(x) = \varphi(x), \tag{7.2}$$

per ogni $\varphi(x) \in S'(\mathbb{R})$.

Dalla (7.1) è chiaro che b e $a^\dagger$ agiscono come operatori di creazione, rispettivamente sui set $\mathcal{F}_\varphi = \{\varphi_n(x)\}$ e $\mathcal{F}_\psi = \{\psi_n(x)\}$:

$$b\,\varphi_k(x) = \sqrt{k+1}\,\varphi_{k+1}(x), \qquad a^\dagger\psi_k(x) = \sqrt{k+1}\,\psi_{k+1}(x), \tag{7.3}$$

$k = 0, 1, 2, 3, \ldots$. Inoltre, l'equazione (7.2) implica che $b^\dagger$ e a agiscono come operatori di annichilazione:

$$a\varphi_k(x) = \sqrt{k}\varphi_{k-1}(x), \qquad b^\dagger\psi_k(x) = \sqrt{k}\psi_{k-1}(x), \tag{7.4}$$

$k = 0, 1, 2, 3, \ldots$, ponendo poi $a\varphi_0(x) = b^\dagger\psi_0(x) = 0$. È ora chiaro che, chiamando $N = b\,a = \hat{x}\hat{D}$, $N\varphi_k(x) = k\varphi_k(x)$, per tutti $k = 0, 1, 2, 3, \ldots$. Questo perché $N\varphi_k(x) = b(a\varphi_k(x)) = \sqrt{k}\,b\varphi_{k-1}(x) = k\varphi_k(x)$. Ma allo stesso risultato possiamo anche arrivare direttamente:

$$N\varphi_k(x) = \hat{x}\,\hat{D}\,\frac{x^k}{\sqrt{k!}} = \hat{x}\,\frac{kx^{k-1}}{\sqrt{k!}} = \frac{kx^k}{\sqrt{k!}} = k\varphi_k(x).$$

Le distribuzioni $\psi_k(x)$ sono anch'esse autostati (generalizzati), ma di un diverso operatore tipo-numero. Infatti, chiamando $N^\dagger = a^\dagger b^\dagger$, e usando le formule (7.3) e (7.4), si dimostra che $N^\dagger\psi_k(x) = k\psi_k(x)$. Anche questo può essere verificato esplicitamente:

$$N^\dagger\psi_k(x) = -\hat{D}\hat{x}\frac{(-1)^n}{\sqrt{n!}}\,\delta^{(n)}(x) = (-1)^{n+1}(x\delta^{(n)}(x))' = n\psi_n(x),$$

poiché la derivata debole di $x\delta^{(n)}(x)$ soddisfa l'uguaglianza $(x\delta^{(n)}(x))' = -n\delta^{(n)}(x)$ per tutti $n = 0, 1, 2, 3, \ldots$. Riassumendo, abbiamo che

$$N\varphi_k(x) = k\varphi_k(x), \qquad N^\dagger\psi_k(x) = k\psi_k(x), \tag{7.5}$$

per ogni $k = 0, 1, 2, 3, \ldots$. Vediamo che queste formule, insieme alle (7.3) e (7.4), coincidono con quelle nella Sezione 2.3, anche se l'insieme originale $\mathcal{D}$ qui viene sostituito dall'insieme, per altro molto più grande, delle distribuzioni temperate $S'(\mathbb{R})$.

[3] In analisi funzionale e in meccanica quantistica, quando si considerano *operatori lineari* la maggior parte delle volte si fa riferimento a mappe lineari che mappano (alcuni, o tutti) vettori di uno spazio di Hilbert $\mathcal{H}_1$ in altri vettori di uno spazio di Hilbert possibilmente diverso, $\mathcal{H}_2$, come in Sezione 2.1. Qui usiamo la stessa terminologia per le mappe lineari che sono (o possono essere) definite al di fuori di $\mathcal{L}^2(\mathbb{R})$.

Nel tentativo di ripetere qui quello che abbiamo fatto nella Sezione 2.3, dovremmo capire se può essere stabilita una biortogonalità tra $\mathcal{F}_\varphi$ e $\mathcal{F}_\psi$, e in che senso. Infatti, poiché né $\varphi_n(x)$ né $\psi_m(x)$ appartengono a $\mathcal{L}^2(\mathbb{R})$, dovremmo prima capire cosa significhi $\langle \varphi_n, \psi_m \rangle$. Abbiamo già incontrato un problema simile nella Sezione 2.6, e la soluzione è stata data dalla Proposizione 2.6.1: anche se $\varphi_n(x), \psi_m(x) \notin \mathcal{L}^2(\mathbb{R})$, siamo comunque riusciti a dimostrare che $\varphi_n(x)\psi_m(x) \in \mathcal{L}^1(\mathbb{R})$. Quindi la soluzione, in quella situazione particolare, era facile: possiamo ancora considerare l'integrale di $\varphi_n(x)\psi_m(x)$, e questo è ciò che abbiamo usato per definire il prodotto scalare tra le due funzioni. Stavamo lavorando con funzioni compatibili. Qui la situazione è diversa, poiché è chiaro che $x^n\delta^{(m)}(x)$ non è in $\mathcal{L}^1(\mathbb{R})$, per nessuna scelta di $n, m \geq 0$. Quindi abbiamo bisogno di estendere in modo più sofisticato il prodotto scalare al di fuori di $\mathcal{L}^2(\mathbb{R})$, e questo, come adesso mostreremo, può essere fatto facendo uso di alcuni risultati noti della teoria delle distribuzioni.

Prima di tutto ricordiamo che il prodotto scalare tra due funzioni *buone*, per esempio $f(x), g(x) \in \mathcal{S}(\mathbb{R})$, può essere scritto in termini di una convoluzione tra $\overline{f(x)}$ e la funzione $\tilde{g}(x) = g(-x)$: $\langle f, g \rangle = (\overline{f} * \tilde{g})(0)$. Questa uguaglianza può essere facilmente verificata. Allo stesso modo, diciamo che due distribuzioni temperate $F(x), G(x) \in \mathcal{S}'(\mathbb{R})$ ammettono un prodotto scalare se la convoluzione $(\overline{F} * \tilde{G})(x)$ esiste. In questo caso, estendendo l'uguaglianza analoga su $\mathcal{S}(\mathbb{R})$, definiamo il prodotto scalare tra $F(x), G(x) \in \mathcal{S}'(\mathbb{R})$ come segue:

$$\langle F, G \rangle = (\overline{F} * \tilde{G})(0). \tag{7.6}$$

Osservazione Chiamare (7.6) il *prodotto scalare* tra $F(x)$ e $G(x)$ potrebbe suggerire che questa mappa soddisfi tutti i requisiti dei prodotti scalari ordinari, vedi Sezione 2.1. Tuttavia, questo non è così. Ad esempio, mentre un prodotto scalare (standard) è ben definito per tutte le coppie di vettori in $\mathcal{H}$, quello in (7.6) è definito solo per alcune coppie di distribuzioni temperate. Naturalmente, quando limitiamo questa mappa a $\mathcal{S}(\mathbb{R})$, la (7.6) si riduce al prodotto scalare ordinario, quindi tutte le sue proprietà sono valide. Tuttavia, se prendiamo $F(x) \in \mathcal{S}'(\mathbb{R})$, non c'è motivo, in generale, di essere sicuri ad esempio che $(\overline{F} * \tilde{F})(x)$ esista. Quindi non ha molto senso cercare di verificare se $(\overline{F} * \tilde{F})(0)$ sia positivo o meno.

Potrebbe essere interessante qui spendere qualche parola sull'esistenza di una convoluzione $(h * g)(x)$, quando $h(x)$ e $g(x)$ non sono in $\mathcal{S}(\mathbb{R})$. Infatti, esistono molti risultati su questo particolare problema nella letteratura matematica. Solo per citarne alcuni[4], questa convoluzione esiste in una delle seguenti condizioni su $h(x)$ e $g(x)$: (i) $h(x) \in \mathcal{L}^p(\mathbb{R})$, $g(x) \in \mathcal{L}^q(\mathbb{R})$, $1 \leq p, q \leq \infty$. Allora $(h * g)(x) \in \mathcal{L}^r(\mathbb{R})$, dove $\frac{1}{r} = \frac{1}{p} + \frac{1}{q} - 1$. In particolare, se $p = q = 2$, allora $(h * g)(x) \in \mathcal{L}^\infty(\mathbb{R})$; (ii) $h(x) \in \mathcal{D}(\mathbb{R})$ e $g(x) \in C^\infty$. Allora $(h * g)(x)$ esiste ed è una funzione C^∞; (iii) $h(x) \in \mathcal{D}(\mathbb{R})$ e $g(x) \in \mathcal{S}'(\mathbb{R})$. Allora $(h * g)(x)$ esiste ed è una funzione C^∞ con crescita polinomiale. E così via. Questo significa che la formula (7.6) ha sicuramente senso in molti casi interessanti, e non solo se F e G appartengono a $\mathcal{S}(\mathbb{R})$ o a $\mathcal{L}^2(\mathbb{R})$.

---

[4] Rinviamo il lettore interessato a [109–111, 122] per ulteriori dettagli e per la definizione degli spazi $\mathcal{L}^p(\mathbb{R})$ per $1 \leq p \leq \infty$.

Quindi, anche se l'esistenza della convoluzione tra elementi in $S'(\mathbb{R})$ non è garantita, mostreremo direttamente che questo non è un problema per noi, poiché nel nostro caso questa convoluzione esiste effettivamente. Per calcolare $\langle F, G\rangle$, è prima necessario calcolare l'azione di $(\overline{F} * \tilde{G})(x)$ sulla generica funzione test $f(x)$, $(\overline{F} * \tilde{G})[f]$, $f(x) \in S(\mathbb{R})$, e per far ciò è conveniente utilizzare l'uguaglianza $(\overline{F} * \tilde{G})[f] = \langle F, G * f\rangle$.

Nella nostra situazione abbiamo, trascurando per il momento i fattori di normalizzazione, $F(x) = x^n$ e $G(x) = \delta^{(m)}(x)$, $n, m = 0, 1, 2, 3, \ldots$. Quindi $(G * f)(x) = \int_{\mathbb{R}} \delta^{(m)}(y) f(x - y) dy = f^{(m)}(x)$, dove $f^{(m)}(x)$ è la derivata ordinaria m-esima della funzione test $f(x)$. Allora abbiamo

$$(\overline{F} * \tilde{G})[f] = \langle F, G * f\rangle = \int_{\mathbb{R}} \overline{F(x)} f^{(m)}(x)\, dx =$$

$$= \int_{\mathbb{R}} x^n \frac{d^m f(x)}{dx^m}\, dx = (-1)^m \int_{\mathbb{R}} \frac{d^m x^n}{dx^m} f(x)\, dx,$$

adoperando l'integrazione per parti e l'andamento asintotico di $f(x)$. Successivamente, poiché

$$\frac{d^m x^n}{dx^m} = \begin{cases} 0 & \text{se } m > n \\ n! & \text{se } m = n \\ \frac{n!}{(n-m)!} x^{n-m} & \text{se } m < n, \end{cases}$$

concludiamo che

$$(\overline{F} * \tilde{G})[f] = \begin{cases} 0 & \text{se } m > n \\ (-1)^n n! \int_{\mathbb{R}} f(x)\, dx & \text{se } m = n \\ (-1)^m \frac{n!}{(n-m)!} \int_{\mathbb{R}} x^{n-m} f(x)\, dx & \text{se } m < n. \end{cases}$$

Allora possiamo facilmente identificare la convoluzione $(\overline{F} * \tilde{G})(x)$ che stavamo cercando. Abbiamo

$$(\overline{F} * \tilde{G})(x) = \begin{cases} 0 & \text{se } m > n \\ (-1)^n n! & \text{se } m = n \\ (-1)^m \frac{n!}{(n-m)!} x^{n-m} & \text{se } m < n, \end{cases}$$

che implica che $(\overline{F} * \tilde{G})(0) = (-1)^n n! \delta_{n,m}$. Concludiamo dunque che un prodotto scalare tra $\varphi_n(x) = \frac{x^n}{\sqrt{n!}} = \frac{F(x)}{\sqrt{n!}}$ e $\psi_m(x) = \frac{(-1)^m}{\sqrt{m!}} \delta^{(m)}(x) = \frac{(-1)^m}{\sqrt{m!}} G(x)$ può essere definito, e che il suo risultato è

$$\langle \varphi_n, \psi_m\rangle = \delta_{n,m}, \tag{7.7}$$

come affermato in precedenza: $\mathcal{F}_\varphi$ e $\mathcal{F}_\psi$ sono biortonormali, rispetto al prodotto scalare che stiamo considerando qui.

Continuando il nostro tentativo di generalizzare le idee descritte nella Sezione 2.3, dovremmo verificare se $\mathcal{F}_\varphi$ o $\mathcal{F}_\psi$, o entrambi, sono basi o $\mathcal{D}$-quasi basi per qualche $\mathcal{D}$. Tuttavia, verificare che $\mathcal{F}_\varphi$ o $\mathcal{F}_\psi$ abbiano la proprietà di base non ha molto senso, poiché nessuno dei $\varphi_n(x)$ e $\psi_n(x)$ appartiene a $\mathcal{L}^2(\mathbb{R})$. Ciononostante, la coppia $(\mathcal{F}_\varphi, \mathcal{F}_\psi)$ può comunque essere utilizzata per espandere un certo insieme di funzioni, quelle che ammettono espansione in serie di Taylor. Infatti abbiamo

$$\sum_{n=0}^{\infty}\langle\psi_n, f\rangle\varphi_n(x) = \sum_{n=0}^{\infty}\frac{(-1)^n}{n!}\langle\delta^{(n)}, f\rangle x^n = \sum_{n=0}^{\infty}\frac{1}{n!}f^{(n)}(0)\,x^n = f(x),$$

per tutte le $f(x)$ che ammettono questo tipo di espansione. Tuttavia, se invertiamo il ruolo di $\mathcal{F}_\psi$ e $\mathcal{F}_\varphi$, il risultato non è così semplice:

$$\sum_{n=0}^{\infty}\langle\varphi_n, f\rangle\psi_n(x) = \sum_{n=0}^{\infty}\frac{(-1)^n}{n!}\langle x^n, f\rangle\delta^{(n)}(x).$$

Questa è, in generale, una serie infinita di derivate della delta di Dirac del tipo che appare in alcune pubblicazioni sulle distribuzioni, come ad esempio in [63, 84]. Serie di questo tipo a volte sono chiamate *serie di Taylor duali*. Si sa che una simile serie non definisce in generale un elemento di $D'(\mathbb{R})$, una distribuzione, o di $S'(\mathbb{R})$, una distribuzione temperata, tranne quando il numero di momenti non nulli della $f(x)$, $\langle x^n, f\rangle$, è finito. In questa particolare situazione la serie sopra restituisce una somma finita, e il risultato di questa somma è effettivamente una distribuzione e una distribuzione temperata.

Questa analisi preliminare mostra che la coppia $(\mathcal{F}_\varphi, \mathcal{F}_\psi)$ obbedisce a quello che possiamo chiamare *una proprietà di base debole*, ma solo per funzioni o distribuzioni molto speciali. Quello che faremo adesso è verificare se, e per quali *oggetti*, possiamo scrivere una formula come quella in (2.18). Per far ciò, introduciamo intanto il seguente insieme di funzioni:

$$\mathcal{D} = \mathcal{L}^1(\mathbb{R}) \cap \mathcal{L}^\infty(\mathbb{R}) \cap A(\mathbb{R}), \tag{7.8}$$

dove $A(\mathbb{R})$ è l'insieme delle funzioni reali analitiche intere, che ammettono espansione in serie di Taylor, convergente ovunque in $\mathbb{C}$. Ovviamente $\mathcal{D}$ contiene molte funzioni di $S(\mathbb{R})$, ma non tutte.

Sia ora $f(x), g(x) \in \mathcal{D}$, e definiamo $R_N(x) = \overline{f(x)}\sum_{n=0}^{N}\frac{g^{(n)}(0)}{n!}x^n$. Quando $N \to \infty$ la sequenza $\{R_N(x)\}$ converge a $\overline{f(x)}\,g(x)$ q.o. in $\mathbb{R}$. Ovviamente, converge anche rispetto a topologie più forti, ma questo non è rilevante per noi. La seconda proprietà utile è che $R_N(x)$ può essere stimata come segue:

$$|R_N(x)| \le R(x) \equiv |f(x)|(M + \|g\|_\infty), \tag{7.9}$$

per qualche $M > 0$ fissato e per tutti gli N abbastanza grandi. È chiaro che $R(x) \in \mathcal{L}^1(\mathbb{R})$. Per dimostrare la stima in (7.9) è sufficiente osservare che, q.o. in x,

$$|R_N(x)| \leq |f(x)| \left(\left| \sum_{n=0}^{N} \frac{g^{(n)}(0)}{n!} x^n - g(x) \right| + |g(x)| \right) \leq |f(x)|(M + \|g\|_\infty),$$

dove M esiste sicuramente (indipendentemente da x) a causa della convergenza uniforme di $\sum_{n=0}^{N} \frac{g^{(n)}(0)}{n!} x^n$ a $g(x)$. Quindi possiamo applicare il teorema di convergenza dominata di Lebesgue per concludere che

$$\lim_{N,\infty} \int_{\mathbb{R}} R_N(x)dx = \int_{\mathbb{R}} \overline{f(x)}\, g(x)dx = \langle f, g\rangle.$$

Incidentalmente osserviamo che, poiché $f, g \in \mathcal{D}$, $|\langle f, g\rangle| \leq \|f\|_1 \|g\|_\infty$, il che garantisce che $\langle f, g\rangle$ sia ben definito. Ora,

$$\langle f, g\rangle = \lim_{N,\infty} \int_{\mathbb{R}} R_N(x)dx = \sum_{n=0}^{\infty} \frac{1}{n!} g^{(n)}(0) \langle f, x^n\rangle = \sum_{n=0}^{\infty} \frac{(-1)^n}{n!} \langle f, x^n\rangle \langle \delta^{(n)}, g\rangle =$$
$$= \sum_{n=0}^{\infty} \langle f, \varphi_n\rangle \langle \psi_n, g\rangle.$$

In modo simile possiamo anche verificare che,

$$\langle f, g\rangle = \sum_{n=0}^{\infty} \langle f, \psi_n\rangle \langle \varphi_n, g\rangle.$$

Quindi concludiamo che $(\mathcal{F}_\varphi, \mathcal{F}_\psi)$ sono $\mathcal{D}$-quasi basi. Va sottolineato che non è chiaro se $\mathcal{D}$ sia denso o meno in $\mathcal{L}^2(\mathbb{R})$, ma questo non è molto rilevante nel contesto attuale, dove il ruolo dello spazio di Hilbert non è così centrale. Inoltre, esistono anche distribuzioni che soddisfano (metà della) formula (2.18). Ad esempio, se $f(x) = \sum_{k=0}^{M} a_k \psi_k(x)$ per alcuni complessi $\{a_k\}$ e per qualche $M < \infty$ fissato, l'uguaglianza $\langle f, g\rangle = \sum_{n=0}^{\infty} \langle f, \varphi_n\rangle \langle \psi_n, g\rangle$ è automaticamente soddisfatta, mentre non è nemmeno chiaro se $\sum_{n=0}^{\infty} \langle f, \psi_n\rangle \langle \varphi_n, g\rangle$ sia convergente o meno. Allo stesso modo, se prendiamo $g(x) = \sum_{k=0}^{L} b_k \varphi_k(x)$ per alcuni complessi $\{b_k\}$ e per qualche $L < \infty$ fissato, $\langle f, g\rangle = \sum_{n=0}^{\infty} \langle f, \varphi_n\rangle \langle \psi_n, g\rangle$ è certamente vera, mentre $\sum_{n=0}^{\infty} \langle f, \psi_n\rangle \langle \varphi_n, g\rangle$ potrebbe non essere nemmeno convergente. Abbiamo già incontrato problemi simili nella Sezione 5.1.1, quando abbiamo affrontato l'identità dei nuclei riproducenti per gli BCSs.

Gli operatori di intreccio come quelli in (2.20) possono anche essere introdotti, con proprietà simili. Che ciò sia possibile non è così sorprendente, poiché N e

$N^\dagger$ hanno gli stessi autovalori. Tuttavia, questo aspetto della teoria non è particolarmente rilevante per noi ora, e non sarà ulteriormente sviluppato in questo testo. Rimandiamo il lettore interessato a [19] per ulteriori dettagli.

Concludiamo questa sezione dando un nome agli operatori discussi qui, e al quadro funzionale relativo a tali operatori. Quando lavoriamo con operatori a e b che producono, nel modo descritto in questa sezione, due famiglie di vettori $\mathcal{F}_\varphi$ e $\mathcal{F}_\psi$ i cui elementi non sono in $\mathcal{H}$, allora diciamo che stiamo trattando *pseudo-bosoni deboli*, (WPBs). Infatti quello che abbiamo descritto in questa sezione per la coppia concreta di operatori $\hat{x}$ e $\hat{D}$ può essere reso più generale, [19]. Non discuteremo questa versione astratta di WPBs, poiché non aggiunge molto a quello che abbiamo discusso e dedotto finora. Naturalmente, uno dei punti cruciali per altre coppie di WPBs, è verificare se il prodotto scalare possa essere esteso, e come, in quel particolare contesto. Ma, come è facile capire, questo è davvero un problema dipendente dal modello specifico, con una possibile soluzione dipendente essa stessa dal modello.

7.1.1 Pseudo bosoni deboli e l'oscillatore armonico smorzato

In questa sezione, utilizzando l'analisi proposta in [30], mostriamo come un trattamento rigoroso della versione quantizzata del sistema descritto dalla lagrangiana di Bateman, [41], suggerisce l'uso dei WPBs.

La lagrangiana di Bateman, [41], è

$$L = m\dot{x}\dot{y} + \frac{\gamma}{2}(x\dot{y} - \dot{x}y) - kxy, \tag{7.10}$$

che restituisce le equazioni $m\ddot{x} + \gamma\dot{x} + kx = 0$ e $m\ddot{y} - \gamma\dot{y} + ky = 0$, dove m, γ e k sono le quantità fisiche positive dell'oscillatore. La prima equazione è associata all'oscillatore armonico smorzato (DHO), mentre la seconda equazione è associata ad un oscillatore amplificato *virtuale*, che guadagna ciò che viene perso dal primo. I momenti coniugati sono

$$p_x = \frac{\partial L}{\partial \dot{x}} = m\dot{y} - \frac{\gamma}{2}y, \qquad p_y = \frac{\partial L}{\partial \dot{y}} = m\dot{x} + \frac{\gamma}{2}y,$$

e l'Hamiltoniana classica corrispondente è

$$H = p_x\dot{x} + p_y\dot{y} - L = \frac{1}{m}p_xp_y + \frac{\gamma}{2m}(yp_y - xp_x) + \left(k - \frac{\gamma^2}{4m}\right)xy. \tag{7.11}$$

Introducendo le nuove variabili x_1 e x_2 attraverso

$$x = \frac{1}{\sqrt{2}}(x_1 + x_2), \qquad y = \frac{1}{\sqrt{2}}(x_1 - x_2), \tag{7.12}$$

L e H possono essere scritti come segue:

$$L = \frac{m}{2}(\dot{x}_1^2 - \dot{x}_2^2) + \frac{\gamma}{2}(x_2\dot{x}_1 - x_1\dot{x}_2) - \frac{k}{2}(x_1^2 - x_2^2)$$

e

$$H = \frac{1}{2m}\left(p_1 - \frac{\gamma}{2}x_2\right)^2 - \frac{1}{2m}\left(p_2 - \frac{\gamma}{2}x_1\right)^2 + \frac{k}{2}(x_1^2 - x_2^2),$$

dove $p_1 = \frac{\partial L}{\partial \dot{x}_1} = m\dot{x}_1 + \frac{\gamma}{2}x_2$ e $p_2 = \frac{\partial L}{\partial \dot{x}_2} = m\dot{x}_2 - \frac{\gamma}{2}x_1$. Introduciamo poi $\omega^2 = \frac{k}{m} - \frac{\gamma^2}{4m^2}$, che qui assumiamo, per semplicità, essere strettamente positivo. Possiamo ancora riscrivere H come segue:

$$H = \left(\frac{1}{2m}p_1^2 + \frac{1}{2}m\omega^2 x_1^2\right) - \left(\frac{1}{2m}p_2^2 + \frac{1}{2}m\omega^2 x_2^2\right) - \frac{\gamma}{2m}(p_1 x_2 + p_2 x_1). \quad (7.13)$$

Seguendo [34, 59] imponiamo le seguenti regole di quantizzazione canonica tra x_j e p_k: $[x_j, p_k] = i\delta_{j,k}\mathbb{1}$, lavorando in unità $\hbar = 1$. Qui $\mathbb{1}$, come sempre, indica l'operatore identità. Questa è equivalente alla scelta in [67]. Possiamo introdurre adesso degli operatori scala:

$$a_k = \sqrt{\frac{m\omega}{2}}\, x_k + i\sqrt{\frac{1}{2m\omega}}\, p_k, \quad (7.14)$$

$k = 1, 2$. Questi sono operatori bosonici poiché soddisfano la CCR: $[a_j, a_k^\dagger] = \delta_{j,k}\mathbb{1}$. In termini di questi operatori la versione quantistica dell'Hamiltoniana H in (7.13) può essere scritta come

$$H = \omega\left(a_1^\dagger a_1 - a_2^\dagger a_2\right) + \frac{i\gamma}{2m}\left(a_1 a_2 - a_1^\dagger a_2^\dagger\right), \quad (7.15)$$

che non è diagonale. Tuttavia, seguendo [59], è possibile riscrivere H in una forma diagonale introducendo

$$A_1 = \frac{1}{\sqrt{2}}(a_1 - a_2^\dagger), \quad A_2 = \frac{1}{\sqrt{2}}(-a_1^\dagger + a_2), \quad (7.16)$$

nonchè

$$B_1 = \frac{1}{\sqrt{2}}(a_1^\dagger + a_2), \quad B_2 = \frac{1}{\sqrt{2}}(a_1 + a_2^\dagger). \quad (7.17)$$

Questi operatori obbediscono ai seguenti commutatori (formali):

$$[A_j, B_k] = \delta_{j,k}\mathbb{1}, \quad (7.18)$$

con $B_j \neq A_j^\dagger$, $j = 1, 2$. Possiamo quindi riscrivere H come

$$H = \omega(B_1 A_1 - B_2 A_2) + \frac{i\gamma}{2m}(B_1 A_1 + B_2 A_2 + \mathbb{1}), \quad (7.19)$$

che dipende solo dagli operatori di numero pseudo-bosonico $N_j = B_j A_j$. La prossima proposizione, originariamente dimostrata in [30], mostra perché i WPB possono essere effettivamente rilevanti per affrontare il DHO.

Proposizione 7.1.1 *Non esiste alcuna funzione non nulla* $\varphi_{00}(x_1, x_2)$ *che soddisfi*

$$A_1\varphi_{00}(x_1, x_2) = A_2\varphi_{00}(x_1, x_2) = 0.$$

Analogamente, non esiste alcuna funzione non nulla $\psi_{00}(x_1, x_2)$ *che soddisfi*

$$B_1^\dagger\psi_{00}(x_1, x_2) = B_2^\dagger\psi_{00}(x_1, x_2) = 0.$$

Dimostrazione Supponiamo che esista una funzione non nulla $\varphi_{00}(x_1, x_2)$ che soddisfi $A_1\varphi_{00}(x_1, x_2) = A_2\varphi_{00}(x_1, x_2) = 0$. Quindi dovremmo avere anche $(A_1 - A_2)\varphi_{00}(x_1, x_2) = 0$ e $(A_1 + A_2)\varphi_{00}(x_1, x_2) = 0$, così che, a causa delle definizioni di A_1 e A_2, $\varphi_{00}(x_1, x_2)$ dovrebbe soddisfare le equazioni

$$(x_1 - x_2)\varphi_{00}(x_1, x_2) = 0, \qquad (\partial_1 + \partial_2)\varphi_{00}(x_1, x_2) = 0.$$

È chiaro che non esiste alcuna soluzione non nulla della prima equazione. L'unica soluzione è la distribuzione: $\varphi_{00}(x_1, x_2) = \alpha\delta(x_1 - x_2)$, $\alpha \in \mathbb{C}$.

La dimostrazione per $\psi_{00}(x_1, x_2)$ è completamente analoga: riscrivendo $(B_1^\dagger + B_2^\dagger)\psi_{00}(x_1, x_2) = 0$ e $(B_1^\dagger - B_2^\dagger)\psi_{00}(x_1, x_2) = 0$, ed usando le definizioni di B_1 e B_2, otteniamo facilmente

$$(x_1 + x_2)\psi_{00}(x_1, x_2) = 0, \qquad (\partial_1 - \partial_2)\psi_{00}(x_1, x_2) = 0,$$

per le quali esiste solo la soluzione debole $\psi_{00}(x_1, x_2) = \beta\delta(x_1 + x_2)$, $\beta \in \mathbb{C}$. □

La dimostrazione appena fornita mostra che le distribuzioni delta di Dirac emergono quando si cerchi il vuoto di certi operatori di annichilazione pseudo-bosonici, come già è successo nella Sezione 7.1, quando cercavamo il vuoto di $b^\dagger = \hat{x}$. La differenza ovvia è che qui siamo costretti a considerare una versione bidimensionale dei WPB. Naturalmente, questo è solo un'indicazione che i WPB siano rilevanti per l'analisi dell'oscillatore armonico smorzato, poiché dovremmo prima verificare se $\varphi_{00}(x_1, x_2)$ e $\psi_{00}(x_1, x_2)$ danno origine, dopo aver agito su di essi con potenze di B_1, B_2, $A_1^\dagger$ e $A_2^\dagger$, a due famiglie di distribuzioni temperate

$$\mathcal{F}_\varphi = \left\{\varphi_{n_1,n_2}(x_1, x_2) = \frac{1}{\sqrt{n_1!\,n_2!}} B_1^{n_1} B_2^{n_2}\varphi_{00}(x_1, x_2),\ n_1, n_2 \geq 0\right\}$$

e

$$\mathcal{F}_\psi = \left\{\psi_{n_1,n_2}(x_1, x_2) = \frac{1}{\sqrt{n_1!\,n_2!}} A_1^{\dagger n_1} A_2^{\dagger n_2}\psi_{00}(x_1, x_2),\ n_1, n_2 \geq 0\right\}$$

che sono biortonormali, in un qualche senso generalizzato, e che siano $\mathcal{D}$-quasi basi, con qualche insieme $\mathcal{D}$ da identificare. Questa analisi è tuttora in corso, insieme all'analisi di possibili estensioni di questi risultati ad altri sistemi quantistici dissipativi. Tuttavia, la Proposizione 7.1.1 indica chiaramente che lavorare con gli spazi di Hilbert non è sempre possibile, o naturale.

Osservazioni (1) È utile sottolineare che il nostro risultato qui non ha molto a che fare con alcuna *scelta intelligente del prodotto scalare*, del tipo che abbiamo già considerato, e considereremo ancora, in queste note. Ad esempio, nella Sezione 2.1, abbiamo mostrato come sostituire il prodotto scalare originale $\langle .,. \rangle$ di $\mathcal{H}_n$ con uno diverso, $\langle .,. \rangle_{T_S}$, al fine di recuperare l'autoaggiuntezza di un dato operatore (ad es., l'Hamiltoniana) H. Cambiare i prodotti scalari introducendo un operatore metrico è operazione molto comune nella meccanica quantistica PT-simmetrica, e nelle sue molte generalizzazioni, come si vede ad esempio in [12, 17, 42, 43, 100]. La dimostrazione della Proposizione 7.1.1, tuttavia, evidenzia come il nostro risultato non faccia sostanzialmente alcun riferimento al particolare prodotto scalare che consideriamo su $\mathcal{L}^2(\mathbb{R}^2)$, almeno per A_1 e A_2. In altre parole, anche se cambiare il prodotto scalare di $\mathcal{L}^2(\mathbb{R}^2)$ può eventualmente modificare la forma di $B_1^\dagger$ e $B_2^\dagger$, le espressioni analitiche di A_1 e A_2 rimangono invariate e dunque la conclusione della Proposizione resta immutata.

(2) Il fatto che la quantizzazione del DHO non sia un compito facile è già noto da molti anni. In particolare, il fatto che gli autostati di H non possano essere normalizzati è stato discusso già in [60, 61, 67]. A nostro avviso la Proposizione 7.1.1 chiarisce il motivo per il quale ciò succede: non possiamo normalizzare gli autostati di H semplicemente perché questi sono autostati di un tipo speciale: sono distribuzioni.

7.2 Alcuni risultati preliminari sugli stati bi-coerenti deboli

Ciò che discuteremo adesso è collegato alla possibilità di avere $\mathcal{D}$-PBs in presenza di un superpotenziale nel senso di quanto discusso nella Sezione 2.6. In particolare, descriveremo qui cosa succede se le famiglie biortonormali $\mathcal{F}_\varphi$ e $\mathcal{F}_\psi$, definite come in (2.61), non sono entrambe contenute in $\mathcal{L}^2(\mathbb{R})$. Questo rende impossibile utilizzare le stime in (5.6), o quelle in (5.61), per analizzare l'esistenza di qualsiasi famiglia di BCSs definita da φ_n e Ψ_n, nel modo che abbiamo proposto nel Capitolo 5. Tuttavia, come mostreremo adesso, queste tecniche possono essere estese utilizzando idee *prese in prestito* dalla teoria delle distribuzioni. Nel resto della sezione utilizzeremo la strategia proposta nella Sezione 2.6, ma cercheremo di essere più generali.

Sia $\mathcal{F}_c = \{c_n(x),\, n \geq 0\}$ una base ortonormale in $\mathcal{L}^2(\mathbb{R})$, non necessariamente coincidente con la base dell'oscillatore armonico spostato in (2.62), e siano $\rho_f(x)$ e $\rho_g(x)$ due funzioni misurabili secondo Lebesgue tali che, chiamando

$$f_n(x) = c_n(x)\,\rho_f(x), \qquad g_n(x) = c_n(x)\,\rho_g(x), \tag{7.20}$$

abbiamo $f_n(x)\, g_m(x) \in \mathcal{L}^1(\mathbb{R})$, per ogni $n, m \geq 0$. Questo implica che, indipendentemente dal fatto che $f_n(x)$ o $g_n(x)$ siano a quadrato-integrabili o meno, la forma $\langle f_n, g_m \rangle$ è sempre ben definita, e sarà chiamata ancora *un prodotto scalare*. La situazione che stiamo descrivendo qui riflette esattamente quella considerata nella Proposizione 2.6.1. In effetti, ciò che stiamo assumendo qui è solo una conseguenza del fatto che $w_A(x)$ e $w_B(x)$ siano PBSs. Ora, se $\rho_f(x) = \overline{\rho_g(x)}^{-1}$, se ne deduce che $\mathcal{F}_f = \{f_n(x)\}$ e $\mathcal{F}_g = \{g_n(x)\}$ sono biortonormali:

$$\langle f_n, g_m \rangle = \delta_{n,m}. \tag{7.21}$$

Inutile dire che biortonormale deve essere inteso in un *senso esteso*, poiché $f_n(x)$ e $g_m(x)$ non appartengono necessariamente a $\mathcal{L}^2(\mathbb{R})$, mentre siamo sicuri che $f_n(x)g_m(x) \in \mathcal{L}^1(\mathbb{R})$ comunque. Definiamo ora l'insieme

$$\mathcal{V} = \{v(x) \in \mathcal{L}^2(\mathbb{R}) : v(x)\rho_j(x) \in \mathcal{L}^2(\mathbb{R}),\ j = f, g\}, \tag{7.22}$$

che è analogo all'insieme introdotto nella (2.64). Se $\rho_f(x)$ e $\rho_g(x)$ sono funzioni C^∞, allora $\mathcal{D}(\mathbb{R}) \subseteq \mathcal{V}$, che è quindi denso in $\mathcal{L}^2(\mathbb{R})$. Ricordiamo che $\mathcal{D}(\mathbb{R})$ è lo spazio di tutte le funzioni C^∞ con supporto compatto.

Osservazione Non è difficile immaginare condizioni diverse su $\rho_f(x)$ e $\rho_g(x)$ che rendano ancora $\mathcal{V}$ un sottoinsieme denso di $\mathcal{L}^2(\mathbb{R})$. Ad esempio, sarebbe sufficiente avere $\rho_f(x)$ e $\rho_g(x)$ entrambi a supporto compatto. In questo caso $\mathcal{V} = \mathcal{L}^2(\mathbb{R})$. Ma questa condizione non è compatibile, ovviamente, con la richiesta che risulti $\rho_f(x) = \overline{\rho_g(x)}^{-1}$, poiché l'inverso di, diciamo, $\rho_g(x)$ non esiste. Una condizione diversa su $\rho_f(x)$ e $\rho_g(x)$, che è stata già considerata in relazione ai $\mathcal{D}$-PBs regolari, è che queste funzioni appartengono entrambe a $\mathcal{L}^\infty(\mathbb{R})$. Quando ciò accade, è chiaro che ancora una volta $\mathcal{V} = \mathcal{L}^2(\mathbb{R})$. Ma, in quest'ultimo caso, sia $\rho_f(x)$ che $\rho_g(x)$ possono ammettere inverso. Tuttavia, per ciò che faremo qui, l'ipotesi che $\rho_f(x), \rho_g(x) \in C^\infty$ funziona perfettamente.

L'insieme $\mathcal{V}$ è chiuso sotto combinazioni lineari: se $v_1(x), v_2(x) \in \mathcal{V}$, allora $\alpha_1 v_1(x) + \alpha_2 v_2(x) \in \mathcal{V}$, per tutti $\alpha_1, \alpha_2 \in \mathbb{C}$. Nelle nostre condizioni possiamo verificare che $(\mathcal{F}_f, \mathcal{F}_g)$ sono $\mathcal{V}$-quasi basi,

$$\langle v, w \rangle = \sum_{n \geq 0} \langle v, f_n \rangle \langle g_n, w \rangle = \sum_{n \geq 0} \langle v, g_n \rangle \langle f_n, w \rangle, \tag{7.23}$$

per tutti $v(x), w(x) \in \mathcal{V}$. Ne segue che $\mathcal{F}_f$ e $\mathcal{F}_g$ sono entrambi completi in $\mathcal{V}$. La dimostrazione è identica a quella utilizzata nella Sezione 2.6, e non sarà ripetuta qui. Potrebbe essere utile sottolineare che, rispetto a quanto fatto nella Sezione 7.1, la forma $\langle ., . \rangle$ è proprio il solito l'integrale in $\mathcal{L}^2(\mathbb{R})$, e non una forma che lo estende.

Ora, nel tentativo di utilizzare il Teorema 5.1.1 per definire i BCSs per la situazione attuale, osserviamo che non ha senso utilizzare le disuguaglianze in (5.6), poiché queste si riferirebbero alla norma di $f_n(x)$ e $g_n(x)$, che possono essere infinite per cui non ci si aspetta assolutamente che siano rispettate delle formule come quelle in (5.6). Quindi la convergenza delle serie per $\varphi(z)$ e $\Psi(z)$ in (5.8) non è affatto garantita o almeno, non può essere verificata utilizzando lo stesso approccio. Per questo motivo abbiamo bisogno di adottare una strategia diversa che rispecchia ciò che si fa quando si introducono le distribuzioni come funzionali continui su un insieme speciale di funzioni, come in [74] ad esempio.

Mostriamo quindi come sia possibile estendere quello che abbiamo fatto nella Sezione 5.1. Consideriamo una sequenza crescente $\{\alpha_n \geq 0\}$, con $\alpha_0 = 0$, tale che $af_n = \alpha_n f_{n-1}$, $b^\dagger g_n = \alpha_n g_{n-1}$, $n \geq 1$, e $af_0 = b^\dagger g_0 = 0$. Inoltre, poniamo $\overline{\alpha} = \sup_n \alpha_n \in]0, \infty]$. Ripetendo l'analisi della Sezione 5.1, concludiamo ancora che $N(|z|)$, definita come in (5.7), esiste all'interno di $C_{\overline{\alpha}}(0)$, un cerchio nel piano complesso centrato nell'origine e di raggio $\overline{\alpha}$.

Sia $v \in \mathcal{V}$, e consideriamo le seguenti serie

$$S_{f,v}(z) = \sum_{n\geq 0} \frac{z^n}{\alpha_n!}\langle f_n, v\rangle, \qquad S_{g,v}(z) = \sum_{n\geq 0} \frac{z^n}{\alpha_n!}\langle g_n, v\rangle. \tag{7.24}$$

Entrambe queste serie convergono, per tutti $v \in \mathcal{V}$, all'interno di $C_{\overline{\alpha}}(0)$. Infatti, prima di tutto,

$$|\langle f_n, v\rangle| = |\langle c_n \rho_f, v\rangle| = |\langle c_n, \overline{\rho_f} v\rangle| \leq \|c_n\| \|\overline{\rho_f} v\| = \|\overline{\rho_f} v\| < \infty,$$

poiché $\overline{\rho_f(x)}v(x)$ appartiene a $\mathcal{L}^2(\mathbb{R})$ per la definizione di $\mathcal{V}$, ed avendo adoperato la normalizzazione di $c_n(x)$. Quindi

$$|S_{f,v}(z)| \leq \|\overline{\rho_f} v\| \sum_{n\geq 0} \frac{|z|^n}{\alpha_n!},$$

che converge all'interno di $C_{\overline{\alpha}}(0)$, come affermato, per tutte le possibili scelte di $v \in \mathcal{V}$. Analogamente troviamo

$$|S_{g,v}(z)| \leq \|\overline{\rho_g} v\| \sum_{n\geq 0} \frac{|z|^n}{\alpha_n!},$$

che converge anche all'interno di $C_{\overline{\alpha}}(0)$ per ogni $v \in \mathcal{V}$. A questo punto definiamo due vettori, $f(z)$ e $g(z)$, $z \in C_{\overline{\alpha}}(0)$, sfruttando le serie $S_{f,v}(z)$ e $S_{g,v}(z)$, ed il fatto che entrambe siano ben definite:

$$\langle f(z), v\rangle = N(|z|)\, S_{f,v}(\overline{z}) = N(|z|) \sum_{n\geq 0} \frac{\overline{z}^n}{\alpha_n!}\langle f_n, v\rangle, \tag{7.25}$$

e

$$\langle g(z), v\rangle = N(|z|)\, S_{g,v}(\overline{z}) = N(|z|) \sum_{n\geq 0} \frac{\overline{z}^n}{\alpha_n!}\langle g_n, v\rangle. \tag{7.26}$$

Ovviamente, queste equazioni non ci danno le espressioni analitiche esplicite per $f(z)$ e $g(z)$, ma possono essere utilizzate per definire $f(z)$ e $g(z)$ *in senso debole*. Per fare ciò, iniziamo introducendo due mappe, da $\mathcal{V}$ a $\mathbb{C}$, tramite le

$$F(z)[v] = \langle f(z), v\rangle, \qquad G(z)[v] = \langle f(z), v\rangle. \tag{7.27}$$

È chiaro, prima di tutto, che sia $F(z)$ che $G(z)$ sono funzionali lineari su $\mathcal{V}$. Successivamente introduciamo su $\mathcal{V}$ una topologia $\tau_{\mathcal{V}}$ come segue: diciamo che una sequenza $\{v_n(x)\}$ in $\mathcal{V}$ è $\tau_{\mathcal{V}}$-convergente a un certo $v(x) \in \mathcal{L}^2(\mathbb{R})$ se $\{v_n(x)\}$ converge a $v(x)$ nella norma $\|.\|$, e se $\{\overline{\rho_j(x)}\, v_n(x)\}$, $j = f, g$, sono sequenze di Cauchy in $\|.\|$ e convergono a $\overline{\rho_j(x)} v(x)$. È chiaro che, quando ciò è vero, $v(x) \in \mathcal{V}$. Quindi, $\mathcal{V}$ è chiuso in $\tau_{\mathcal{V}}$.

Ora, chiamiamo $\mathcal{V}'$ l'insieme di tutti i funzionali continui su $\mathcal{V}$. Quindi $L \in \mathcal{V}'$ se, presa qualsiasi sequenza $\{v_n(x)\}$ in $\mathcal{V}$ $\tau_{\mathcal{V}}$-convergente a $v(x)$, allora $L[v_n] \to L[v]$.

Possiamo dimostrare il seguente risultato:

Proposizione 7.2.1 *$F(z)$ e $G(z)$ appartengono entrambi a $\mathcal{V}'$.*

Dimostrazione Abbiamo già notato che $F(z)$ e $G(z)$ sono lineari. Dimostriamo ora che $F(z)$ e $G(z)$ sono continui.

Sia $\{v_k(x)\}$ una sequenza in $\mathcal{V}$ $\tau_{\mathcal{V}}$-convergente a un certo $v(x) \in \mathcal{V}$. Dobbiamo dimostrare che $F(z)[v_k - v] \to 0$, quando k diverge. Infatti, dato che per tutti $k, n \geq 0$, $\langle f_n, v_k - v\rangle = \langle c_n, \overline{\rho_f}(v_k - v)\rangle$, abbiamo

$$|F(z)[v_k - v]| = \left| N(|z|) \sum_{n\geq 0} \frac{\overline{z}^n}{\alpha_n!} \langle f_n, v_k - v\rangle \right| \leq N(|z|) \sum_{n\geq 0} \frac{|z|^n}{\alpha_n!} |\langle f_n, v_k - v\rangle|,$$

così che

$$\begin{aligned} |F(z)[v_k - v]| &\leq N(|z|) \sum_{n\geq 0} \frac{|z|^n}{\alpha_n!} |\langle c_n, \overline{\rho_f}(v_k - v)\rangle| \leq \\ &\leq \|\overline{\rho_f}(v_k - v)\| N(|z|) \sum_{n\geq 0} \frac{|z|^n}{\alpha_n!} \to 0, \end{aligned}$$

per $k \to \infty$, a causa della definizione di $\tau_{\mathcal{V}}$ e della convergenza della serie all'interno di $C_{\overline{\alpha}}(0)$.

La dimostrazione per $G(z)$ è analoga. □

I funzionali continui $F(z)$ e $G(z)$ sono quello che chiamiamo *stati bi-coerenti deboli* (WBCs). Per capire il motivo di questo nome è conveniente introdurre il seguente sottospazio di $\mathcal{V}$:

$$\mathcal{V}_0 = \{w(x) \in \mathcal{V} : w(x) \in D(a^\dagger) \cap D(b), \quad a^\dagger w(x), bw(x) \in \mathcal{V}\} \tag{7.28}$$

Ovviamente la forma esplicita di $\mathcal{V}_0$ dipende anche dalle espressioni esplicite per a e b. Mostreremo in seguito che, almeno in alcune situazioni interessanti, $\mathcal{V}_0$ è denso in $\mathcal{L}^2(\mathbb{R})$, poiché contiene $\mathcal{D}(\mathbb{R})$. Per fissare l'idea, abbiamo la seguente inclusione di spazi: $\mathcal{D}(\mathbb{R}) \subseteq \mathcal{V}_0 \subseteq \mathcal{V} \subseteq \mathcal{L}^2(\mathbb{R})$.

Proposizione 7.2.2 *I WBCs soddisfano le seguenti proprietà:*
(i) per tutti $v(x) \in \mathcal{V}_0$ *abbiamo*

$$\langle v, af(z)\rangle = z\langle v, f(z)\rangle, \qquad \langle v, b^\dagger g(z)\rangle = z\langle v, g(z)\rangle, \tag{7.29}$$

per ogni $z \in C_{\overline{\alpha}}(0)$.
(ii) Supponiamo che esista una misura $d\lambda(r)$ *tale che*

$$\int_0^{\overline{\alpha}} d\lambda(r) r^{2k} = \frac{(\alpha_k!)^2}{2\pi}, \tag{7.30}$$

per tutti i $k \geq 0$. *Quindi, ponendo* $z = re^{i\theta}$ *e chiamando* $d\nu(z, \overline{z}) = N(r)^{-2} d\lambda(r) d\theta$, *risulta*

$$\int_{C_{\overline{\alpha}}(0)} \langle v, f(z)\rangle\langle g(z), w\rangle d\nu(z, \overline{z}) = \int_{C_{\overline{\alpha}}(0)} \langle v, g(z)\rangle\langle f(z), w\rangle d\nu(z, \overline{z}) = \langle v, w\rangle, \tag{7.31}$$

per ogni $v, w \in \mathcal{V}$.

Dimostrazione Iniziamo dimostrando la (i). Poiché, per ipotesi, $v(x) \in \mathcal{V}_0$, allora $v(x) \in D(a^\dagger)$ e $a^\dagger v(x) \in \mathcal{V}$. Quindi abbiamo

$$\langle v, af(z)\rangle = \langle a^\dagger v, f(z)\rangle = N(|z|) \sum_{n\geq 0} \frac{z^n}{\alpha_n!} \langle a^\dagger v, f_n\rangle = N(|z|) \sum_{n\geq 0} \frac{z^n}{\alpha_n!} \langle v, af_n\rangle.$$

utilizzando (7.25). Ora, poiché $af_0 = 0$ e $af_n = \alpha_n f_{n-1}$, $n \geq 1$, la prima uguaglianza in (7.29) segue facilmente. La seconda uguaglianza può essere dimostrata in modo simile.

La dimostrazione di (ii) non differisce significativamente da quella del Teorema 5.1.1, e non sarà data qui. Sottolineiamo solo che l'aspetto essenziale nella dimostrazione di (7.31) è il fatto che $(\mathcal{F}_f, \mathcal{F}_g)$ siano $\mathcal{V}$-quasi basi. □

Questa proposizione mostra che i nostri WBCs producono, quando presi a coppie, una risoluzione dell'identità su $\mathcal{V}$. Mostra anche che sono autostati *deboli* degli operatori di annichilazione a e $b^\dagger$, almeno su $\mathcal{V}_0$. Infatti, la prima uguaglianza in (7.30) può essere riscritta come $\langle v, (a - z) f(z)\rangle = 0$, che può essere considerata, appunto, una versione debole dell'equazione agli autovalori $af(z) = zf(z)$.

Nella Proposizione 7.2.2 potrebbe sembrare in qualche modo problematico il fatto che si sia introdotto lo spazio $\mathcal{V}_0$, perchè questo potrebbe essere, in linea di principio, molto più piccolo di $\mathcal{V}$. Tuttavia, questo non è così in situazioni interessanti, come il prossimo esempio mostra chiaramente.

◇ **Esempio 7.2.3** *Supponiamo che* $\alpha_n = \sqrt{n}$, *e consideriamo* $f_n(x) = \varphi_n(x)$, $g_n(x) = \psi_n(x)$, $\rho_f(x) = \rho_\varphi(x)$ *e* $\rho_g(x) = \rho_\psi(x)$, *vedi Sezione 2.6, formule (2.61), (2.62) e (2.63). La base ortonormale* $\mathcal{F}_c$ *è la versione traslata della base ortonormale di un oscillatore armonico. Il nostro primo commento è che* $\overline{\alpha} = \infty$, *come sempre per i* $\mathcal{D}$*-PBs. La condizione (7.30) sulla misura* $d\lambda(r)$ *diventa quindi*

$$\int_0^\infty d\lambda(r) r^{2k} = \frac{k!}{2\pi},$$

la cui soluzione abbiamo già introdotta in precedenza ed è $d\lambda(r) = \frac{1}{\pi} e^{-r^2} r\, dr$. *Ciò significa che le forme* $F(z)[v]$ *e* $G(z)[v]$ *sono ben definite per ogni* $v \in \mathcal{V}$ *e per ogni* $z \in \mathbb{C}$, *e che la (7.31) è soddisfatta con queste scelte particolari.*

L'ultimo passo è capire quanto grande *sia* $\mathcal{V}_0$. *In particolare, vogliamo verificare che* $\mathcal{D}(\mathbb{R}) \subseteq \mathcal{V}_0$. *Iniziamo ricordando che* $\mathcal{D}(\mathbb{R}) \subseteq \mathcal{V}$. *Quindi, presa una funzione* $v_0(x) \in \mathcal{D}(\mathbb{R})$, *avremo anche* $v_0(x) \in \mathcal{V}$. *Inoltre,* $v_0(x)$ *appartiene al dominio sia di* $A^\dagger$ *che di* B. *Questo perché, per esempio*

$$B v_0(x) = \left(-\frac{d}{dx} + w_B(x)\right) v_0(x) = -v_0'(x) + w_B(x) v_0(x),$$

che è nuovamente in $\mathcal{D}(\mathbb{R})$ *essendo la differenza di due funzioni,* $v_0'(x)$ *e* $w_B(x)v_0(x)$, *che sono entrambe in* $\mathcal{D}(\mathbb{R})$. *In particolare, stiamo utilizzando qui il fatto che* $w_B(x)$ *è di classe* C^∞, *come richiesto nella Sezione 2.6. Quindi la conclusione è chiara:* $B\, v_0(x)$ *e* $A^\dagger v_0(x)$ *sono entrambi in* $\mathcal{D}(\mathbb{R})$, *e per questo motivo sono anche entrambi in* $\mathcal{V}$. *Allora* $v_0(x)$ *appartiene a* $\mathcal{V}_0$, *e dunque abbiamo* $\mathcal{D}(\mathbb{R}) \subseteq \mathcal{V}_0$. *Questo implica che* $\mathcal{V}_0$ *è denso in* $\mathcal{L}^2(\mathbb{R})$.

7.3 Che altro?

L'analisi considerata in questo capitolo sembra essere, a nostro avviso, solo *l'inizio della storia*. Infatti, essa suggerisce diverse linee di ricerca interessanti, in molte direzioni. La più eccitante, da un punto di vista fisico, è se questi *oggetti deboli* siano davvero rilevanti, e fino a che punto, nell'analisi dell'oscillatore armonico quantistico smorzato prima, e di altri sistemi quantistici dissipativi, poi. Detto in modo diverso: è l'uso degli spazi di Hilbert il più appropriato quando si considerino sistemi dissipativi? Non è forse più opportuno passare alle distribuzioni? Altre domande fisicamente rilevanti sono chiaramente relativi all rilevanza dei WBCs, e degli operatori pseudo-bosonici deboli, in sistemi fisici concreti. Abbiamo visto alcune di queste applicazioni qui, ma ci piacerebbe trovarne delle altre, anche per validare (o meno) la loro rilevanza in sistemi dissipativi.

Dovremmo anche sottolineare che i problemi matematici che sorgono qui sono piuttosto intriganti. Solo per citare un problema che è particolarmente rilevante per noi, e, crediamo, per le persone che lavorano con Hamiltoniane non autoaggiunte, consideriamo il seguente: abbiamo già discusso nel Capitolo 2 il ruolo del prodotto scalare nella definizione dell'aggiunto di un dato operatore, e come prodotti scalari diversi producono aggiunti diversi. In questo capitolo, abbiamo incontrato la necessità di estendere il prodotto scalare da, diciamo, $\mathcal{L}^2(\mathbb{R})$, a $S'(\mathbb{R})$, come abbiamo fatto in (7.6). Quindi è naturale chiedersi cosa implica questa estensione in relazione alla possibilità di introdurre aggiunti diversi.

Esistono, ovviamente, altre domande rilevanti. Ad esempio, come il titolo della sezione sugli WBCs afferma chiaramente, sappiamo molto poco su questi stati, ed una maggiore comprensione di tali stati e delle loro proprietà è certamente da perseguire. Questi sono parte dei nostri progetti per il futuro.

Un'applicazione alla probabilità di transizione 8

Questo capitolo è dedicato ad un'applicazione concreta dei BCSs. In particolare, ci concentreremo sul calcolo di alcune probabilità di transizione per sistemi guidati da Hamiltoniane adeguate, manifestamente non autoaggiunte. Questo calcolo sarà effettuato utilizzando tecniche e strategie simili a quelle che si adoperano quando si calcolano degli integrali funzionali utilizzando stati coerenti. Tuttavia, poiché il caso che ci avviamo a considerare è relativo ad una $H \neq H^\dagger$, discuteremo prima alcuni fatti generali sulla dinamica di un sistema quantistico in questa particolare situazione, lavorando per semplicità in spazi di Hilbert a dimensione finita per evitare problemi matematici che sorgerebbero naturalmente nel caso più complicato in cui lo spazio di Hilbert sia infinito-dimensionale, [24].

8.1 Aspetti preliminari sulla dinamica quantistica per $H \neq H^\dagger$

Ricordiamo brevemente cosa succede se la dinamica di un sistema microscopico S è guidata da un Hamiltoniana H_0, $H_0 = H_0^\dagger$, che non dipenda esplicitamente dal tempo, autoaggiunta, e che agisce su uno spazio di Hilbert $\mathcal{H}$ che, come già detto, assumiamo qui essere a dimensione finita: $\dim(\mathcal{H}) = N + 1 < \infty$. Allora H_0 è una matrice $(N + 1) \times (N + 1)$.

È noto che l'evoluzione temporale dedotta da H_0 è unitaria e preserva la probabilità totale: se $\Psi(t)$ è una soluzione dell'equazione di Schrödinger $i\dot{\Psi}(t) = H_0\Psi(t)$, allora $\|\Psi(t)\|^2$ non dipende dal tempo. Questo è evidente visto che $\Psi(t) = e^{-iH_0t}\Psi(0)$, e che $U_t = e^{-iH_0t}$ è unitario. Ovviamente, questo risultato cesserebbe di valere se sostituiamo H_0 con una H, se $H \neq H^\dagger$, e infatti, in questo caso, $\|\Psi(t)\|^2$ dipende effettivamente dal tempo, in generale. A volte questo è esattamente ciò che si cerca: in molti sistemi semplici in ottica quantistica, ad esempio, le Hamiltoniane non autoaggiunte sono utilizzate per descrivere un qualche decadimento, per cui non c'è motivo per richiedere (o immaginare) che la probabilità debba essere conservata nel tempo. In altre situazioni, si preferisce evitare qualsiasi decadimento, e quindi l'obiettivo è, seppur in presenza di una $H \neq H^\dagger$, trovare una qualche strategia per

F. Bagarello, *Pseudo-Bosoni e Loro Stati Coerenti*,
https://doi.org/10.1007/978-3-031-61185-8_8

recuperare l'unitarietà dell'evoluzione temporale. Questo non è un *progetto folle*, in linea di principio. Infatti, come abbiamo già visto nella Sezione 2.1, l'aggiunto di un operatore non è un concetto universale ma è profondamente connesso con la definizione del prodotto scalare introdotto su $\mathcal{H}$. Quindi si potrebbe immaginare che, anche se $H \neq H^\dagger$, esista un prodotto scalare diverso, associato a un aggiunto diverso $\flat$, per il quale risulti che $H = H^\flat$. Quando ciò avviene l'operatore U_t soddisfa $U_t^\flat = U_t^{-1}$, e questo ripristinerebbe l'unitarietà, ovviamente. Questa sezione è dedicata a discutere più dettagli di questa idea piuttosto generale, insieme ad alcuni risultati connessi a tale strategia.

Consideriamo un operatore H, che agisce sullo spazio vettoriale $\mathcal{H} = \mathbb{C}^{N+1}$, con $H \neq H^\dagger$ e con esattamente $N + 1$ autovalori distinti E_n, $n = 0, 1, 2, \ldots, N$. Qui, l'aggiunto $H^\dagger$ di H è il solito, cioè il complesso coniugato della trasposta della matrice H, e il prodotto scalare in $\mathcal{H}$ è quello solitamente considerato in $\mathbb{C}^{N+1}$: $\langle f, g\rangle = \sum_{k=0}^{N} \overline{f_k}\, g_k$, per tutti $f, g \in \mathcal{H}$. Ricordiamo che l'aggiunto di H e il prodotto scalare sono collegati dalla formula: $\langle Xf, g\rangle = \langle f, X^\dagger g\rangle$, per tutti $f, g \in \mathbb{C}^{N+1}$. Ci concentreremo in particolare sul caso in cui tutti gli autovalori E_n siano reali. Più avanti commenteremo brevemente su cosa accade nel caso in cui alcuni autovalori siano complessi. In entrambi i casi assumeremo che ogni E_n abbia molteplicità uno.

In questa sezione scriveremo $\mathbb{C}^{N+1}$ ogni volta che vogliamo sottolineare la natura di spazio vettoriale dei nostri vettori, mentre useremo $\mathcal{H}$ (e, più avanti, $\mathcal{H}_\varphi$ o $\mathcal{H}_\Psi$), quando sarà importante sottolineare gli aspetti topologici di questo insieme, e in particolare, i loro diversi prodotti scalari e le diverse norme associate.

Supponiamo quindi che H abbia $N + 1$ autovalori reali distinti, corrispondenti a $N + 1$ autovettori φ_k, $k = 0, 1, 2, \ldots, N$:

$$H\varphi_k = E_k\varphi_k. \tag{8.1}$$

L'insieme $\mathcal{F}_\varphi = \{\varphi_k,\ k = 0, 1, 2, \ldots, N\}$ è una base per $\mathbb{C}^{N+1}$, poiché tutti gli autovalori sono diversi. Quindi esiste sicuramente una base biortogonale unica di $\mathcal{H}$, $\mathcal{F}_\Psi = \{\Psi_k,\ k = 0, 1, 2, \ldots, N\}$, [48, 123]: $\langle\varphi_k, \Psi_l\rangle = \delta_{k,l}$, per ogni k, l. Inoltre, per tutti i vettori $f \in \mathcal{H}$, possiamo scrivere $f = \sum_{k=0}^{N}\langle\varphi_k, f\rangle\Psi_k = \sum_{k=0}^{N}\langle\Psi_k, f\rangle\varphi_k$. In particolare, questo significa che sia $\mathcal{F}_\varphi$ che $\mathcal{F}_\Psi$ sono totali in $\mathcal{H}$: se $f \in \mathcal{H}$ è tale che $\langle\varphi_k, f\rangle = 0$, o $\langle\Psi_k, f\rangle = 0$, per ogni k, allora $f = 0$.

I vettori Ψ_k sono autostati di $H^\dagger$ con autovalori E_k:

$$H^\dagger\Psi_k = E_k\Psi_k, \tag{8.2}$$

$k = 0, 1, 2, \ldots, N$. Infatti abbiamo, $\forall k = 0, 1, \ldots, N$,

$$\begin{aligned}\langle(H^\dagger\Psi_k - E_k\Psi_k), \varphi_l\rangle &= \langle H^\dagger\Psi_k, \varphi_l\rangle - \langle E_k\Psi_k, \varphi_l\rangle = \langle\Psi_k, H\varphi_l\rangle - E_k\langle\Psi_k, \varphi_l\rangle = \\ &= (E_l - E_k)\delta_{k,l} = 0,\end{aligned}$$

per tutti $l = 0, 1, 2, \ldots, N$. Quindi, poiché $\mathcal{F}_\varphi$ è totale in $\mathcal{H}$, $H^\dagger\Psi_k - E_k\Psi_k = 0$, e la (8.2) segue.

Usando la notazione bra-ket possiamo scrivere

$$\sum_{k=0}^{N} |\varphi_k\rangle\langle\Psi_k| = \sum_{k=0}^{N} |\Psi_k\rangle\langle\varphi_k| = 1\!\!1,$$

dove, comunque presi $f, g, h \in \mathcal{H}$, si definisce $(|f\rangle\langle g|)h := \langle g, h\rangle f$. Introduciamo gli operatori $S_\varphi = \sum_{k=0}^{N} |\varphi_k\rangle\langle\varphi_k|$ e $S_\Psi = \sum_{k=0}^{N} |\Psi_k\rangle\langle\Psi_k|$, come in [14]. Questi sono operatori positivi, autoaggiunti, invertibili, e uno risulta essere l'inverso dell'altro: $S_\Psi = S_\varphi^{-1}$. Per operatori con queste proprietà possono essere definite le loro radici quadrate positive, [109], e abbiamo $S_\Psi^{1/2} = S_\varphi^{-1/2}$. Proprietà utili (e ben note) sono poi le seguenti:

$$S_\varphi \Psi_n = \varphi_n, \quad S_\Psi \varphi_n = \Psi_n, \quad \text{così come} \quad S_\Psi H = H^\dagger S_\Psi, \quad S_\varphi H^\dagger = H S_\varphi. \tag{8.3}$$

Queste sono le controparti delle formule (2.20) e (2.22) nel nostro spazio di Hilbert a dimensione finita. Le prime due uguaglianze implicano che possiamo passare da $\mathcal{F}_\varphi$ a $\mathcal{F}_\Psi$ utilizzando S_Ψ, mentre S_φ mappa, al contrario, $\mathcal{F}_\Psi$ in $\mathcal{F}_\varphi$. Questa è ovviamente una conseguenza della biortonormalità di $\mathcal{F}_\varphi$ e $\mathcal{F}_\Psi$. Le seconde due uguaglianze sono *relazioni di intreccio* che sono legate al fatto che H e $H^\dagger$ abbiano tutti gli stessi autovalori reali.

Se ora definiamo $H_0 := S_\Psi^{1/2} H S_\varphi^{1/2}$ e $e_k = S_\Psi^{1/2} \varphi_k = S_\varphi^{1/2} \Psi_k$, $k = 0, 1, 2, \ldots, N$, si vede facilmente che $H_0 = H_0^\dagger = S_\varphi^{1/2} H^\dagger S_\Psi^{1/2}$, e che $\mathcal{E} = \{e_k,\ k = 0, 1, 2, \ldots, N\}$ è una base ortonormale di $\mathcal{H}$ di autostati di H_0, con gli stessi autovalori di H e di $H^\dagger$: $H_0 e_k = E_k e_k$. Ad esempio abbiamo

$$\langle e_k, e_l\rangle = \langle S_\Psi^{1/2} \varphi_k, S_\Psi^{1/2} \varphi_l\rangle = \langle S_\Psi \varphi_k, \varphi_l\rangle = \langle \Psi_k, \varphi_l\rangle = \delta_{k,l}.$$

Inoltre, se $f \in \mathcal{H}$ è ortogonale a tutti gli e_k, $\langle f, e_k\rangle = 0\ \forall k$, allora abbiamo

$$0 = \langle f, e_k\rangle = \langle f, S_\Psi^{1/2} \varphi_k\rangle = \langle S_\Psi^{1/2} f, \varphi_k\rangle,$$

per ogni k. Ma $\mathcal{F}_\varphi$ è totale. Quindi $S_\Psi^{1/2} f = 0$, e dunque $f = S_\varphi^{1/2}(S_\Psi^{1/2} f) = 0$. Le altre proprietà di H_0 e $\mathcal{E}$ possono essere dimostrate facilmente con tecniche simili.

S_φ e S_Ψ, che a volte sono chiamati nella letteratura *operatori metrici*, possono essere utilizzati per definire nuovi prodotti scalari in $\mathbb{C}^{N+1}$:

$$\langle f, g\rangle_\varphi := \left\langle S_\varphi^{1/2} f, S_\varphi^{1/2} g\right\rangle = \langle S_\varphi f, g\rangle, \qquad \langle f, g\rangle_\Psi := \left\langle S_\Psi^{1/2} f, S_\Psi^{1/2} g\right\rangle = \langle S_\Psi f, g\rangle, \tag{8.4}$$

per tutti $f, g \in \mathbb{C}^{N+1}$. A causa delle proprietà di S_Ψ e S_φ, questi sono in effetti prodotti scalari, definiti ovunque (chiaramente! Siamo in spazi a dimensione finita) su $\mathbb{C}^{N+1}$. Naturalmente, le norme ad essi connesse, $\|.\|$, $\|.\|_\varphi$ e $\|.\|_\Psi$, sono tutte equivalenti: se una sequenza di vettori $\{f_n \in \mathbb{C}^{N+1}\}$ converge in $\|.\|$, allora converge anche in $\|.\|_\varphi$ e in $\|.\|_\Psi$. Ad esempio, possiamo verificare che

$$\frac{1}{\|S_\varphi^{-1/2}\|} \|f\| \leq \|f\|_\varphi \leq \|S_\varphi^{1/2}\| \, \|f\|,$$

per tutti $f \in \mathbb{C}^{N+1}$. Pertanto, se $\| f_n - f \| \to 0$, allora $\| f_n - f \|_\varphi \to 0$, e viceversa. La stessa conclusione può essere dedotta anche per $\|.\|_\Psi$.

Quindi, da un punto di vista topologico, gli spazi di Hilbert $\mathcal{H} = \left(\mathbb{C}^{N+1}, \langle .,. \rangle\right)$, $\mathcal{H}_\varphi := \left(\mathbb{C}^{N+1}, \langle .,. \rangle_\varphi\right)$ e $\mathcal{H}_\Psi := \left(\mathbb{C}^{N+1}, \langle .,. \rangle_\Psi\right)$ sono tutti equivalenti. Tuttavia, questi spazi differiscono sotto altri aspetti. In particolare, differiscono per la definizione dell'aggiunto degli operatori, che è $\dagger$ in $\mathcal{H}$, ma che diventa $\flat$ in $\mathcal{H}_\varphi$ e $\sharp$ in $\mathcal{H}_\Psi$: $\langle Xf, g \rangle_\varphi = \left\langle f, X^\flat g \right\rangle_\varphi$ e $\langle Xf, g \rangle_\Psi = \left\langle f, X^\sharp g \right\rangle_\Psi$, per ogni $f, g \in \mathbb{C}^{N+1}$. È facile vedere che $\sharp$ e $\flat$ soddisfano le proprietà degli aggiunti[1], e dedurre le seguenti relazioni tra le diverse involuzioni:

$$X^\flat = S_\Psi X^\dagger S_\varphi, \qquad X^\sharp = S_\varphi X^\dagger S_\Psi \qquad \text{e} \quad X^\flat = S_\Psi^2 X^\sharp S_\varphi^2, \tag{8.5}$$

per ogni operatore X che agisce su $\mathbb{C}^{N+1}$. Ora è un semplice calcolo verificare che $H = H^\sharp$, e che inoltre $H^\dagger = (H^\dagger)^\flat$. Infatti possiamo verificare che $\langle Hf, g \rangle_\Psi = \langle f, Hg \rangle_\Psi$ e che $\left\langle H^\dagger f, g \right\rangle_\varphi = \left\langle f, H^\dagger g \right\rangle_\varphi$, per tutti $f, g \in \mathbb{C}^{N+1}$. Ad esempio:

$$\left\langle H^\dagger f, g \right\rangle_\varphi = \left\langle S_\varphi H^\dagger f, g \right\rangle = \left\langle H S_\varphi f, g \right\rangle = \left\langle S_\varphi f, H^\dagger g \right\rangle = \left\langle f, H^\dagger g \right\rangle_\varphi,$$

usando la (8.3) e (8.4). Quanto detto dimostra ciò che avevamo anticipato: nel caso che stiamo considerando qui è possibile cambiare alcuni ingredienti dell'apparato matematico (nel dettaglio: la definizione di prodotto scalare) per recuperare l'Hermitianità di H, e la conseguente unitarietà dell'evoluzione temporale.

Osservazione molti dei risultati dedotti finora non possono essere estesi semplicemente se $\dim(\mathcal{H}) = \infty$. Questo è vero per varie ragioni, diverse ma in qualche modo connesse. Ad esempio, le somme finite che definiscono qui S_φ e S_Ψ diventano serie, la cui convergenza non è garantita, a priori. Inoltre, alcuni degli operatori coinvolti qui potrebbero risultare non limitati, il che implica che si debbano affrontare problemi di dominio. Commenteremo brevemente più avanti su questa estensione.

L'aspetto che è rilevante per noi qui è quale sia la dinamica *più naturale* associata a H e a $H^\dagger$, dato che non c'è motivo a priori per cui l'equazione di Schrödinger debba valere anche in questo caso, e per preferire un particolare operatore (H, $H^\dagger$ o qualche altro aggiunto di H) per costruire tale dinamica. Questa problematica è stata discussa da molti autori negli ultimi decenni, vedi ad esempio [101, 104, 126], ma a nostro avviso senza che si sia pervenuto ad una soluzione definitiva ed univoca.

Osserviamo intanto che, poichè $H_0 = H_0^\dagger$, questa Hamiltoniana *produce* una equazione di Schrödinger standard per la funzione d'onda $\Phi(t)$: $i\dot{\Phi}(t) = H_0\Phi(t)$, la cui soluzione è $\Phi(t) = e^{-iH_0 t}\Phi(0)$. Questa funzione soddisfa la seguente uguaglianza: $p(t) := \|\Phi(t)\|^2 = \langle \Phi(t), \Phi(t) \rangle = p(0)$. Quindi, la probabilità è conservata. Ciò che è interessante è che, utilizzando i nostri risultati, e in particolare le equazioni di similitudine $H_0 := S_\Psi^{1/2} H S_\varphi^{1/2} = S_\varphi^{1/2} H^\dagger S_\Psi^{1/2}$, due equazioni *di tipo Schrödinger* emergono naturalmente, con semplici calcoli, da quella precedente per $\Phi(t)$. In

[1] Ad esempio, $(X^\sharp)^\sharp = X$ e $(XY)^\sharp = Y^\sharp X^\sharp$, per tutti gli operatori X e Y su $\mathbb{C}^{N+1}$.

particolare, troviamo

$$i\dot{\Phi}_\Psi(t) = H\Phi_\Psi(t), \qquad \text{e} \qquad i\dot{\Phi}_\varphi(t) = H^\dagger\Phi_\varphi(t), \tag{8.6}$$

in cui abbiamo introdotto i vettori $\Phi_\Psi(t) = S_\Psi^{-1/2}\Phi(t)$ e $\Phi_\varphi(t) = S_\varphi^{-1/2}\Phi(t)$.

Osservazione Vale la pena osservare che queste formule risultano (almeno formalmente) particolarmente semplici poiché S_φ e S_Ψ sono indipendenti dal tempo. In alcuni contributi sulla meccanica quantistica PT simmetrica si considerano anche operatori metrici dipendenti dal tempo. In questo caso, le formule in (8.6) dovrebbero essere modificate un po'. Tuttavia, questo aspetto non è rilevante per noi, qui, e non sarà ulteriormente considerato. Rimandiamo il lettore interessato a [70, 71, 91] per alcuni articoli su questo argomento.

Ovviamente, entrambe le equazioni in (8.6) possono essere formalmente risolte, se H non dipende esplicitamente dal tempo:

$$\begin{aligned} \Phi_\Psi(t) &= e^{-iHt}\Phi_\Psi(0) = e^{-iHt}S_\Psi^{-1/2}\Phi(0), \\ \Phi_\varphi(t) &= e^{-iH^\dagger t}\Phi_\varphi(0) = e^{-iH^\dagger t}S_\varphi^{-1/2}\Phi(0). \end{aligned} \tag{8.7}$$

Possiamo allora guardare al nostro problema da un punto di vista differente, considerando le equazioni in (8.6) come *punti di partenza* per descrivere la dinamica del sistema fisico di interesse, e non come il risultato di semplici manipolazioni algebriche della $i\dot{\Phi}(t) = H_0\Phi(t)$. In effetti questo è ciò che si fa, molto spesso, nella letteratura, come in [104, 126] e in molti altri articoli: si utilizza una Hamiltoniana non autoaggiunta H, e si scrive semplicemente l'equazione della dinamica per la funzione d'onda $\xi(t)$ in una forma di tipo Schrödinger, come in (8.6): $i\dot{\xi}(t) = H\xi(t)$. Le due equazioni in (8.6), che abbiamo qui dedotto direttamente da $i\dot{\Phi}(t) = H_0\Phi(t)$, utilizzando due mappe di similarità, suggeriscono che questa procedura sia ragionevole, anche se però non c'è nessuna ragione a priori per la quale H dovrebbe essere preferita a $H^\dagger$, almeno da un punto di vista matematico. Tuttavia, la *vecchia* probabilità, definita in termini della norma $\|.\|$, non è conservata per $\Phi_\Psi(t)$ e $\Phi_\varphi(t)$. Ma se usiamo piuttosto $\|.\|_\varphi$ o $\|.\|_\Psi$ le *nuove* probabilità sono conservate, infatti:

$$p_\varphi(t) := \|\Phi_\varphi(t)\|_\varphi^2 = \left\langle \Phi_\varphi(t), \Phi_\varphi(t)\right\rangle_\varphi = p_\varphi(0)$$

e

$$p_\Psi(t) := \|\Phi_\Psi(t)\|_\Psi^2 = \langle \Phi_\Psi(t), \Phi_\Psi(t)\rangle_\Psi = p_\Psi(0),$$

per ogni $t \in \mathbb{R}$. Questo suggerisce che, se il nostro principale interesse è avere un'evoluzione temporale che conserva la probabilità anche nel caso in cui $H \neq H^\dagger$, allora dovremmo rinunciare a $\mathcal{H}$, col suo prodotto scalare e la sua norma, e passare a $\mathcal{H}_\varphi$ o a $\mathcal{H}_\Psi$, a seconda di quale operatore scegliamo per descrivere l'evoluzione temporale del sistema, H o $H^\dagger$.

Questa libertà di scelta si riflette nella dinamica degli operatori in rappresentazione di Heisenberg: se partiamo con $H_0 = H_0^\dagger$ in $\mathcal{H}$, la ricetta per dedurre l'evoluzione temporale di un'osservabile $\hat{X}$, $\hat{X}(t)$, è semplice: $\hat{X}(t)$ dovrebbe soddisfare la seguente uguaglianza:

$$\left\langle \xi, \hat{X}(t)\xi \right\rangle = \left\langle \xi(t), \hat{X}\xi(t) \right\rangle = \left\langle e^{-iH_0 t}\xi, \hat{X}e^{-iH_0 t}\xi \right\rangle = \left\langle \xi, e^{iH_0 t}\hat{X}e^{-iH_0 t}\xi \right\rangle,$$

dove ξ descrive il sistema fisico a $t = 0$ mentre $\xi(t) = e^{-iH_0 t}\xi$ è la sua versione evoluta nel tempo. Poiché questa uguaglianza deve essere vera per tutti i *vettori fisici*, concludiamo che $\hat{X}(t) = e^{iH_0 t}\hat{X}e^{-iH_0 t}$. Se ripetiamo gli stessi passaggi, sostituendo H_0 con H, deduciamo che

$$\hat{X}_{\mathcal{H}}(t) = e^{iH^\dagger t}\hat{X}e^{-iHt}. \tag{8.8}$$

Ma questa non è certamente l'unica possibilità, e non è nemmeno la più conveniente, poiché adoperando la (8.8) si perderebbero tre caratteristiche estremamente importanti dell'evoluzione temporale *standard*: (1) gli operatori $e^{iH^\dagger t}$ e e^{-iHt} non sono più unitari (in $\mathcal{H}$); (2) Non è così facile trovare integrali di moto per il sistema, poiché, se vale (8.8), $[H, \hat{X}] = 0$ non implica che risulti $\hat{X}(t) = \hat{X}(0)$. Quindi, non è più vero che le osservabili che commutano con H non evolvono nel tempo; (3) L'evoluzione temporale non è più un automorfismo dell'insieme delle osservabili, poiché in generale $(\hat{X}\hat{Y})_{\mathcal{H}}(t) \neq \hat{X}_{\mathcal{H}}(t)\hat{Y}_{\mathcal{H}}(t)$, e questo complica enormemente tutti i calcoli.

Tuttavia, c'è una possibile via d'uscita, e ha di nuovo a che fare con una ridefinizione, o con una scelta più appropriata, del prodotto scalare. Infatti, se lavoriamo con $\mathcal{H}_\Psi$ piuttosto che con $\mathcal{H}$, che è una scelta naturale poiché H è autoaggiunto in $\mathcal{H}_\Psi$, possiamo definire una mappa diversa: $t \to \hat{X}_{\mathcal{H}_\Psi}(t)$ lavorando come prima:

$$\left\langle \xi_\Psi(t), \hat{X}\xi_\Psi(t) \right\rangle_\Psi = \left\langle \xi_\Psi, \hat{X}_{\mathcal{H}_\Psi}(t)\xi_\Psi \right\rangle_\Psi,$$

e il risultato è il seguente:

$$\hat{X}_{\mathcal{H}_\Psi}(t) = e^{iHt}\hat{X}e^{-iHt}, \tag{8.9}$$

e i problemi (1), (2) e (3) sono risolti, pagando solo il prezzo di lavorare in $\mathcal{H}_\Psi$, cioè di sostituire $\langle .,. \rangle$ con $\langle .,. \rangle_\Psi$. Apparentemente, questo non è un grande prezzo. Ma, come abbiamo già osservato, esiste un altro aspetto da chiarire: perché H dovrebbe essere *migliore* di $H^\dagger$? In effetti, non c'è sostanzialmente alcuna differenza tra loro, a priori, poiché entrambi contengono esattamente le stesse informazioni[2]. Se usiamo $H^\dagger$ piuttosto che H, la scelta di lavorare in $\mathcal{H}$ creerebbe gli stessi tipi

[2] Infatti, $\dagger$ mappa H in $H^\dagger$, ma mappa anche $H^\dagger$ nuovamente in H, poiché $(H^\dagger)^\dagger = H$, come fa qualsiasi involuzione. Quindi, da un punto di vista puramente informativo, H e $H^\dagger$ appaiono completamente equivalenti.

di problemi (1), (2) e (3) citati in precedenza. La possibile via d'uscita è ora chiaramente quella di usare $\mathcal{H}_\varphi$ (piuttosto che $\mathcal{H}$ o $\mathcal{H}_\Psi$) come spazio di Hilbert naturale su cui lavorare. In questo caso, l'evoluzione temporale di $\hat{X}$ diventa

$$\hat{X}_{\mathcal{H}_\varphi}(t) = e^{iH^\dagger t}\hat{X}e^{-iH^\dagger t}, \tag{8.10}$$

e nuovamente i succitati problemi sono risolti.

Riassumendo, possiamo dire che, sotto le nostre ipotesi sugli E_n, lavorare con una Hamiltoniana non autoaggiunta H dà molta libertà, (forse troppa!): abbiamo tre spazi di Hilbert, con i loro prodotti scalari, le loro norme e le loro involuzioni, e abbiamo anche diverse possibili definizioni dell'evoluzione temporale di qualsiasi osservabile, ognuna con degli aspetti positivi e negativi. Naturalmente, ci rimane una domanda molto naturale, e davvero essenziale: come dovremmo scegliere il *giusto* spazio di Hilbert? O, ancora meglio, chi o cosa decide cosa è *giusto*? Questi possono sembrare problemi filosofici, e forse lo sono. Tuttavia, vista la loro rilevanza in [23, 24] è stato proposto un punto di vista piuttosto pragmatico, che può essere riassunto come segue: la scelta giusta è quella che restituisce i dati sperimentali! Naturalmente, questa non è davvero una idea nuova. Al contrario, è la regola guida essenziale su cui si basano quasi tutti i risultati della fisica teorica.

Osservazione Potrebbe valere la pena concludere la nostra analisi con il seguente commento: l'Hamiltoniana H in qualche modo fissa il suo spazio di Hilbert preferito! Questo perché sia $\langle.,.\rangle_\varphi$ che $\langle.,.\rangle_\Psi$ sono definiti tramite S_φ e S_Ψ, che sono dedotti, a loro volta, dagli autovettori di H e $H^\dagger$. Tutto ciò ricorda molto ciò che accade quando si discute l'esistenza della dinamica quantistica algebrica, come discusso in [11] e nella bibliografia ivi citata, dove l'Hamiltoniana (autoaggiunta, in quel contesto) viene utilizzata per definire una topologia adatta sull'algebra degli operatori (non limitati) utilizzati nella descrizione del sistema fisico in esame.

8.1.1 Probabilità di transizione e conseguenze

Come conseguenza di quanto discusso fin qui, proporremo ora tre possibili diverse definizioni di probabilità di transizione. Come già osservato prima, solo gli esperimenti possono chiarire quale sia, o possa essere considerata, la scelta corretta. Da un punto di vista puramente matematico, infatti, sono tutte scelte più che ragionevoli.

Ricordiamo brevemente cosa succede nella situazione *standard*, cioè quando la dinamica di $\mathcal{S}$ è guidata da una Hamiltoniana autoaggiunta H_0, con una base ortonormale $\mathcal{F}_e = \{e_k,\ k = 0, 1, \ldots, N\}$ di autovettori: $H_0\, e_k = E_k\, e_k$, $\forall k$. In questo caso, $E_k \in \mathbb{R}$ automaticamente, per tutti i k. Se $\Phi_0 = \sum_{k=0}^N c_k e_k$ è lo stato del sistema $\mathcal{S}$ a $t = 0$, $c_k = \langle e_k, \Phi_0\rangle$, allora la sua evoluzione temporale è chiaramente data da $\Phi(t) = e^{-iH_0 t}\Phi_0 = \sum_{k=0}^N c_k e^{-iE_k t} e_k$. Naturalmente, $\|\Phi(t)\| = \|\Phi_0\| = 1$, se lo stato iniziale Φ_0 è normalizzato. Per calcolare la probabilità di transizione a uno stato finale, descritto dal vettore normalizzato Φ_f, dobbiamo solo calcolare

$$P_{\Phi_0\to\Phi_f}(t) := \left|\left\langle \Phi_f, \Phi(t)\right\rangle\right|^2. \tag{8.11}$$

Naturalmente $P_{\Phi_0\to\Phi_f}(t) \in [0,1]$, per ogni t, a causa della disuguaglianza di Schwarz.

Consideriamo ora la situazione descritta in precedenza, in cui $H \neq H^\dagger$, e $\mathcal{F}_\varphi = \{\varphi_n\}$ e $\mathcal{F}_\Psi = \{\Psi_n\}$ sono i loro autovettori biortogonali: $H\varphi_n = E_n\varphi_n$, $H^\dagger\Psi_n = E_n\Psi_n$, $\langle\varphi_k, \Psi_n\rangle = \delta_{k,n}$. Ricordiamo che qui ci stiamo limitando ad autovalori reali, $E_n \in \mathbb{R}$.

Come abbiamo discusso prima, è in qualche modo naturale supporre che la funzione d'onda del sistema S descritto da H soddisfi l'equazione $i\dot{\Phi}(t) = H\Phi(t)$, insieme alla condizione iniziale $\Phi(0) = \Phi_0$. Quindi, poiché i φ_n sono autostati di H, la scelta naturale per calcolare $\Phi(t)$ è espandere questa funzione sconosciuta in termini di $\mathcal{F}_\varphi$. Così facendo otteniamo

$$\Phi(t) = e^{-iHt}\Phi_0 = \sum_{k=0}^{N} c_k e^{-iE_k t}\varphi_k, \tag{8.12}$$

dove $c_k = \langle\Psi_k, \Phi_0\rangle$. È chiaro che e^{-iHt} non è più un operatore unitario, quindi non c'è motivo per cui $\|\Phi(t)\|$ debba essere sempre uguale a uno, anche quando $\|\Phi_0\| = 1$. Tuttavia, poiché $\mathcal{H}$ è di dimensione finita, e^{-iHt} è sicuramente limitato e, quindi, continuo. Va anche detto che il prodotto scalare che appare nella (8.11) non è necessariamente la scelta migliore; potremmo sostituirlo con $\langle.,.\rangle_\varphi$ o con $\langle.,.\rangle_\Psi$, che sono anch'essi prodotti scalari rilevanti nella nostra analisi, come abbiamo già osservato. Quindi la (8.11) potrebbe essere estesa in uno qualsiasi dei seguenti modi:

$$\begin{cases} P_{\Phi_0\to\Phi_f}(t) := \left|\dfrac{\langle\Phi_f,\Phi(t)\rangle}{\|\Phi_f\|\|\Phi(t)\|}\right|^2, \\ P^\Psi_{\Phi_0\to\Phi_f}(t) := \left|\dfrac{\langle\Phi_f,\Phi(t)\rangle_\Psi}{\|\Phi_f\|_\Psi\|\Phi(t)\|_\Psi}\right|^2, \\ P^\varphi_{\Phi_0\to\Phi_f}(t) := \left|\dfrac{\langle\Phi_f,\Phi(t)\rangle_\varphi}{\|\Phi_f\|_\varphi\|\Phi(t)\|_\varphi}\right|^2, \end{cases} \tag{8.13}$$

dove le varie norme nelle frazioni sono necessarie per mantenere i rapporti normalizzati (nelle varie topologie) anche in presenza della nostra H non-Hermitiana. La necessità di queste normalizzazioni è stata già compresa diversi anni fa, [114], e recentemente adottata da altri autori, vedi [112], per esempio: con queste definizioni risulta $P^\sharp_{\Phi_0\to\Phi_f}(t) \in [0,1]$ per ogni $t \geq 0$. Qui $P^\sharp_{\Phi_0\to\Phi_f}$ sta per $P_{\Phi_0\to\Phi_f}$, $P^\Psi_{\Phi_0\to\Phi_f}$ o $P^\varphi_{\Phi_0\to\Phi_f}$. Naturalmente, ogni $P^\sharp_{\Phi_0\to\Phi_f}(t)$ produce un risultato che non è necessariamente uguale ad un $P^{\sharp'}_{\Phi_0\to\Phi_f}(t)$ differente. Inoltre, quelli dedotti qui sono ottenuti nell'ipotesi di base che H, e non $H^\dagger$, guidi la dinamica del sistema. Per questo motivo, le formule (8.13) sono solo *metà della storia*, almeno in linea di principio. L'altra metà si ottiene utilizzando $H^\dagger$ nell'equazione di Schrödinger: $i\dot{\chi}(t) = H^\dagger\chi(t)$, con la condizione iniziale $\chi(0) = \chi_0$. In questo caso, la formula (8.12) deve essere sostituita da $\chi(t) = e^{-iH^\dagger t}\chi_0 = \sum_{k=0}^{N} d_k e^{-iE_k t}\Psi_k$, con $d_k = \langle\varphi_k, \Phi_0\rangle$.

La conclusione è che, in linea di principio, lavorare con $H \neq H^\dagger$ piuttosto che con $H_0 = H_0^\dagger$ apre la strada a molte possibilità, tutte ugualmente ragionevoli. Scegliere una particolare tra tutte queste possibilità è un problema molto importante, a nostro avviso, ma non è essenziale almeno per quanto riguarda queste note, anche perché non c'è una vera e propria indicazione unica di quale dovrebbe essere la scelta giusta, almeno, a nostra conoscenza. Ma questo è, di sicuro, un problema stimolante per il futuro, intimamente connessa ad una comprensione più profonda dei problemi che sorgono quando si usi la rappresentazione di Heisenberg per H, anche in relazione a tutte le difficoltà che nascono dalla rottura della proprietà di automorfismo per l'evoluzione temporale menzionata in precedenza, dopo la (8.8).

8.1.2 Come estendere questi risultati

Prima di passare ad una specifica applicazione vogliamo descrivere brevemente due estensioni di natura differente di ciò che abbiamo visto nella prima parte di questo capitolo. In particolare, vogliamo mostrare brevemente cosa succede se l'Hamiltoniana del sistema ha qualche autovalore *genuinamente* complesso e quale tipo di problemi sorgono, e come questi possono essere risolti o almeno presi in considerazione, quando $\dim(\mathcal{H}) = \infty$. Entrambe queste estensioni sono rilevanti per le applicazioni fisiche. La presenza di autovalori complessi si verifica, per particolari scelte dei loro parametri, per le Hamiltoniane PT-simmetriche nelle loro fasi PT-rotte, [12, 42, 43]. La rilevanza fisica degli spazi di Hilbert di dimensione infinita è fuori discussione, come mostrano chiaramente tutti gli esempi considerati nel Capitolo 2, che sono tratti dalla letteratura fisica nonchè un'infinità di altre applicazioni presenti già nei testi universitari.

Consideriamo prima cosa succede quando rinunciamo all'ipotesi che E_k sia reale per ogni k. In questo caso, l'equazione (8.2) deve essere sostituita da

$$H^\dagger\Psi_k = \overline{E_k}\,\Psi_k, \tag{8.14}$$

$k = 0, 1, 2, \ldots, N$, che potrebbe, a prima vista, sembrare una differenza non particolarmente rilevante. Non è così. Ad esempio, in questa nuova situazione, H e $H^\dagger$ non sono più isospettrali, e per questo motivo non ci si aspetta che esista un operatore di intreccio (eventualmente invertibile) tra H e $H^\dagger$.

C'è ancora di più: nella nostra analisi abbiamo mostrato che, se tutti gli autovalori sono reali, anche se $H \neq H^\dagger$, possiamo introdurre su $\mathcal{H}$ un diverso prodotto scalare, $\langle.,.\rangle_\Psi$, e un diverso aggiunto, $\sharp$, come nella Sezione 8.1, tale che $H = H^\sharp$. Quindi H non è *Dirac-Hermitiana*, ma risulta comunque essere $\sharp$-*Hermitiana*. Questa utile caratteristica si perde se anche un solo autovalore di H ha una parte immaginaria non nulla. Infatti, consideriamo $H \neq H^\dagger$ e supponiamo che $\Im(E_n) \neq$

0 per almeno un n. Allora è facile dimostrare, come già osservato nella Sezione 2.1, che non esiste alcun prodotto scalare $\langle\langle .,. \rangle\rangle$ su $\mathbb{C}^{N+1}$ tale che $\langle\langle Hf, g\rangle\rangle = \langle\langle f, Hg\rangle\rangle$: poiché $\langle\langle H\varphi_n, \varphi_n\rangle\rangle = \overline{E_n}\langle\langle \varphi_n, \varphi_n\rangle\rangle$ e $\langle\langle \varphi_n, H\varphi_n\rangle\rangle = E_n\langle\langle \varphi_n, \varphi_n\rangle\rangle$, e poiché $\overline{E_n} \neq E_n$, $\langle\langle H\varphi_n, \varphi_n\rangle\rangle \neq \langle\langle \varphi_n, H\varphi_n\rangle\rangle$ necessariamente. Quindi H non può essere autoaggiunto rispetto a questo diverso prodotto scalare. La conclusione deriva dall'arbitrarietà di $\langle\langle .,. \rangle\rangle$.

Tuttavia, anche se $\Im(E_n) \neq 0$ per qualche n, alcuni dei risultati che abbiamo trovato nel caso di autovalori puramente reali rimangono validi. Ad esempio, $\mathcal{F}_\varphi$ e $\mathcal{F}_\Psi$ sono ancora basi biortogonali per $\mathcal{H} = \mathbb{C}^{N+1}$, e S_φ e S_Ψ sono ancora l'uno l'inverso dell'altro, positivi e autoaggiunti. Le loro radici quadrate esistono, e $e_n = S_\Psi^{1/2}\varphi_n$ è ancora un autovettore di $H_0 = S_\Psi^{1/2} H S_\varphi^{1/2}$ con autovalore E_n. Inoltre, $\mathcal{E} = \{e_n\}$ è una base per $\mathcal{H}$. Tuttavia, $H_0 \neq H_0^\dagger$, $S_\Psi H \neq H^\dagger S_\Psi$, e $H_0^\dagger e_n = \overline{E_n} e_n$. In particolare, ciò mostra che S_Ψ non è più un operatore di intreccio tra H e $H^\dagger$. Questo, come abbiamo già per altro osservato, è coerente con il fatto che H e $H^\dagger$ non siano isospettrali.

È possibile dare un risultato generale che fornisce condizioni equivalenti affinchè tutti gli autovalori di H siano reali. Questo è il contenuto del seguente teorema.

Teorema 8.1.1 *Le seguenti affermazioni sono equivalenti: (i) $E_n \in \mathbb{R}$ per tutti n; (ii) $S_\psi H = H^\dagger S_\psi$; (iii) $S_\varphi H^\dagger = H S_\varphi$; (iv) $H = H^\sharp$; (v) $H^\dagger = (H^\dagger)^\flat$.*

Dimostrazione Dimostriamo prima che (i) implica (ii). Infatti abbiamo $S_\psi H\varphi_n = E_n\psi_n$, mentre $H^\dagger S_\psi\varphi_n = \overline{E}_n\,\psi_n$, $\forall n$. Utilizzando l'espansione $f = \sum_{n=1}^N \langle\psi_n, f\rangle\,\varphi_n$, concludiamo che $(S_\psi H - H^\dagger S_\psi)f = 0$, $\forall f \in \mathcal{H}$ se $E_n = \overline{E}_n$ per tutti n, da cui segue la (ii).

Supponiamo poi che (ii) sia vera e mostriamo che $E_n \in \mathbb{R}$ per ogni n. Infatti abbiamo

$$\overline{E}_n\,\psi_n = H^\dagger S_\psi\varphi_n = S_\psi H\varphi_n = E_n\psi_n,$$

per ogni n. Quindi $E_n = \overline{E}_n$ segue facilmente.

L'equivalenza tra (ii) e (iii) è ovvia: è sufficiente, ad esempio, moltiplicare $S_\psi H = H^\dagger S_\psi$ da entrambi i lati per S_φ, e poi usare l'identità $S_\varphi = S_\psi^{-1}$. L'equivalenza tra (iii) e (iv) può essere dimostrata usando la (8.5) nel modo seguente:

$$H^\sharp = H \quad \Leftrightarrow \quad S_\varphi H^\dagger S_\psi = H \quad \Leftrightarrow \quad S_\varphi H^\dagger = H S_\varphi. \tag{8.15}$$

L'equivalenza tra (iv) e (v) è banale. □

Osservazione Questo teorema riassume (ed estende) ciò che abbiamo già appreso prima, cioè il fatto che, se gli autovalori di H sono tutti reali, allora $H = H^\sharp$. Infatti, mostra anche che, in questo caso, $H^\dagger$ è $\flat$–Hermitiano e che H e $H^\dagger$ obbediscono ad una certa relazione di intreccio.

Ulteriori risultati su questa particolare situazione possono essere trovati in [25], dove abbiamo utilizzato operatori antilineari per costruire una struttura matematica piuttosto generale.

Un'altra interessante estensione di ciò che abbiamo discusso in questo capitolo è necessaria se il sistema fisico in esame vive in uno spazio di Hilbert di dimensione infinita, cioè se $\dim(\mathcal{H}) = \infty$. Questo è ciò che accade in molte situazioni, ad esempio in relazione a ciò che sarà discusso nella Sezione 8.2. Per questo motivo, nel resto di questa sezione, considereremo alcuni aspetti di questa particolare estensione. Come prima, consideriamo un operatore H, che agisce su $\mathcal{H}$, con $H \neq H^\dagger$, e con tutti gli autovalori reali distinti E_n, $n = 0, 1, 2, \ldots$, e corrispondenti autovettori φ_k: $H\varphi_k = E_k\varphi_k$, $\forall k$. L'aggiunto di H, come al solito, è definito tramite l'uguaglianza $\langle Hf, g\rangle = \langle f, H^\dagger g\rangle$, per tutti $f, g \in \mathcal{H}$ tali che $f \in \mathcal{D}(H)$ e $g \in \mathcal{D}(H^\dagger)$. Chiamiamo $\|.\|$ la norma definita da $\langle ., .\rangle$, il prodotto scalare *naturale* in $\mathcal{H}$.

A differenza di quanto accade per gli spazi di Hilbert di dimensione finita, l'insieme $\mathcal{F}_\varphi = \{\varphi_k,\ k = 0, 1, 2, 3 \ldots\}$ non è necessariamente una base per $\mathcal{H}$, come ampiamente discusso in [14, 58] e nella bibliografia ivi contenuta. Abbiamo per altro già discusso questo aspetto nel Capitolo 2, dove abbiamo anche osservato che, in tutti i modelli considerati nella letteratura a nostra conoscenza, $\mathcal{F}_\varphi$ è comunque sempre totale in $\mathcal{H}$. Per questo motivo, assumeremo qui che $\mathcal{F}_\varphi$ sia totale in $\mathcal{H}$. Tuttavia, visto che non possiamo più usare l'ipotesi che $\mathcal{F}_\varphi$ sia una base, non possiamo neanche più affermare che esista un insieme biortonormale di vettori Ψ_k di autostati di $H^\dagger$, e che tale insieme sia unico. Ciò che possiamo fare è verificarlo nei vari esempi concreti, dove fino ad oggi è sempre risultato vero, e dove tale famiglia può essere costruita esplicitamente adoperando, ove possibile, gli operatori pseudo-bosonici. Supponiamo quindi che $H^\dagger$ ammetta autovettori Ψ_k con gli stessi autovalori di H:

$$H^\dagger\Psi_k = E_k\Psi_k, \tag{8.16}$$

e che l'insieme $\mathcal{F}_\Psi = \{\Psi_k,\ k = 0, 1, 2, 3 \ldots\}$ sia totale in $\mathcal{H}$, ma non necessariamente una base. Questo significa che H e $H^\dagger$ sono isospettrali. Naturalmente, insieme a $\mathcal{F}_\varphi$, con una scelta adeguata di normalizzazione questi sono insiemi biortonormali: $\langle\varphi_n, \Psi_k\rangle = \delta_{n,k}$.

Come in [24, 102] introduciamo un sottoinsieme di $\mathcal{H}$, $\mathcal{D}_{\text{phys}}$, come segue:

$$\mathcal{D}_{\text{phys}} := \left\{ f \in \mathcal{H} : f = \sum_n \langle\varphi_n, f\rangle\Psi_n = \sum_n \langle\Psi_n, f\rangle\varphi_n \right\}. \tag{8.17}$$

Quindi, $\mathcal{D}_{\text{phys}}$ non è necessariamente tutto $\mathcal{H}$, tranne, ad esempio, se $\mathcal{H}$ è di dimensione finita o se $\mathcal{F}_\varphi$ e $\mathcal{F}_\Psi$ sono basi biortogonali (ad esempio di Riesz) per $\mathcal{H}$. Il suffisso *phys* sta per *fisico*, poiché immaginiamo che $\mathcal{D}_{\text{phys}}$ contenga tutti i vettori fisicamente rilevanti necessari per la descrizione dettagliata del sistema fisico S che ci interessa. In altre parole, anche se $\mathcal{F}_\varphi$ e $\mathcal{F}_\Psi$ non sono basi per $\mathcal{H}$, sono comunque sufficienti per espandere tutti quei vettori che hanno un qualche significato fisico nella descrizione di S. In particolare, φ_n e Ψ_n devono appartenere a questo insieme, poiché questi vettori sono sicuramente i *più fisici* del sistema, essendo autostati di H e $H^\dagger$. In particolare, allora, per tutti i k, le seguenti serie convergono:

$$\varphi_k = \sum_n \langle\varphi_n, \varphi_k\rangle\Psi_n, \qquad \Psi_k = \sum_n \langle\Psi_n, \Psi_k\rangle\varphi_n. \tag{8.18}$$

Osserviamo che, poiché $\mathcal{F}_\varphi$ e $\mathcal{F}_\Psi$ sono totali in $\mathcal{H}$, $\mathcal{D}_{\text{phys}}$ è denso in $\mathcal{H}$. Quindi, l'insieme degli stati fisici è un sottoinsieme certamente molto ricco di $\mathcal{H}$.

Supponiamo ora, come abbiamo già fatto per il caso a dimensione finita, che la funzione d'onda $\Phi(t)$ di S *associato* ad una Hamiltoniana $H \neq H^\dagger$ soddisfi l'equazione di Schrödinger, $i\dot{\Phi}(t) = H\Phi(t)$, con $\Phi(0) = \Phi_0 \in \mathcal{D}_{\text{phys}}$. Alla luce della nostra interpretazione di $\mathcal{D}_{\text{phys}}$, è chiaro che ci aspettiamo che $\Phi(t) \in \mathcal{D}_{\text{phys}}$ per ogni $t \geq 0$. Questo non è garantito, perché non è necessariamente vero che, anche se $\Phi_0 = \sum_n \langle \varphi_n, \Phi_0 \rangle \Psi_n = \sum_n \langle \Psi_n, \Phi_0 \rangle \varphi_n$, che è una conseguenza del fatto che $\Phi_0 \in \mathcal{D}_{\text{phys}}$ e della (8.17), risulti anche

$$\Phi(t) = \sum_n \langle \Psi_n, \Phi(t) \rangle \varphi_n = \sum_n \langle \varphi_n, \Phi(t) \rangle \Psi_n. \tag{8.19}$$

Tuttavia, questo è il caso se, per esempio, (i) e^{-iHt} è limitato (non necessariamente unitario) e (ii) $\sum_n \langle \varphi_n, \Phi(t) \rangle \Psi_n$ è una successione di Cauchy[3] in $\mathcal{H}$. Infatti, sotto queste ipotesi abbiamo:

$$\begin{aligned}\Phi(t) &= e^{-iHt}\Phi_0 = e^{-iHt}\left(\sum_n \langle \Psi_n, \Phi_0 \rangle \varphi_n\right) = \sum_n \langle \Psi_n, \Phi_0 \rangle e^{-iHt}\varphi_n = \\ &= \sum_n \langle \Psi_n, \Phi_0 \rangle e^{-iE_n t}\varphi_n = \sum_n \left\langle e^{iE_n t}\Psi_n, \Phi_0 \right\rangle \varphi_n = \sum_n \left\langle e^{iH^\dagger t}\Psi_n, \Phi_0 \right\rangle \varphi_n = \\ &= \sum_n \left\langle \Psi_n, e^{-iHt}\Phi_0 \right\rangle \varphi_n = \sum_n \langle \Psi_n, \Phi(t) \rangle \varphi_n,\end{aligned}$$

che è metà dell'equazione (8.19). Notiamo che, nella prima riga, e^{-iHt} è stato spostato all'interno della somma usando il fatto che esso è continuo. Per quanto riguarda la seconda metà, poiché $\sum_n \langle \varphi_n, \Phi(t) \rangle \Psi_n$ è, per ipotesi, una sequenza di Cauchy per tutti $t \geq 0$, sicuramente converge a qualche vettore di $\mathcal{H}$. Che poi questo vettore sia esattamente $\Phi(t)$ deriva dal fatto che $\mathcal{F}_\varphi$ è completo in $\mathcal{H}$ e dalla biortogonalità di $\mathcal{F}_\varphi$ e $\mathcal{F}_\Psi$, poiché abbiamo $\left\langle \varphi_k, \left[\Phi(t) - \sum_n \langle \varphi_n, \Phi(t) \rangle \Psi_n\right]\right\rangle = 0$ per tutti i k.

Questo risultato mostra ancora una volta che, quando la dinamica del sistema fisico S è guidata da una Hamiltoniana non autoaggiunta H, sorgono problemi sia a livello puramente algebrico che a livello della sua descrizione dinamica. E questi problemi appaiono più complicati se $\dim(\mathcal{H}) = \infty$. Se, da un lato, l'introduzione di $\mathcal{D}_{\text{phys}}$ sembra abbastanza ragionevole su un terreno fisico, richiedere che $\mathcal{D}_{\text{phys}}$ sia stabile sotto l'evoluzione temporale non è garantito a priori. Infatti, abbiamo dovuto imporre condizioni abbastanza forti per dimostrare la (8.19). Questa è una delle difficoltà che si incontrano nel passare da spazi di Hilbert a dimensione finita a spazi a dimensione infinita. Un'altra difficoltà sorge quando si passa alla rappresentazione di Heisenberg, come in (8.8). Infatti, oltre agli stessi problemi che abbiamo discusso

[3] Naturalmente, questo è sicuramente vero per $t = 0$. Stiamo qui supponendo che sia vero anche per $t > 0$.

prima, dopo la formula (8.8), dovremmo anche capire se $\hat{X}_{\mathcal{H}}(t) = e^{iH^\dagger t}\hat{X}e^{-iHt}$ sia ben definito o meno. Più esplicitamente, preso $f \in \mathcal{D}(e^{-iHt})$, dobbiamo verificare che $e^{-iHt}f \in \mathcal{D}(\hat{X})$ e che $\hat{X}e^{-iHt}f \in \mathcal{D}(e^{-iH^\dagger t})$, $\forall t \geq 0$. D'altra parte, queste richieste sono automaticamente verificate se $\dim(\mathcal{H}) < \infty$.

Osservazione Lo stesso approccio può essere leggermente modificato, con poche e ovvie modifiche, se si decide di lavorare con $H^\dagger$ piuttosto che con H, cioè se si assume come equazione di Schrödinger la $i\,\dot{\chi}(t) = H^\dagger\chi(t)$, con $\chi(0) = \chi_0 \in \mathcal{D}_{\text{phys}}$. Ancora una volta, anche nel caso di $\dim(\mathcal{H}) = \infty$ dobbiamo decidere prima di ogni altra cosa quale, tra H e $H^\dagger$, sia la *sorgente* della dinamica.

La definizione degli operatori S_φ e S_Ψ, che quando $\dim(\mathcal{H}) < \infty$ erano solo somme finite di operatori di rango uno, deve ora essere rivista per renderla rigorosa. Iniziamo definendo

$$\mathcal{D}(S_\varphi) := \left\{ f \in \mathcal{H} : \sum_n \langle \varphi_n, f\rangle \varphi_n \in \mathcal{H} \right\},$$

$$\mathcal{D}(S_\Psi) := \left\{ g \in \mathcal{H} : \sum_n \langle \Psi_n, g\rangle \Psi_n \in \mathcal{H} \right\},$$

e poi

$$S_\varphi f = \sum_n \langle \varphi_n, f\rangle \varphi_n. \qquad S_\Psi g = \sum_n \langle \Psi_n, g\rangle \Psi_n, \tag{8.20}$$

per tutti $f \in D(S_\varphi)$ e $g \in D(S_\Psi)$. Per semplificare tecnicamente la situazione, è conveniente lavorare sotto l'ipotesi che $\mathcal{D}_{\text{phys}} \subseteq \mathcal{D}(S_\varphi) \cap \mathcal{D}(S_\Psi)$. Quindi, ogni volta che $\mathcal{D}_{\text{phys}}$ è denso in $\mathcal{H}$, S_φ e S_Ψ sono densamente definiti. Questi operatori hanno le seguenti proprietà: (i) $\Psi_n \in \mathcal{D}(S_\varphi)$, e $S_\varphi \Psi_n = \varphi_n$; (ii) $\varphi_n \in \mathcal{D}(S_\Psi)$, e $S_\Psi \varphi_n = \Psi_n$; (iii) sono operatori positivi, che ammettono estensione autoaggiunta (di Friedrichs), anch'essa positiva, e che indichiamo con gli stessi simboli; (iv) queste estensioni ammettono radici quadrate, $S_\varphi^{1/2}$ e $S_\Psi^{1/2}$; (v) definiscono nuovi prodotti scalari:

$$\langle f, g\rangle_\Psi = \langle f, S_\Psi g\rangle = \left\langle S_\Psi^{1/2} f, S_\Psi^{1/2} g\right\rangle, \tag{8.21}$$

e

$$\langle f, g\rangle_\varphi = \langle f, S_\varphi g\rangle = \left\langle S_\varphi^{1/2} f, S_\varphi^{1/2} g\right\rangle, \tag{8.22}$$

per tutti $f, g \in \mathcal{D}_{\text{phys}}$, se $\mathcal{D}_{\text{phys}} \subset \mathcal{D}(S_\varphi^{1/2}) \cap \mathcal{D}(S_\Psi^{1/2})$. Un'altra caratteristica di S_φ e S_Ψ è che, ancora sotto opportune ipotesi, mettono in relazione i diversi aggiunti introdotti finora, $\dagger$, $\flat$ e $\sharp$. Infatti, preso un operatore X di S, e supponendo per semplicità che X lasci invariante $\mathcal{D}_{\text{phys}}$ insieme a $X^\dagger$, $X^\flat$, $X^\sharp$, S_φ e S_Ψ, deduciamo le seguenti uguaglianze, che sembrano le stesse di quelle in (8.5), tranne che per la presenza del vettore f:

$$X^\flat f = S_\Psi X^\dagger S_\varphi f, \qquad X^\sharp f = S_\varphi X^\dagger S_\Psi f \qquad \text{e} \qquad X^\flat f = S_\Psi^2 X^\sharp S_\varphi^2 f,$$

per tutti $f \in \mathcal{D}_{\text{phys}}$. Infine un calcolo diretto mostra che

$$S_\Psi H \varphi_n = H^\dagger S_\Psi \varphi_n, \qquad S_\varphi H^\dagger \Psi_n = H S_\varphi \Psi_n.$$

Se ora introduciamo formalmente $H_0 := S_\Psi^{1/2} H S_\varphi^{1/2}$ e $e_k = S_\Psi^{1/2} \varphi_k = S_\varphi^{1/2} \Psi_k$, vediamo che $H_0 = H_0^\dagger = S_\varphi^{1/2} H^\dagger S_\Psi^{1/2}$, e che $\mathcal{E} = \{e_k,\ k = 0, 1, 2, \ldots,\}$ è un insieme ortonormale di $\mathcal{H}$ di autostati di H_0: $H_0 e_k = E_k e_k$. Per passare da risultati formali a risultati rigorosi dobbiamo ovviamente eseguire un'analisi più approfondita degli operatori considerati. In particolare, se per qualche motivo $\mathcal{D}_{\text{phys}}$ è lasciato invariante da H, $S_\Psi^{1/2}$ e $S_\varphi^{1/2}$, come accade in alcuni esempi concreti, [14], e come abbiamo supposto nelle (8.21) e (8.22), allora H_0 risulta essere un operatore simmetrico densamente definito e, se $\mathcal{F}_\varphi$ è una base di Riesz, allora $\mathcal{E}$ è una base ortonormale. Ma, come abbiamo visto in vari esempi nel Capitolo 2, le basi di Riesz sono rare, almeno nelle applicazioni considerate in questo testo.

Osservazione Un possibile approccio alternativo per l'analisi descritta qui, e in molte parti di queste note, consiste nell'introdurre, insieme a $\mathcal{D}_{\text{phys}}$, l'insieme di quelli che possiamo chiamare *operatori fisicamente rilevanti*, $\mathcal{O}_{\text{phys}}$, ovvero l'insieme di tutti gli operatori X, limitati o no, densamente definiti su $\mathcal{H}$, che lasciano invariante $\mathcal{D}_{\text{phys}}$ insieme a tutti i loro aggiunti, $X^\dagger$, $X^\sharp$ e $X^\flat$. Quindi, la nostra ipotesi di lavoro è che H, e^{iHt}, $S_\varphi^{1/2}$ e $S_\Psi^{1/2}$ appartengano a $\mathcal{O}_{\text{phys}}$. Un approccio simile è stato utilizzato in alcuni lavori recenti, [35, 36], nel contesto delle algebre di operatori non limitati.

Ulteriori considerazioni su questi argomenti possono essere trovate in [23, 24, 31, 69, 105]. Naturalmente, ciò apre anche la strada all'analisi delle simmetrie e delle quantità conservate per i sistemi quantistici la cui dinamica è guidata da una qualche Hamiltoniana non autoaggiunta, [45, 89, 117]. Anche questo è a nostro avviso un argomento affascinante, e merita sicuramente un'analisi approfondita.

8.2 Stati bi-coerenti e il propagatore

L'oggetto principale di indagine in questa sezione è il numeratore delle varie espressioni delle probabilità di transizione in (8.13). Mostreremo come utilizzare i BCSs nel loro calcolo, concentrandoci sull'esempio particolare degli operatori scala traslati analizzati nelle Sezioni 2.5, 2.6.2 e 5.3.

Osservazione Naturalmente, anche i denominatori in (8.13) sono importanti. In effetti, questi sono esattamente quei termini che ripristinano una delle proprietà essenziali di qualsiasi probabilità *ragionevole*, ovvero assumere valori tra zero e uno. Il motivo per cui non considereremo queste correzioni in ciò che segue è perché siamo più interessati a discutere il ruolo dei BCSs nel calcolo di alcuni elementi di matrice del propagatore, piuttosto che nel calcolare realmente le espressioni esplicite per le probabilità stesse.

Introduciamo intanto le seguenti quantità:

$$Q_0(t) = \langle \Phi_f, \Phi(t) \rangle, \quad Q_\Psi(t) = \langle \Phi_f, \Phi(t) \rangle_\Psi = \langle S_\Psi \Phi_f, \Phi(t) \rangle,$$
$$Q_\varphi(t) = \langle \Phi_f, \Phi(t) \rangle_\varphi = \langle S_\varphi \Phi_f, \Phi(t) \rangle,$$

che, ricordando le (8.4) (o le loro corrispondenti formule in spazi di Hilbert di dimensione infinita, (8.21) e (8.22)) possono essere riscritte in una forma unificata come segue:

$$Q_\mu(t) = \left\langle \Phi_f^{(\mu)}, e^{-iHt} \Phi_0 \right\rangle, \tag{8.23}$$

dove $\mu = 0, \varphi, \Psi$, e dove $\Phi_f^{(0)} = \Phi_f$, $\Phi_f^{(\varphi)} = S_\varphi \Phi_f$ e $\Phi_f^{(\Psi)} = S_\Psi \Phi_f$. Osserviamo che qui, per noi, $H = \omega\big(ba + \frac{1}{2}\, 1\!\!1\big)$, con a e b definiti come in (2.30).

Supponiamo che $\Phi_f^{(\mu)} \in \mathcal{L}_e$ e che $e^{-iHt}\Phi_0 \in \mathcal{L}_e$, $\forall t \geq 0$. Quindi, ricordando che come abbiamo discusso nella Sezione 5.3 la coppia $(\varphi(z), \psi(z))$ produce una risoluzione dell'identità[4] su $\mathcal{L}_e$, possiamo scrivere

$$Q_\mu(t) = \int_{\mathbb{C}} \frac{d^2 z_f}{\pi} \langle \Phi_f^{(\mu)}, \varphi(z_f) \rangle \langle \psi(z_f), e^{-iHt} \Phi_0 \rangle =$$
$$= \int_{\mathbb{C}} \frac{d^2 z_f}{\pi} \langle \Phi_f^{(\mu)}, \varphi(z_f) \rangle \langle e^{iH^\dagger t} \psi(z_f), \Phi_0 \rangle,$$

dove l'ultima uguaglianza deriva dal fatto che $\psi(z_f) \in \mathcal{D}\left(e^{iH^\dagger t}\right)$. Infatti abbiamo anche che $\varphi(z) \in \mathcal{D}\big(e^{-iHt}\big)$, $\forall z \in \mathbb{C}$. Otteniamo, $\forall z \in \mathbb{C}$,

$$e^{-iHt}\varphi(z) = e^{-i\omega t/2}\varphi\big(ze^{-i\omega t}\big), \qquad e^{iH^\dagger t}\psi(z) = e^{i\omega t/2}\psi\big(ze^{i\omega t}\big), \tag{8.24}$$

che mostra che i BCSs sono stabili sotto l'evoluzione temporale (almeno sotto le nostre ipotesi su cosa dovrebbe essere l'evoluzione temporale, cioè per la nostra particolare scelta di H). Inutile dire che queste uguaglianze sono completamente analoghe a quella per gli stati coerenti standard, quando la dinamica è guidata dall'Hamiltoniano autoaggiunto dell'oscillatore armonico. Una conseguenza interessante della (8.24) è che $e^{iH^\dagger t}\psi(z) \in \mathcal{S}(\mathbb{R})$, per tutti $t \geq 0$. Questo perché $\psi(z) = W(z)\hat{\Psi}_0 = e^{z\overline{\alpha} - \overline{z}\beta} D(z)\hat{\Psi}_0$, e $D(z)$ mappa $\hat{\Psi}_0 \in \mathcal{S}(\mathbb{R})$ in un'altra funzione, che è anche in $\mathcal{S}(\mathbb{R})$.

Ora, poiché $\Phi_0 \in \mathcal{L}_e$ per ipotesi, possiamo utilizzare la risoluzione dell'identità dei BCSs per riscrivere

$$\langle e^{iH^\dagger t}\psi(z_f), \Phi_0 \rangle = \int_{\mathbb{C}} \frac{d^2 z_0}{\pi} \langle e^{iH^\dagger t}\psi(z_f), \varphi(z_0) \rangle \langle \psi(z_0), \Phi_0 \rangle.$$

[4] È utile ricordare che $(\varphi(z), \psi(z))$ potrebbe anche produrre una risoluzione dell'identità al di fuori di $\mathcal{L}_e$, come è discusso nella Sezione 5.1.1.

Questa è anche una conseguenza della (8.24), e la possibilità di estendere la risoluzione dell'identità per BCSs da $\mathcal{L}_e$ a una classe più ampia, e in particolare, ad altri BCSs, come mostrato in Sezione 5.1.1. Quindi possiamo riscrivere

$$Q_\mu(t) = \int_{\mathbb{C}} \frac{d^2 z_f}{\pi} \int_{\mathbb{C}} \frac{d^2 z_0}{\pi} \langle \Phi_f^{(\mu)}, \varphi(z_f)\rangle \, D(z_f, z_0; t) \, \langle \psi(z_0), \Phi_0\rangle, \tag{8.25}$$

dove abbiamo introdotto la seguente funzione dipendente dal tempo

$$D(z_f, z_0; t) = \langle e^{iH^\dagger t} \psi(z_f), \varphi(z_0)\rangle = \langle \psi(z_f), e^{-iHt} \varphi(z_0)\rangle, \tag{8.26}$$

che è definita dagli elementi di matrice del propagatore e^{-iHt} sugli BCSs. Osserviamo che l'ultima uguaglianza in (8.26) segue dal fatto che, come già osservato, $\varphi(z_0) \in \mathcal{D}\big(e^{-iHt}\big)$. La formula (8.25) mostra che tutta la dipendenza temporale della funzione $Q_\mu(t)$ è in $D(z_f, z_0; t)$. Questo è il motivo per cui, nel seguito, ci concentreremo su questa quantità. Una volta che conosciamo l'espressione esplicita di $D(z_f, z_0; t)$, il calcolo di $Q_\mu(t)$ è (in linea di principio) un compito facile, per il quale abbiamo solo bisogno di calcolare prima $\langle \Phi_f^{(\mu)}, \varphi(z_f)\rangle$ e $\langle \varphi(z_0), \Phi_0\rangle$, e poi di eseguire gli integrali in (8.25). Naturalmente, la particolare scelta del prodotto scalare che adottiamo è tutta contenuta in $\langle \Phi_f^{(\mu)}, \varphi(z_f)\rangle$, mentre tutti gli altri termini del nostro calcolo non hanno memoria di questa scelta. In particolare, $D(z_f, z_0; t)$ coinvolge solo il prodotto scalare $\langle ., . \rangle$: nessun operatore metrico appare, quando si calcola questa funzione.

In seguito, calcoleremo $D(z_f, z_0; t)$ utilizzando tre tecniche diverse, e confronteremo i risultati ottenuti adottando le varie strategie:

1. Un calcolo diretto, esatto. Questo è utile per dedurre, molto facilmente utilizzando le proprietà degli BCSs, la forma esplicita di $D(z_f, z_0; t)$ per il nostro sistema.
2. Un calcolo indiretto, ma ancora esatto. Questo approccio è interessante poiché si basa sulla stessa idea di *time slicing* che sta dietro l'idea degli integrali funzionali in meccanica quantistica. Mostreremo, ancora una volta, come utilizzare le proprietà delle BCSs per ottenere l'espressione esatta di $D(z_f, z_0; t)$.
3. Un calcolo perturbativo. Non tutti i sistemi permettono calcoli esatti. È utile, e interessante, capire se si può proporre qualche approccio perturbativo per calcolare quantità specifiche, e se questo approccio funziona, o no. Useremo, come ovunque in questa sezione, alcune proprietà delle BCSs e dedurremo un risultato che restituisce, fino a un certo ordine nel parametro di perturbazione, gli stessi risultati esatti ottenuti prima. Questo viene interpretato come una buona indicazione del fatto che lo stesso approccio perturbativo che descriveremo qui possa essere utile anche per altri sistemi più complicati, per i quali il calcolo esatto di $D(z_f, z_0; t)$ risulta essere inpossibile.

8.2.1 Calcolo diretto

A causa delle (8.24) e (8.26) possiamo facilmente scrivere

$$D(z_f, z_0; t) = \langle \psi(z_f), e^{-iHt}\varphi(z_0)\rangle = e^{-i\omega t/2}\langle \psi(z_f), \varphi\big(z_0 e^{-i\omega t}\big)\rangle.$$

Ora, come mostrato nelle formule (5.29) e (5.30), possiamo espandere le BCSs in questa formula,

$$\varphi(z) = e^{-\frac{1}{2}|z|^2}\sum_{k=0}^{\infty}\frac{z^k}{\sqrt{k!}}\hat{\varphi}_k, \qquad \psi(z) = e^{-\frac{1}{2}|z|^2}\sum_{k=0}^{\infty}\frac{z^k}{\sqrt{k!}}\hat{\psi}_k,$$

e se usiamo la biortonormalità dei vettori $\hat{\varphi}_k$ e $\hat{\psi}_k$, otteniamo il seguente risultato:

$$D(z_f, z_0; t) = \exp\left\{-\frac{1}{2}\big(|z_0|^2 + |z_f|^2\big) - i\,\frac{\omega t}{2} + \overline{z_f}\, z_0 e^{-i\omega t}\right\}. \tag{8.27}$$

Osserviamo che $D(z_f, z_0; 0) = K(z_f, z_0)$, vedi Sezione 5.1.1, formula (5.19). Potrebbe essere utile notare anche che il risultato in (8.27) è altresì uguale a quello che otterremmo calcolando il valor medio del propagatore su stati coerenti standard nel caso dell'oscillatore armonico con Hamiltoniana autoaggiunta. In effetti, come si vede, la formula (8.27) è indipendente da α e β. Di conseguenza, la funzione risultante $D(z_f, z_0; t)$ è la stessa per tutte le possibili scelte di questi parametri, ed in particolare per $\alpha = \beta = 0$. Ma questo è esattamente il caso dell'oscillatore armonico standard, poiché con questa scelta gli operatori scala traslati in (2.30) si riducono agli operatori bosonici c e $c^\dagger$ in (2.9). Quindi la nostra conclusione precedente non è sorprendente. Naturalmente, questo non significa che le probabilità di transizione in (8.13) coincidano anche con quelle dell'oscillatore armonico autoaggiunto. Questo aspetto è chiarito ad esempio in [23] e [24], dove queste diverse probabilità sono esplicitamente calcolate per alcune Hamiltoniane specifiche e si deduce che queste probabilità risultano effettivamente diverse.

8.2.2 Calcolo indiretto, ma comunque esatto

A volte è utile riscrivere il propagatore e^{-iHt} come l'azione successiva di N operatori $e^{-iH\epsilon}$, con $t = N\epsilon$, [115]:

$$e^{-iHt} = e^{-iH\epsilon}\cdots e^{-iH\epsilon}.$$

Il motivo sottostante è che, in questo modo, possiamo impostare un approccio perturbativo a causa del fatto che ϵ sia un parametro *piccolo*. Naturalmente, la convergenza di questo approccio non è garantita a priori, anche perché più piccolo è

ϵ, più grande risulta essere il numero N di copie di $e^{-iH\epsilon}$ da considerare. Tuttavia, come mostreremo ora, nel nostro esempio particolare possiamo comunque ottenere un risultato esatto, grazie alle proprietà dei nostri BCSs.

Introduciamo la funzione $D_N(z_f, z_0; \epsilon) = D(z_f, z_0; t)$ come segue:

$$D_N(z_f, z_0; \epsilon) = \langle \psi(z_f), e^{-iH\epsilon N} \varphi(z_0) \rangle = \langle e^{iH^\dagger \epsilon} \psi(z_f), e^{-iH\epsilon(N-1)} \varphi(z_0) \rangle.$$

Come è chiaro, in $D_N(z_f, z_0; \epsilon)$ ϵ e N, $N\epsilon = t$, appaiono esplicitamente. Poiché sia $e^{iH^\dagger \epsilon} \psi(z_f)$ che $e^{-iH\epsilon(N-1)} \varphi(z_0)$ sono ancora BCSs, possiamo introdurre una risoluzione dell'identità come segue:

$$D_N(z_f, z_0; \epsilon) = \int_{\mathbb{C}} \frac{d^2 z_a}{\pi} \langle e^{iH^\dagger \epsilon} \psi(z_f), \varphi(z_a) \rangle \langle \psi(z_a), e^{-iH\epsilon(N-1)} \varphi(z_0) \rangle.$$

Questa può essere vista come una applicazione dell'identità del nucleo riproducente in (5.21) e della stabilità di $\varphi(z)$ sotto l'azione di e^{-iHt}, vedi (8.24). Osserviamo che $\langle \psi(z_a), e^{-iH\epsilon(N-1)} \varphi(z_0) \rangle = D_{N-1}(z_a, z_0; \epsilon)$. Possiamo ripetere per $D_{N-1}(z_a, z_0; \epsilon)$ quello che abbiamo fatto per $D_N(z_f, z_0; \epsilon)$, con le stesse considerazioni, e otteniamo

$$\begin{aligned} D_{N-1}(z_a, z_0; \epsilon) &= \int_{\mathbb{C}} \frac{d^2 z_b}{\pi} \langle e^{iH^\dagger \epsilon} \psi(z_a), \varphi(z_b) \rangle \langle \psi(z_b), e^{-iH\epsilon(N-2)} \varphi(z_0) \rangle = \\ &= \int_{\mathbb{C}} \frac{d^2 z_b}{\pi} \langle e^{iH^\dagger \epsilon} \psi(z_a), \varphi(z_b) \rangle D_{N-2}(z_b, z_0; \epsilon), \end{aligned}$$

e così via. Iterando questa operazione $N-1$ volte otteniamo il seguente risultato

$$D_N(z_f, z_0; \epsilon) = \int_{\mathbb{C}^{N-1}} \prod_{k=1}^{N-1} \frac{d^2 z_k}{\pi} \prod_{j=0}^{N-1} D_1(z_{j+1}, z_j; \epsilon), \tag{8.28}$$

dove in particolare identifichiamo z_N con z_f, $z_N = z_f$. Ogni $D_1(z_{j+1}, z_j; \epsilon)$ può essere calcolato come nella Sezione 8.2.1, vedi (8.27). Dopo alcuni calcoli diretti otteniamo

$$\begin{aligned} &D_N(z_f, z_0; \epsilon) = \\ &= \frac{e^{-i\omega\epsilon N}}{\pi^{N-1}} e^{-\frac{1}{2}\left(|z_0|^2 + |z_f|^2\right)} \int_{\mathbb{C}^{N-1}} \prod_{k=1}^{N-1} d^2 z_k \, e^{-\left(|z_1|^2 + |z_2|^2 + \cdots + |z_{N-1}|^2\right)} e^{(\overline{z_N} z_{N-1} + \cdots \overline{z_1} z_0) e^{-i\omega\epsilon}}. \end{aligned}$$

Questo integrale multidimensionale può essere calcolato utilizzando il risultato dedotto nell'Appendice A.8, e restituisce $\pi^{N-1} e^{\overline{z_f} z_0 e^{-i\omega\epsilon N}}$, così che

$$D_N(z_f, z_0; \epsilon) = \frac{e^{-i\omega\epsilon N}}{\pi^{N-1}} e^{-\frac{1}{2}\left(|z_0|^2 + |z_f|^2\right)} \pi^{N-1} e^{\overline{z_f} z_0 e^{-i\omega\epsilon N}},$$

che coincide con $D(z_f, z_0; t)$ in (8.27) semplicemente ricordando l'identità $t = \epsilon N$.

8.2.3 Calcolo perturbativo indiretto

Prima di iniziare a descrivere i calcoli che ci serviranno, piuttosto noiosi a dire il vero, potrebbe essere utile ricordare ancora una volta la principale *raison d'etre* di questa sezione, che potrebbe apparire strana ed inutile al lettore: abbiamo dedotto un risultato esatto utilizzando due approcci diversi e, invece di essere soddisfatti (spesso i risultati esatti sono fuori portata, in meccanica quantistica!), continuiamo a lavorare per trovare un risultato approssimato! Il punto è che, proprio perchè siamo riusciti ad ottenere un risultato esatto, considerare un approccio perturbativo è utile per verificare se il risultato approssimato che otteniamo è vicino, o no, alla soluzione esatta. Se così non fosse, allora sarebbe chiaro che non possiamo aspettarci che il metodo perturbativo che stiamo per descrivere nel seguito possa essere utile in altri sistemi, possibilmente più complicati. D'altra parte, se deducessimo, come in effetti accadrà, che il nostro metodo qui produce un risultato approssimato vicino a quello esatto, allora possiamo concludere ottimisticamente che la stessa idea potrebbe funzionare bene anche per altri sistemi, non esattamente risolubili.

La tecnica si basa ancora sulla stessa suddivisione $e^{-iHt} = e^{-iH\epsilon} \cdots e^{-iH\epsilon}$ considerata in precedenza. Ma, contrariamente a quanto abbiamo fatto prima, considereremo con un calcolo perturbativo della funzione $D(z_f, z_0; t)$. Per questo, riscriveremo sia l'Hamiltoniana H, sia i BCSs, in termini dei loro *controparti autoaggiunte*, e lavoreremo con queste. Sarà evidente che i nostri conti sono di gran lunga più complicati e lunghi, ma possono comunque essere portati a termine fino alla fine, e producono risultati interessanti.

Iniziamo riscrivendo H nel modo seguente:

$$H = \omega\left(ba + \frac{1}{2}1\!\!1\right) = \omega\left((c^\dagger + \beta 1\!\!1)(c + \alpha 1\!\!1) + \frac{1}{2}1\!\!1\right) = H_0 + H_1,$$

dove

$$H_0 = \omega\left(c^\dagger c + \left(\alpha\beta + \frac{1}{2}\right)1\!\!1\right), \qquad H_1 = \omega\left(\alpha c^\dagger + \beta c\right).$$

In questa sezione assumeremo, principalmente per semplificare la notazione, che $\alpha, \beta \in \mathbb{R}$. Quindi H_0 è (almeno, formalmente) autoaggiunto, mentre risulta $H_1 \neq H_1^\dagger$, se $\alpha \neq \beta$. Ricordando ciò che abbiamo discusso nella Sezione 5.3 deduciamo che i BCSs per il sistema possono essere scritti come segue:

$$\varphi(z) = e^{(\alpha-\beta)^2/4} e^{\beta z - \alpha \overline{z}} D(z) D(-\alpha) e_0, \qquad \psi(z) = e^{(\alpha-\beta)^2/4} e^{\alpha z - \beta \overline{z}} D(z) D(-\beta) e_0,$$

dove e_0 è il vuoto per l'oscillatore armonico e $D(z)$ è l'operatore di spostamento unitario, vedi (5.2). Alla luce di ciò che abbiamo discusso nel Capitolo 4 possiamo riscrivere questi vettori come segue:

$$\begin{aligned} \varphi(z) &= e^{(\alpha-\beta)^2/4} e^{\beta z - \alpha \overline{z}} e^{-i\alpha \Im(z)} \Phi(z - \alpha), \\ \psi(z) &= e^{(\alpha-\beta)^2/4} e^{\alpha z - \beta \overline{z}} e^{-i\beta \Im(z)} \Phi(z - \beta), \end{aligned} \tag{8.29}$$

che come già osservato in precedenza, sono mappati l'uno nell'altro con lo scambio $\alpha \rightleftarrows \beta$.

Inserendo queste formule nella (8.26) possiamo riscrivere $D(z_f, z_0; t)$ nel modo seguente:

$$D(z_f, z_0; t) = \\ = e^{(\alpha-\beta)^2/2} e^{\alpha\left(\overline{z_f}-\overline{z_0}\right)-\beta(z_f-z_0)} e^{i\Im(\beta z_f-\alpha z_0)} \langle \Phi(z_f-\beta), e^{-iHt}\Phi(z_0-\alpha)\rangle, \quad (8.30)$$

dove $\Phi(z)$ è lo stato coerente standard, vedi (5.2). È facile verificare che, per $t = 0$, questa formula restituisce la (8.27) con $t = 0$,

$$D(z_f, z_0; 0) = \exp\left\{-\frac{1}{2}\left(|z_0|^2 + |z_f|^2\right) + \overline{z_f}\, z_0\right\}.$$

Ma quello che vogliamo capire è se la (8.30) funziona (approssimativamente) anche per $t > 0$. Come spesso abbiamo fatto in queste note, piuttosto che dare il risultato finale, preferiamo seguire un approccio pedagogico (anche se a tratti noioso). Va detto comunque che, rispetto alla maggior parte di ciò che è discusso in questo libro, non presteremo adesso molta attenzione ai dettagli rigorosi. Questa è, in un certo senso, la scelta naturale nel presente contesto, poiché questa sezione è incentrata su un approccio perturbativo, dove per altro non verranno considerate stime sugli errori[5].

Iniziamo calcolando $D(z_f, z_0; t)$ in (8.30) se $t = \epsilon$, con ϵ *abbastanza piccolo*. In questo caso, introducendo la funzione

$$\mathcal{L}(z, w; t) = \langle \Phi(z), e^{-iHt}\Phi(w)\rangle, \quad (8.31)$$

$z, w \in \mathbb{C}$, abbiamo quanto segue:

$$\mathcal{L}(w_f, w_0; \epsilon) = \langle \Phi(w_f), e^{-iH\epsilon}\Phi(w_0)\rangle \simeq \langle \Phi(w_f), (1\!\!1 - iH\epsilon)\Phi(w_0)\rangle$$

dove $w_0 = z_0 - \alpha$ e $w_f = z_f - \beta$, e dove $\simeq$ sta per *fino a correzioni di* $O(\epsilon^2)$. Ancora una volta, sottolineiamo che questa è, potenzialmente, un'operazione pericolosa, poiché stiamo trattando operatori non limitati e quindi, anche se ϵ è molto piccolo, la norma di, ad esempio, ϵH_0 diverge. Tuttavia, i nostri risultati suggeriscono che, almeno in questo modello, l'approssimazione utilizzata in $\mathcal{L}(w_f, w_0; \epsilon)$ è *sotto controllo*. Infatti, nonostante questa approssimazione, il nostro risultato sarà in accordo con quanto dedotto prima, vedi (8.27).

[5] Naturalmente, esistono approcci di perturbazione rigorosi in letteratura, ma non siamo particolarmente interessati a questo, poiché vogliamo solo confrontare questo approccio formale con i nostri precedenti risultati esatti.

Il passo successivo è mostrare che

$$\mathcal{L}(w_f, w_0; \epsilon) \simeq \langle \Phi(w_f), (\mathbb{1} - iH\epsilon)\Phi(w_0)\rangle =$$
$$= \langle \Phi(w_f), \Phi(w_0)\rangle \left(1 - i\epsilon\omega\left(\overline{z_f}\, z_0 + \frac{1}{2}\right)\right). \tag{8.32}$$

Per dimostrare questo risultato, calcoliamo prima due quantità ausiliarie:

$$\langle \Phi(z), H_0\Phi(q)\rangle = \omega\left(\langle \Phi(z), c^\dagger c\Phi(q)\rangle + \left(\alpha\beta + \frac{1}{2}\right)\langle \Phi(z), \Phi(q)\rangle\right) =$$
$$= \omega\left(\overline{z}\, q + \left(\alpha\beta + \frac{1}{2}\right)\right)\langle \Phi(z), \Phi(q)\rangle,$$

e

$$\langle \Phi(z), H_1\Phi(q)\rangle = \omega\big(\alpha\langle \Phi(z), c^\dagger\Phi(q)\rangle + \beta\langle \Phi(z), c\Phi(q)\rangle\big) =$$
$$= \omega(\alpha\overline{z} + \beta q)\langle \Phi(z), \Phi(q)\rangle,$$

poiché $c\,\Phi(z) = z\,\Phi(z)$ e $c\,\Phi(q) = q\,\Phi(q)$. Quindi la formula (8.32) segue ricordando che $w_0 = z_0 - \alpha$ e $w_f = z_f - \beta$. Ora, se inseriamo la (8.32) nella (8.30) con $t = \epsilon$, troviamo che

$$D(z_f, z_0; \epsilon) \simeq e^{-\frac{1}{2}\left(|z_0|^2 + |z_f|^2\right) + \overline{z_f}\, z_0}\left(1 - i\epsilon\omega\left(\overline{z_f}\, z_0 + \frac{1}{2}\right)\right),$$

che coincide con quello che otteniamo espandendo la (8.27) per $t = \epsilon$ al primo ordine in ϵ.

È sicuramente più interessante vedere cosa succede se $t = 2\epsilon$. In questo caso, dobbiamo calcolare $\mathcal{L}(w_f, w_0; 2\epsilon)$. Utilizzando la risoluzione dell'identità per gli stati coerenti standard otteniamo

$$\mathcal{L}(w_f, w_0; 2\epsilon) = \langle \Phi(w_f), e^{-iH2\epsilon}\Phi(w_0)\rangle =$$
$$= \int_{\mathbb{C}} \frac{d^2 z_1}{\pi}\, \langle \Phi(w_f), e^{-iH\epsilon}\Phi(z_1)\rangle\langle \Phi(z_1), e^{-iH\epsilon}\Phi(w_0)\rangle.$$

La formula (8.32) può essere estesa, utilizzando la stessa idea, fino a errori $O(\epsilon^2)$. Iniziamo riscrivendo (8.32) come

$$\mathcal{L}(z_1, z_2; \epsilon) = \langle \Phi(z_1), e^{-iH\epsilon}\Phi(z_2)\rangle \simeq$$
$$\simeq \langle \Phi(z_1), \Phi(z_2)\rangle\left(1 - i\epsilon\omega\left((\overline{z_1} + \beta)(z_2 + \alpha) + \frac{1}{2}\right)\right).$$

Quindi, applicando due volte questa formula, otteniamo

$$\begin{aligned}
&\langle \Phi(w_f), e^{-iH\epsilon}\Phi(z_1)\rangle\langle \Phi(z_1), e^{-iH\epsilon}\Phi(w_0)\rangle \simeq \\
&\simeq \langle \Phi(w_f), \Phi(z_1)\rangle\langle \Phi(z_1), \Phi(w_0)\rangle\left(1 - i\epsilon\omega\left((\overline{w_f} + \beta)(z_1 + \alpha) + \frac{1}{2}\right)\right)\times \\
&\quad\times\left(1 - i\epsilon\omega\left((\overline{z_1} + \beta)(w_0 + \alpha) + \frac{1}{2}\right)\right) = \\
&= \langle \Phi(w_f), \Phi(z_1)\rangle\langle \Phi(z_1), \Phi(w_0)\rangle\left(1 - i\epsilon\omega\left(\overline{z_f}\,(z_1 + \alpha) + \frac{1}{2}\right)\right)\times \\
&\quad\times\left(1 - i\epsilon\omega\left((\overline{z_1} + \beta)\, z_0 + \frac{1}{2}\right)\right) \simeq \\
&\simeq \langle \Phi(w_f), \Phi(z_1)\rangle\langle \Phi(z_1), \Phi(w_0)\rangle\big(1 - i\epsilon\omega\big(\overline{z_f}\, z_1 + \overline{z_1}\, z_0 + \alpha\overline{z_f} + \beta z_0 + 1\big)\big) = \\
&= \langle \Phi(w_f), \Phi(z_1)\rangle\langle \Phi(z_1), \Phi(w_0)\rangle(1 - i\epsilon\omega(1 + \alpha\overline{z_f} + \beta z_0)) + \\
&\quad - i\epsilon\omega\Big[\overline{z_f}\langle \Phi(w_f), c\Phi(z_1)\rangle\langle \Phi(z_1), \Phi(w_0)\rangle + \\
&\qquad + z_0\langle \Phi(w_f), \Phi(z_1)\rangle\langle c\Phi(z_1), \Phi(w_0)\rangle\Big].
\end{aligned}$$

Possiamo ora utilizzare la risoluzione dell'identità per tre volte:

$$\int_{\mathbb{C}} \frac{d^2 z_1}{\pi}\, \langle \Phi(w_f), \Phi(z_1)\rangle\langle \Phi(z_1), \Phi(w_0)\rangle = \langle \Phi(w_f), \Phi(w_0)\rangle,$$

$$\begin{aligned}
&\int_{\mathbb{C}} \frac{d^2 z_1}{\pi}\, \langle \Phi(w_f), c\Phi(z_1)\rangle\langle \Phi(z_1), \Phi(w_0)\rangle = \\
&\quad = \int_{\mathbb{C}} \frac{d^2 z_1}{\pi}\, \langle c^\dagger\Phi(w_f), \Phi(z_1)\rangle\langle \Phi(z_1), \Phi(w_0)\rangle = \\
&\quad = \langle c^\dagger\Phi(z_f), \Phi(w_0)\rangle = \langle \Phi(w_f), c\Phi(w_0)\rangle = w_0\langle \Phi(w_f), \Phi(w_0)\rangle,
\end{aligned}$$

e

$$\begin{aligned}
&\int_{\mathbb{C}} \frac{d^2 z_1}{\pi}\, \langle \Phi(w_f), \Phi(z_1)\rangle\langle c\Phi(z_1), \Phi(w_0)\rangle = \\
&\quad = \int_{\mathbb{C}} \frac{d^2 z_1}{\pi}\, \langle \Phi(w_f), \Phi(z_1)\rangle\langle \Phi(z_1), c^\dagger\Phi(w_0)\rangle = \\
&\quad = \langle \Phi(w_f), c^\dagger\Phi(w_0)\rangle = \langle c\Phi(w_f), \Phi(w_0)\rangle = \overline{w_f}\,\langle \Phi(w_f), \Phi(w_0)\rangle.
\end{aligned}$$

Mettendo tutto insieme troviamo

$$\mathcal{L}(w_f, w_0; 2\epsilon) \simeq \langle \Phi(w_f), \Phi(w_0)\rangle\big(1 - i\epsilon\omega\big(1 + \alpha\overline{z_f} + \beta z_0 + \overline{z_f}\, w_0 + +\overline{w_f}\, z_0\big)\big)$$

che dà, dopo alcune manipolazioni,

$$\mathcal{L}(w_f, w_0; 2\epsilon) \simeq \langle \Phi(w_f), \Phi(w_0)\rangle \left(1 - 2i\epsilon\omega\left(\overline{z_f}\, z_0 + \frac{1}{2}\right)\right), \qquad (8.33)$$

che è esattamente l'estensione della formula (8.32) che stavamo cercando. È poi possibile verificare che (8.32) e (8.33) possono essere ulteriormente estese nel modo seguente:

$$\mathcal{L}(w_f, w_0; N\epsilon) \simeq \langle \Phi(w_f), \Phi(w_0)\rangle \left(1 - Ni\epsilon\omega\left(\overline{z_f}\, z_0 + \frac{1}{2}\right)\right), \qquad (8.34)$$

fino a $O(\epsilon^2)$, $\forall N \geq 1$. Se ora inseriamo questo risultato nella (8.30), concludiamo che

$$D(z_f, z_0; N\epsilon) \simeq \exp\left\{-\frac{1}{2}\left(|z_0|^2 + |z_f|^2\right) + \overline{z_f}\, z_0\right\}\left(1 - Ni\epsilon\omega\left(\overline{z_f}\, z_0 + \frac{1}{2}\right)\right),$$

che coincide con la (8.27) quando $t = N\epsilon$, fino al secondo ordine in ϵ.

Quindi possiamo concludere che anche questo approccio perturbativo, basato su una suddivisione temporale e sulle proprietà degli stati coerenti (ordinari), produce il risultato *corretto*. Naturalmente, come abbiamo già osservato, ciò che è interessante è verificare se questo approccio possa essere utilizzato anche per altri sistemi quantistici, ed in particolare quelli per cui un calcolo esatto è fuori portata. I risultati qui dedotti per l'oscillatore armonico traslato sono infatti promettenti.

Osservazioni (1) È noto che esistono altri possibili modi per approssimare $\mathcal{L}(w_f, w_0; \epsilon)$. Ad esempio, per piccoli ϵ, potremmo sostituire $e^{-iH\epsilon} = e^{-i(H_0+H_1)\epsilon}$ con $e^{-iH_0\epsilon}e^{-iH_1\epsilon}$, utilizzando una sorta di *formula di Trotter*. Tuttavia, il calcolo diventa più complicato, e non si guadagna molto in questo modo. Per questo motivo preferiamo adottare la strategia qui descritta, che è molto più semplice e produce, con uno sforzo non esagerato, il risultato desiderato.

(2) Rimandiamo a [31] per un'altra applicazione dei BCS nel calcolo delle probabilità di transizione e dell'integrale funzionale per l'Hamiltoniana di Swanson, che, come abbiamo visto nella Sezione 2.7, è una sorta di versione rotata dell'Hamiltoniana per l'oscillatore quantistico, vedi (2.75) e (2.76). In [31] l'interesse era concentrato principalmente sul calcolo esatto, e il risultato coincide, con piccole modifiche, con quello in (8.27). E, estendendo ciò che abbiamo già osservato qui, entrambi coincidono con la quantità analoga calcolata per l'oscillatore armonico *standard*, con Hamiltoniana autoaggiunta. Questo suggerisce che, almeno quando gli operatori bosonici sono sostituiti da altri operatori che soddisfano le stesse relazioni di commutazione, non cambi molto nel calcolo degli elementi di matrice del propagatore su alcuni stati fisici particolari, ovvero su stati coerenti e bi-coerenti. Ci si potrebbe chiedere se questa conclusione possa essere estesa anche ad altri sistemi quantistici.

8.3 Commenti finali

Quello che abbiamo discusso in questo Capitolo è essenzialmente focalizzato sull'uso dei BCS nel calcolo degli elementi di matrice dell'operatore di evoluzione, in presenza di un Hamiltoniana con $H \neq H^\dagger$. Come si è detto, questo non è solo un esercizio di matematica, ovviamente, poiché è collegato al calcolo delle probabilità di transizione di vari tipi, come in (8.13). Naturalmente, il legame con l'integrale funzionale e l'uso di questo approccio nell'analisi di altri sistemi che non sono semplici deformazioni dell'oscillatore armonico quantistico, sono solo alcuni degli aspetti che richiedono più attenzione, in vista della loro possibile rilevanza in futuri progetti di ricerca. Ci aspettiamo che possano emergere difficoltà matematiche, poiché l'integrale di percorso è già un *argomento matematico caldo* per le Hamiltoniane autoaggiunte, [1]. Ma questa è un'altra ragione per lavorare a fondo su questo argomento, che è infatti una delle nostre linee di ricerca attive oggi.

Sottolineiamo ancora una volta che una comprensione più profonda della dinamica generata da una Hamiltoniana non autoaggiunta è un altro problema molto affascinante, insieme a tutti i suoi aspetti connessi, dall'analisi delle simmetrie alla rappresentazione di Heisenberg, dalla definizione delle probabilità di transizione ai punti matematici delicati che si incontrano quando si lavora in spazi di Hilbert di dimensione infinita, o con autovalori complessi. Rispetto a quanto esiste oggi in letteratura, c'è ancora un mondo da scoprire!

9 Conclusioni

È arrivato il momento di riassumere quello che abbiamo fatto, di commentare su alcuni aspetti particolari di ciò che è stato, o non è stato, discusso, e di scrivere la nostra *lista dei desideri* per il futuro.

Questo testo è organizzato in diverse sezioni. Abbiamo iniziato con alcuni preliminari matematici ed un'analisi abbastanza dettagliata delle CCR, e di alcune possibili deformazioni. Tutte queste regole di commutazione deformate danno origine a operatori di annichilazione, per i quali abbiamo costruito degli BCSs utilizzando un operatore di tipo spostamento. Abbiamo anche discusso come questi ultimi possano essere definiti utilizzando opportuni insiemi di vettori biortogonali, anch'essi connessi agli stessi operatori scala, e abbiamo confrontato le due costruzioni. Abbiamo poi fornito alcuni esempi espliciti di questi stati, per sistemi specifici guidati da certe Hamiltoniane non autoaggiunte considerate in diversi articoli scientifici da molti autori, e abbiamo mostrato alcuni risultati preliminari che descrivono come essi possono essere utilizzati in calcoli rilevanti in meccanica quantistica. In particolare, abbiamo visto che gli BCSs permettono un calcolo ragionevolmente semplice degli elementi di matrice del propagatore, e che il risultato approssimato che otteniamo per un sistema specifico, l'oscillatore armonico traslato, è in buon accordo con il risultato esatto. Questo fatto suggerisce che lo stesso approccio perturbativo descritto in queste note possa essere utile per altri modelli quantistici. Da un punto di vista più matematico, abbiamo discusso la possibilità di estendere gli autostati biortogonali di alcuni operatori di tipo numero e di alcuni operatori scala *insoliti* al dominio delle distribuzioni. Infine, ma è interessante (e divertente) ricordare che questo era davvero il punto di partenza del nostro progetto originale, abbiamo discusso molti risultati sulla BCH e su formule correlate, che sono alla base di molti dei risultati discussi lungo queste note.

Ma, come già sottolineato lungo tutto questo testo, ... questo è solo l'inizio della storia! Infatti, ci sono ancora molte cose da studiare e da capire, come spesso accade quando si fa ricerca. Una lista concisa di *cose da fare* è la seguente:

F. Bagarello, *Pseudo-Bosoni e Loro Stati Coerenti*,
https://doi.org/10.1007/978-3-031-61185-8_9

- Quello che abbiamo discusso qui deriva da deformazioni particolari delle CCR. È ovvio che ci si potrebbe chiedere se altre regole di commutazione interessanti possano essere deformate, adottando la stessa metodologia, o una metodologia simile. In effetti, molte altre situazioni analoghe sono state considerate negli ultimi anni, a partire dalla deformazione delle relazioni di anti-commutazione canoniche, [14, 21, 22], passando ai quoni deformati, [28]. Più recentemente, abbiamo anche proposto una versione deformata degli *operatori bosonici troncati*, [29], che sono il risultato di una versione non banale, a dimensione finita, delle CCR, vedi [40, 47]. Tutte queste deformazioni producono operatori scala, e per molti di essi sono stati costruiti BCSs, durante questi anni. Tuttavia, ciò che manca ancora è un'analisi sistematica di questi stati e delle loro proprietà, così come le loro possibili applicazioni alla meccanica quantistica non sono state ancora studiate a fondo, a nostro avviso. Infatti, non sono molte le applicazioni concrete di tali stati bi-coerenti proposte ad oggi.
- Su un fronte simile, in [53, 54] è stato dimostrato che altre strategie possono essere considerate per trovare gli autostati di un data Hamiltoniana H, almeno quando H soddisfa alcune condizioni particolari. I risultati originali, dedotti per Hamiltoniane autoaggiunte, sono stati estese a quelle non autoaggiunte in [26]. Molto recentemente, [39], è stata proposta una versione astratta degli operatori scala, sia per Hamiltoniane autoaggiunte che non autoaggiunte. Il risultato fondamentale di questa analisi consente di dedurre *facilmente* i loro autovalori e i loro autovettori.
  Come si è già osservato questo è in effetti un quesito molto generale nella meccanica quantistica: *trovare modi intelligenti per diagonalizzare una Hamiltoniana.* In questa prospettiva, oltre all'uso degli operatori scala, altre possibilità utili sono discusse nella letteratura da molti autori. Ad esempio, gli operatori di intreccio e la meccanica quantistica supersimmetrica sono approcci abbastanza consolidati, vedi [90, 96] e [51, 83] per una lista molto parziale. Anche se, come già osservato, esistono già alcuni risultati che collegano Hamiltoniane non autoaggiunte con operatori di intreccio o con la meccanica quantistica supersimmetrica, crediamo che lo studio esistente ad oggi sia ancora ad uno stadio molto preliminare, e che molto altro debba ancora essere compreso, anche in relazione con gli stati coerenti, e bi-coerenti.
- L'analisi della versione debole dei $\mathcal{D}$-PBs e degli BCSs è anch'esso, ad oggi, ad un livello di comprensione non completo. Tuttavia, sembra molto promettente, sia per i suoi aspetti matematici che per le sue possibili applicazioni alla fisica. Ad esempio, la nozione di biortogonalità in presenza di distribuzioni, ci costringe a capire se e come possa essere definito una qualche forma di prodotto scalare tra autovettori generalizzati di operatori di tipo numero. Questo problema è stato già considerato in passato, ma c'è molto altro da dire, principalmente nell'ottica di capire meglio ciò che accade per gli BCSs deboli. Per questi vettori, infatti, abbiamo già osservato come si possa considerare una loro definizione rigorosa in termini di una opportuna espansione in serie, convergente in una certa topologia costruita ad-hoc. Ma non è chiaro se questi stati possano essere dedotti come soluzioni di qualche equazione agli autovalori come avviene per gli stati coerenti

standard, o per gli stati bi-coerenti in $\mathcal{L}^2(\mathbb{R})$. Questo è un aspetto interessante da chiarire, insieme a tutte le sue conseguenze. Inoltre, in vista della relazione tra prodotti scalari e mappa aggiunta, la necessità di un prodotto scalare esteso per le distribuzioni potrebbe avere conseguenze e produrre possibili aggiunti di natura diversa, e di conseguenza nuovi operatori simmetrici e autoaggiunti. Questo è uno degli aspetti che certamente meriterebbero di essere indagati. Dal punto di vista della meccanica quantistica, abbiamo mostrato in [30] che le delta di Dirac appaiono in modo naturale quando si diagonalizzi l'Hamiltoniana di un oscillatore armonico quantistico smorzato, utilizzando l'approccio di Bateman. Sarebbe interessante verificare se, da queste delta, possano essere definite due famiglie biortogonali di distribuzioni come nel Capitolo 7, e quale sia il loro ruolo nell'analisi dell'oscillatore. Ancora una volta, dovrebbe essere prima compreso cosa significhi *biortogonalità*, in questo caso. Infatti, mentre un approccio formale al problema è estremamente facile, mimando quello che abbiamo fatto nella Sezione 2.3, un trattamento rigoroso del sistema appare, al momennto, piuttosto complicato. E, ultimo ma non meno importante, sarebbe interessante capire se questa impostazione *distribuzionale* sia in qualche modo collegata alla dissipatività del sistema, o se non lo sia.

- Il ruolo dell'integrale funzionale in meccanica quantistica è molto importante, principalmente nella Teoria Quantistica dei Campi, ma non solo. In presenza di Hamiltoniane non autoaggiunte, non si sa molto su tale integrale. In particolare, quasi nessun risultato rigoroso esiste in questa situazione, a nostra conoscenza. Un risultato preliminare è stato discusso in [31]. Nel Capitolo 8 abbiamo proceduto al calcolo del propagatore per l'oscillatore armonico traslato utilizzando gli BCSs, e prestando attenzione ai dettagli matematici dei nostri calcoli. Il risultato più utile che abbiamo dedotto qui, a nostro avviso, è che un approccio perturbativo può essere utilizzato che, almeno fino al primo ordine nell'espansione perturbativa, restituisce un risultato in accordo con il risultato esatto. Questo suggerisce (ottimisticamente) che, anche quando non si può trovare nessun risultato esatto, si possa ancora considerare un approccio perturbativo producendo qualcosa di *ragionevole*. Questa *speranza* è esattamente quello che andrebbe ulteriormente validata in altri casi concreti: vorremmo calcolare le probabilità di transizione, o gli elementi di matrice del propagatore, per sistemi con $H \neq H^\dagger$ per i quali non si può trovare nessuna soluzione esatta, e verificare se questa soluzione approssimata abbia senso o meno, e se sia in accordo con (eventuali) dati sperimentali.

  Incidentalmente, come abbiamo per altro già osservato nel Capitolo 8, tutto ciò è anche collegato a ciò che dovrebbe essere inteso come la *dinamica* per i sistemi con $H \neq H^\dagger$. L'unitarietà è sempre essenziale? H è *più rilevante* di $H^\dagger$? Perché? Inoltre, nella fase PT-non rotta, [42], gli autovalori di H sono reali. Ma, se siamo nella fase PT-rotta, alcuni autovalori sono complessi e, come abbiamo dimostrato nella Sezione 2.1, non esiste un prodotto scalare (cioè, non esiste un operatore metrico) in termini del quale H diventi autoaggiunta. Questo significa che in fase rotta non è sufficiente cambiare la definizione del prodotto scalare per recuperare un'evoluzione temporale unitaria. Queste problematiche aprono la strada a molte altre domande, per le quali di solito i fisici hanno molte risposte e certezze, che però in molti casi non sono condivise dai matematici. Quindi, un'analisi più approfondita potrebbe aiutare a capire meglio la situazione.

- In relazione al punto precedente, e in particolare a una migliore comprensione della dinamica per i sistemi con $H \neq H^\dagger$, crediamo che ci siano almeno due aspetti importanti ancora da chiarire: il ruolo e la definizione delle simmetrie, e degli integrali del moto, è il primo. L'idea *canonica* per cui una simmetria è un operatore autoaggiunto X che commuta con l'Hamiltoniana del sistema H, $[H, X] = 0$, non funziona più: secondo quanto discusso nella Sezione 8.1, questo non implica necessariamente che $X_{\mathcal{H}}(t) = X(0)$. Quindi X non è un integrale del moto! Questo è ciò che avviene se, come in (8.8), $X_{\mathcal{H}}(t) = e^{iH^\dagger t}\hat{X}e^{-iHt}$.
  Il secondo problema serio, strettamente connesso al primo, è che, come abbiamo anche osservato nel Capitolo 8, $(XY)_{\mathcal{H}}(t) \neq X_{\mathcal{H}}(t)Y_{\mathcal{H}}(t)$ in generale. Le conseguenze di questa *non uguaglianza* sono estremamente spiacevoli perché calcolare le equazioni di Heisenberg del moto per un dato insieme di operatori diventa un incubo!
  Entrambi questi aspetti richiedono un'analisi molto più approfondita, crediamo, e potrebbero avere conseguenze rilevanti sia per il loro interesse matematico che per le loro applicazioni fisiche.
- Concludiamo questa lista aggiungendo che il ruolo del tempo è stato solo sfiorato, qui e là, ma non pienamente analizzato, se non quando abbiamo parlato di dinamica. Ad esempio, non abbiamo discusso cosa succede se gli operatori scala pseudo-bosonici posseggono una qualche dipendenza temporale intrinseca, o se l'Hamiltoniana o gli operatori metrici dipendono dal tempo. Questo aspetto è stato recentemente considerato nella letteratura sugli Hamiltoniani PT-simmetrici, come ad esempio in [70, 71, 88, 91, 125]. Naturalmente, questo aprirebbe una lunga linea di ricerca certamente affascinante, che speriamo di intraprendere presto.

Guardando questa lista di punti aperti e possibili progetti, la conclusione è chiara, e può essere facilmente riassunta: c'è ancora molto lavoro da fare!

Altre formule e risultati

A.1 Appendice: derivazione della (2.35) e di $W(\alpha,\beta)$

Iniziamo osservando che, a causa delle (2.30)–(2.33), e del fatto che $D(z)$ è un operatore unitario, e quindi, in particolare, definito ovunque e invertibile, possiamo scrivere:

$$\hat{\varphi}_n = \frac{N_0}{\sqrt{n!}}(c^\dagger + \beta)^n D(-\alpha)e_0 = \frac{N_0}{\sqrt{n!}} D(-\alpha)\big(D(\alpha)(c^\dagger + \beta)D(-\alpha)\big)^n e_0.$$

Questo è anche dovuto al fatto che $S(\mathbb{R})$ è stabile sotto l'azione di tutti gli operatori coinvolti sopra. Ora, dalla (4.33), deduciamo che, per ogni $f(x) \in S(\mathbb{R})$,

$$D(\alpha)(c^\dagger + \beta)D(-\alpha)f = D(\alpha)c^\dagger D(-\alpha)f + \beta f = (c^\dagger - \overline{\alpha} + \beta)f = (c^\dagger + \gamma)f,$$

quindi

$$\hat{\varphi}_n = \frac{N_0}{\sqrt{n!}} D(-\alpha)(c^\dagger + \gamma)^n e_0,$$

che è il primo risultato interessante in (2.35). Per verificare la seconda uguaglianza, e dedurre l'espressione di $W(\alpha,\beta)$, consideriamo nuovamente la formula $\hat{\varphi}_n = \frac{N_0}{\sqrt{n!}}(c^\dagger + \beta \mathbb{1})^n D(-\alpha)e_0$ e usiamo la (2.31):

$$\hat{\varphi}_n = \frac{N_0}{\sqrt{n!}}(c^\dagger + \beta)^n D(-\alpha)e_0 = \frac{N_0 e^{-\frac{1}{2}|\alpha|^2}}{\sqrt{n!}} e^{-\alpha c^\dagger}(c^\dagger + \beta)^n e_0.$$

Quindi, espandendo $(c^\dagger + \beta \mathbb{1})^n$, troviamo

$$\hat{\varphi}_n = N_0 e^{-\frac{1}{2}|\alpha|^2} e^{-\alpha c^\dagger} \sum_{k=0}^{n} \sqrt{\frac{n!}{k!}}\, \frac{\beta^{n-k}}{(n-k)!} e_k = N_0 e^{-\frac{1}{2}|\alpha|^2} e^{-\alpha c^\dagger} e^{\beta c} e_n,$$

F. Bagarello, *Pseudo-Bosoni e Loro Stati Coerenti*,
https://doi.org/10.1007/978-3-031-61185-8

come si deduce facilmente da un calcolo diretto di $e^{\beta c}e_n$, vedi anche la (4.6). Questo dà la prima espressione di $W(\alpha,\beta)$ in (2.36). Le altre espressioni derivano dall'applicazione della (4.32), ristretta a $f = e_n$.

A.2 Appendice: stime di $\|\hat{\varphi}_n\|^2$

Dalla (2.35), usando l'unitarietà di $D(-\alpha)$ abbiamo

$$\|\hat{\varphi}_n\|^2 = \frac{|N_0|^2}{n!}\langle D(-\alpha)(c^\dagger+\gamma)^n e_0, D(-\alpha)(c^\dagger+\gamma)^n e_0\rangle = \\ = \frac{|N_0|^2}{n!}\langle (c^\dagger+\gamma)^n e_0, (c^\dagger+\gamma)^n e_0\rangle.$$

Poi, dato che

$$(c^\dagger+\gamma)^n e_0 = \sum_{k=0}^{n}\binom{n}{k}\gamma^k\sqrt{(n-k)!}\,e_{n-k},$$

e che $\langle e_k, e_l\rangle = \delta_{k,l}$, otteniamo

$$\|\hat{\varphi}_n\|^2 = |N_0|^2\,n!\sum_{k=0}^{n}\frac{|\gamma|^{2k}}{(k!)^2\,(n-k)!} \geq |N_0|^2\,n!\left(\frac{1}{n!}+\frac{|\gamma|^2}{(n-1)!}\right).$$

La disuguaglianza nell'ultimo passaggio segue dal fatto che stiamo trascurando $n-1$ termini positivi. Otteniamo quindi la (2.39).

È anche interessante osservare che, $\forall n \geq k$ allora $(n-k)! \geq 1$. Inoltre, se $k \geq 0$ allora $(k!)^2 \geq k!$. Deduciamo quindi anche la seguente disuguaglianza per $\|\hat{\varphi}_n\|^2$:

$$\|\hat{\varphi}_n\|^2 = |N_0|^2\,n!\sum_{k=0}^{n}\frac{|\gamma|^{2k}}{(k!)^2\,(n-k)!} \leq |N_0|^2\,n!\sum_{k=0}^{n}\frac{|\gamma|^{2k}}{(k!)^2} \leq |N_0|^2\,n!\sum_{k=0}^{\infty}\frac{|\gamma|^{2k}}{(k!)^2} \leq \\ \leq |N_0|^2\,n!\sum_{k=0}^{\infty}\frac{|\gamma|^{2k}}{k!} = |N_0|^2\,n!e^{|\gamma|^2},$$

che dimostra la prima disuguaglianza in (2.40). La seconda può essere verificata in modo simile.

A.3 Appendice: alcuni controlli semplici per l'aggiunto in $\mathcal{L}_e$

Considerata la natura (parzialmente) pedagogica di queste note, vogliamo verificare anche alcune affermazioni apparentemente ovvie. In particolare, in questa appendice controlleremo prima i seguenti risultati:

$$(e^{\gamma c})^\dagger e_n = e^{\overline{\gamma}c^\dagger}e_n, \qquad \left(e^{\gamma c^\dagger}\right)^\dagger e_n = e^{\overline{\gamma}c}e_n, \tag{A.1}$$

$\forall \gamma \in \mathbb{C}$ e per tutti $n \geq 0$. Ovviamente, queste sono banalmente vere a livello formale, ma diventano non del tutto banali quando teniamo in considerazione l'illimitatezza dei vari operatori coinvolti nelle identità.

Usando la (4.6), possiamo verificare facilmente che

$$\langle e_n, e^{\gamma c} e_m \rangle = \begin{cases} 0, & \text{se } n > m, \\ \frac{\gamma^{m-n}}{(m-n)!} \sqrt{\frac{m!}{n!}}, & \text{se } n \leq m, \end{cases}$$

che coincide con $\langle e^{\overline{\gamma} c^\dagger} e_n, e_m \rangle$, come si vede adoperando la (4.8). Quindi abbiamo

$$\langle e_n, e^{\gamma c} e_m \rangle = \langle (e^{\gamma c})^\dagger e_n, e_m \rangle = \langle e^{\overline{\gamma} c^\dagger} e_n, e_m \rangle,$$

ciò implica la prima equazione in (A.1), in virtù della totalità dell'insieme $\mathcal{F}_e$. La seconda uguaglianza in (A.1) può essere dimostrata in modo simile. Incidentalmente le uguaglianze in (A.1) implicano anche che $e_n \in \mathcal{D}\big((e^{\gamma c})^\dagger\big)$ e che $e_n \in \mathcal{D}\Big((e^{\gamma c^\dagger})^\dagger\Big)$.

È chiaro che le formule in (A.1) possono essere estese a tutti i vettori in $\mathcal{L}_e$. In particolare, quindi, possono essere estese a ciascun vettore della forma $e^{\alpha c} e_n$, $\forall \alpha \in \mathbb{C}$ e $\forall n \geq 0$, poiché qualsiasi vettore di questo tipo è di fatto una combinazione lineare (finita) di $e_0, e_1, \ldots, e_n$, come si vede nella (4.6).

Un'altra identità utilizzata in queste note, e che si riferisce all'aggiunto di $e^{\gamma c}$, è

$$(e^{\gamma c})^\dagger e^{\alpha c^\dagger} e_n = e^{(\overline{\gamma}+\alpha) c^\dagger} e_n, \tag{A.2}$$

$\forall \gamma, \alpha \in \mathbb{C}$ e $n \geq 0$. La dimostrazione è la seguente. Definiamo $I_1(n,m) = \langle e^{\gamma c} e_n, e^{\alpha c^\dagger} e_m \rangle$, e $I_2(n,m) = \langle e_n, e^{(\overline{\gamma}+\alpha) c^\dagger} e_m \rangle$. Il nostro compito è verificare che, $\forall n, m \geq 0$, $I_1(n,m) = I_2(n,m)$. Allora (A.2) segue, come al solito, dal fatto che $\mathcal{F}_e$ è totale. È molto facile vedere che $I_1(n,m) = I_2(n,m) = 0$, per ogni $m > n$. Se $m = n$, a causa della natura crescente di $c^\dagger$ e della natura decrescente di c, abbiamo $I_1(n,n) = I_2(n,n) = 1$. È un po' più lungo, ma non particolarmente complicato, verificare che $I_1(n,m) = I_2(n,m)$ se $m < n$. In particolare, utilizzando la (4.8), abbiamo

$$I_2(n,m) = \sqrt{\frac{n!}{m!}} \frac{(\alpha + \overline{\gamma})^{n-m}}{(n-m)!},$$

mentre

$$I_1(n,m) = \langle e^{\gamma c} e_n, e^{\alpha c^\dagger} e_m \rangle = \sum_{l=0}^{n} \sum_{k=0}^{\infty} \frac{\overline{\gamma}^l}{l!} \frac{\alpha^k}{k!} \sqrt{\frac{n!}{(n-l)!}} \sqrt{\frac{(m+k)!}{m!}} \delta_{n-l,m+k} =$$

$$= \alpha^{n-m} \sqrt{\frac{n!}{m!}} \sum_{l=0}^{n-m} \frac{\overline{\gamma}^l \alpha^{-l}}{l!(n-m-l)!},$$

che, dopo pochi semplici calcoli, si può mostrare essere coincidente con $I_2(n,m)$. Questo conclude la dimostrazione.

A.4 Appendice: altri controlli per l'aggiunto in $\mathcal{R}$

Come abbiamo già osservato, le formule (A.1) possono essere facilmente estese a $\mathcal{L}_e$ per linearità. Inoltre, la formula (A.2) mostra che $(e^{\gamma c})^\dagger\left(e^{\alpha c^\dagger}e_n\right) = e^{\overline{\gamma}\, c^\dagger}\, e^{\alpha\, c^\dagger} e_n$. Tuttavia, non è ovvio che le formule in (A.1), possano anche essere estese a $\mathcal{R}$, cioè all'insieme di combinazioni lineari infinite di vettori in $\mathcal{F}_e$ introdotte in (4.27). In questa appendice mostreremo che questo è effettivamente il caso, e che abbiamo

$$(e^{\gamma c})^\dagger f = e^{\overline{\gamma}\, c^\dagger} f, \qquad \left(e^{\gamma c^\dagger}\right)^\dagger f = e^{\overline{\gamma}\, c} f, \tag{A.3}$$

$\forall f \in \mathcal{R}$. Naturalmente, la (A.1) diventa un caso particolare della (A.3). Tuttavia, come vedremo tra poco, la (A.1) viene utilizzata nella dimostrazione che segue, ed è per questa ragione che deve essere dimostrata prima di estendere l'uguaglianza ad $\mathcal{R}$.

Per dimostrare la prima formula in (A.3) osserviamo che, a causa del fatto che $\mathcal{F}_e$ è totale in $\mathcal{H}$, è sufficiente dimostrare che

$$\langle (e^{\gamma c})^\dagger f, e_k\rangle = \langle e^{\overline{\gamma}\, c^\dagger} f, e_k\rangle,$$

$\forall k \geq 0$. Ma, grazie alla (A.1), questa può essere riscritta come $\langle f, e^{\gamma c} e_k\rangle = \langle e^{\overline{\gamma}\, c^\dagger} f, e_k\rangle$. Espandendo $f = \sum_{n=0}^{\infty} c_n e_n$, e utilizzando la formula (4.6) per $e^{\gamma c} e_k$, troviamo facilmente che

$$\langle f, e^{\gamma c} e_k\rangle = \sum_{l=0}^{k} \overline{c_{k-l}}\, \frac{\gamma^l}{l!}\sqrt{\frac{k!}{(k-l)!}}.$$

Osserviamo poi che, se $f \in \mathcal{R}$, $f \in \mathcal{D}(e^{\gamma c^\dagger})$. Questo è, ovviamente, essenziale affinché la (A.3) abbia un significato, perchè altrimenti $e^{\overline{\gamma}\, c^\dagger} f$ non sarebbe ben definito, in generale. Il modo più semplice per verificare questo fatto è controllare la convergenza della serie (altrimenti formale)

$$e^{\overline{\gamma}\, c^\dagger} f = e^{\overline{\gamma}\, c^\dagger} \sum_{n=0}^{\infty} c_n e_n = \sum_{n=0}^{\infty} c_n e^{\overline{\gamma}\, c^\dagger} e_n = \sum_{n=0}^{\infty} c_n \sum_{l=0}^{\infty} \frac{\overline{\gamma}^l}{l!}\sqrt{\frac{(n+l)!}{n!}}\, e_{n+l}, \tag{A.4}$$

dove abbiamo eseguito l'operazione *apparentemente pericolosa* di commutare $e^{\overline{\gamma}\, c^\dagger}$ con $\sum_{n=0}^{\infty}$, e poi abbiamo usato la (4.8). È possibile verificare che questo scambio è possibile, dato che la serie sopra è convergente in norma in $\mathcal{H}$ per tutti i valori complessi di γ.

Per dimostrare che la serie converge effettivamente, è conveniente porre $m = n + l$ e riscrivere

$$e^{\overline{\gamma}\, c^\dagger} f = \sum_{m=l}^{\infty} c_{m-l} \sum_{l=0}^{\infty} \frac{\overline{\gamma}^l}{l!}\sqrt{\frac{(m)!}{(m-l)!}}\, e_m,$$

così che, ricordando la disuguaglianza in (4.12), che ci permette di scrivere qui $\sqrt{\frac{(m)!}{(m-l)!}} \leq (\sqrt{m})^l$, e utilizzando la definizione di l_0, otteniamo

$$\left\| e^{\overline{\gamma} c^\dagger} f \right\| \leq \sum_{m=l}^{\infty} |c_{m-l}| \sum_{l=0}^{\infty} \frac{(|\gamma|\sqrt{m})^l}{l!} \leq A \sum_{m=l}^{\infty} e^{-\mu m} \sum_{l=0}^{\infty} \frac{(|\gamma|\sqrt{m}\, e^{\mu})^l}{l!} \leq$$
$$\leq A \sum_{m=0}^{\infty} e^{-\mu m} \sum_{l=0}^{\infty} \frac{(|\gamma|\sqrt{m}\, e^{\mu})^l}{l!}.$$

Poi

$$\left\| e^{\overline{\gamma} c^\dagger} f \right\| \leq A \sum_{m=0}^{\infty} e^{-\mu m} e^{|\gamma|\sqrt{m}\, e^{\mu}} = A \sum_{m=0}^{\infty} s^m a_m,$$

avendo posto $s = e^{-\mu m}$ e $a_m = e^{|\gamma|\sqrt{m}\, e^{\mu}}$. Questa è una serie di potenze in s con raggio di convergenza pari ad uno: la serie converge per $|s| < 1$, cioè per $e^{-\mu} < 1$. Ma questo è sempre vero, poiché $\mu > 0$, vedi (4.26).

Una volta dimostrato che $e^{\overline{\gamma} c^\dagger} f$ *ha senso*, possiamo concludere che lo scambio effettuato in (A.4) era consentito, e torniamo allora al nostro scopo originale: calcolare $\langle e^{\overline{\gamma} c^\dagger} f, e_k \rangle$. Utilizzando ora la (A.4) troviamo che

$$\langle e^{\overline{\gamma} c^\dagger} f, e_k \rangle = \sum_{n=0}^{\infty} \overline{c_n} \sum_{l=0}^{\infty} \frac{\gamma^l}{l!} \sqrt{\frac{(n+l)!}{n!}}\, \delta_{k,n+l} = \sum_{n=0}^{\infty} \overline{c_n} \sum_{l=0}^{\infty} \frac{\gamma^l}{l!} \sqrt{\frac{k!}{n!}}\, \delta_{k,n+l}.$$

Poiché $n, l \geq 0$, la presenza di $\delta_{k,n+l}$ in questa equazione implica che le serie sopra si riducono a somme finite. In particolare, utilizzando $n = k - l$, concludiamo che

$$\langle e^{\overline{\gamma} c^\dagger} f, e_k \rangle = \sum_{l=0}^{k} \overline{c_{k-l}} \frac{\gamma^l}{l!} \sqrt{\frac{k!}{(k-l)!}},$$

che coincide con $\langle f, e^{\gamma c} e_k \rangle$ per tutti $k \geq 0$. Questo conclude la dimostrazione della prima uguaglianza in (A.3). La seconda può essere verificata in modo simile.

A.5 Appendice: su $W^\dagger(\alpha,\beta)$ e $S^\dagger(\alpha,\beta)$

Dimostriamo qui la formula (2.41). La formula (2.42) può essere dimostrata in modo analogo.

Innanzitutto, la formula (2.35) implica chiaramente che $e_n \in \mathcal{D}(W(\alpha,\beta))$. Quindi, utilizzando la (2.36), abbiamo

$$\langle e_m, W(\alpha,\beta) e_n \rangle = e^{\frac{1}{4}(|\beta|^2 - |\alpha|^2) - \frac{1}{2}\alpha\beta} \langle e_m, e^{-\alpha c^\dagger} e^{\beta c} e_n \rangle =$$
$$= e^{\frac{1}{4}(|\beta|^2 - |\alpha|^2) - \frac{1}{2}\alpha\beta} \langle e^{-\overline{\alpha} c} e_m, e^{\beta c} e_n \rangle,$$

per ogni $m, n \geq 0$. L'ultima uguaglianza sopra è una conseguenza di ciò che abbiamo dedotto nell'Appendice A.3, e in particolare della seconda uguaglianza in (A.1). Ora, poiché $e^{-\overline{\alpha}c}e_m \in \mathcal{L}_e$, se ne deduce che possiamo applicare la prima identità in (A.1), così che

$$\langle e_m, W(\alpha,\beta)e_n\rangle = e^{\frac{1}{4}(|\beta|^2-|\alpha|^2)-\frac{1}{2}\alpha\beta}\langle e^{\overline{\beta}c^\dagger}e^{-\overline{\alpha}c}e_m, e_n\rangle =$$
$$= \langle e^{\frac{1}{4}(|\beta|^2-|\alpha|^2)-\frac{1}{2}\overline{\alpha}\,\overline{\beta}}e^{\overline{\beta}c^\dagger}e^{-\overline{\alpha}c}e_m, e_n\rangle,$$

che deve essere vera per ogni $n \geq 0$. Allora la prima uguaglianza nelle formule (2.41) deriva dal fatto che $\mathcal{F}_e$ è totale, e dalla definizione dell'aggiunto. Notiamo che, in particolare, abbiamo anche ricavato in questo modo che $e_m \in \mathcal{D}(W^\dagger(\alpha,\beta))$. Le altre identità in (2.41) possono essere verificate utilizzando i nostri risultati nel Capitolo 4, e in particolare le identità in (4.16) e (4.22).

Per quanto riguarda, diciamo, l'identità $W^\dagger(\alpha,\beta)S(\alpha,\beta)f = f$ in (2.43), $f \in \mathcal{L}_e$, è sufficiente verificare che

$$\langle S(\alpha,\beta)f, W(\alpha,\beta)e_n\rangle = \langle f, e_n\rangle, \tag{A.5}$$

$\forall f \in \mathcal{L}_e$ e per tutti $n \geq 0$. Infatti, (A.5) implica che $S(\alpha,\beta)f \in \mathcal{D}\big(W^\dagger(\alpha,\beta)\big)$, e quindi la nostra affermazione deriva dalla totalità di $\mathcal{F}_e$.

Per dimostrare la (A.5), utilizziamo la (2.36) e la (2.38), e riscriviamo

$$\langle S(\alpha,\beta)f, W(\alpha,\beta)e_n\rangle = \langle e^{\overline{\alpha}c}e^{-\overline{\beta}c^\dagger}f, e^{-\alpha c^\dagger}e^{\beta c}e_n\rangle = \langle e^{-\overline{\beta}c^\dagger}f, e^{\beta c}e_n\rangle.$$

Notiamo che abbiamo spostato qui $e^{\overline{\alpha}c}$ a destra utilizzando l'uguaglianza in (A.2) estesa a $\mathcal{L}_e$, che è ciò di cui abbiamo realmente bisogno poiché $e^{\beta c}e_n \in \mathcal{L}_e$.

Utilizzando ancora il fatto che $e^{\beta c}e_n \in \mathcal{L}_e$, possiamo ora utilizzare la formula (A.1) (estesa per linearità a $\mathcal{L}_e$) e concludiamo che $\langle S(\alpha,\beta)f, W(\alpha,\beta)e_n\rangle = \langle f, e_n\rangle$, che è ciò che dovevamo dimostrare. Quindi

$$W^\dagger(\alpha,\beta)S(\alpha,\beta)f = f,$$

$\forall f \in \mathcal{L}_e$. Le altre formule in (2.43) possono essere dimostrate con tecniche simili.

A.6 Appendice: una regola di somma

Il punto di partenza della regola di somma che vogliamo dedurre qui è la (2.44), $\langle\hat{\psi}_n, \hat{\varphi}_m\rangle = \delta_{n,m}$, insieme alle seguenti espressioni di $\hat{\psi}_n$ e $\hat{\varphi}_n$, equazioni (2.35)–(2.38):

$$\hat{\varphi}_n = e^{\frac{1}{4}(|\beta|^2-|\alpha|^2)-\frac{1}{2}\alpha\beta}e^{-\alpha c^\dagger}e^{\beta c}e_n, \qquad \hat{\psi}_n = e^{\frac{1}{4}(|\alpha|^2-|\beta|^2)-\frac{1}{2}\overline{\alpha}\overline{\beta}}e^{-\overline{\beta}c^\dagger}e^{\overline{\alpha}c}e_n.$$

Questi implicano che

$$\langle e^{-\overline{\beta}c^\dagger}e^{\overline{\alpha}c}e_n, e^{-\alpha c^\dagger}e^{\beta c}e_m\rangle = e^{\alpha\beta}\,\delta_{n,m}.$$

Entrambi i membri del prodotto scalare qui sono ben definiti, vedi Sezione 4.2, e sono stati calcolati, vedi (4.14). Dopo alcune manipolazioni otteniamo

$$\sum_{r=0}^{\infty}\sum_{l=0}^{m}\sum_{k=0}^{n}\frac{(r+m-l)!(\alpha\beta)^{r+k}}{r!k!l!(r+m-n+k-l)!(n-k)!(m-l)!}=$$
$$=(-1)^{n-m}\beta^{n-m}\frac{e^{\alpha\beta}}{\sqrt{n!m!}}\,\delta_{n,m},$$

dove la somma è limitata a quei valori di (r,l,k) tali che $r+m-n+k-l=r+(m-l)-(n-k)\geq 0$.

Questo risultato non viene utilizzato in queste note, ma sembra non banale e potenzialmente interessante. Questo è il motivo per cui abbiamo deciso di riportarlo in questa appendice.

A.7 Appendice: una proprietà di decadimento per le funzioni in $\mathcal{S}(\mathbb{R})$

Nella Sezione 4.6, formula (4.26), abbiamo introdotto un sottoinsieme di $l^2(\mathbb{N}_0)$, come l'insieme di tutte quelle successioni con elementi complessi che tendono a zero almeno esponenzialmente, per n divergente. Questo insieme è stato utilizzato per definire l'insieme di funzioni $\mathcal{R}$ in (4.27). In questa appendice, anche in vista del ruolo che $\mathcal{S}(\mathbb{R})$ ha per noi, vogliamo dedurre alcune informazioni interessanti (e probabilmente note, ma non così facili da trovare!) sulla velocità di decadimento dei coefficienti di espansione per le sue funzioni. Più concretamente, consideriamo una $f(x)\in\mathcal{S}(\mathbb{R})$, e consideriamo inoltre la solita base ortonormale dell'oscillatore armonico, vedi (2.11), $\mathcal{F}_e=\{e_n(x),\,n\geq 0\}$. Quindi $f(x)=\sum_{n=0}^{\infty}c_ne_n(x)$. A causa dell'identità di Parseval (2.3) abbiamo $\|f\|^2=\sum_{n=0}^{\infty}|c_n|^2$. Quindi $\sum_{n=0}^{\infty}|c_n|^2<\infty$, il che implica che i coefficienti c_n devono necessariamente decadere a zero più velocemente di $\frac{1}{n^{1/2}}$.

Ora, poiché $f(x)\in\mathcal{S}(\mathbb{R})$, è anche vero che la sua derivata esiste e che $f'(x)\in\mathcal{L}^2(\mathbb{R})$. Quindi possiamo espandere $f'(x)$ come segue: $f'(x)=\sum_{n=0}^{\infty}c_n'e_n(x)$, dove $c_n'=\langle e_n,f'\rangle=-\langle e_n',f\rangle$. Qui abbiamo usato l'integrazione per parti, e il fatto che $e_n(x)f(x)\to 0$ quando $|x|\to\infty$. È facile trovare che

$$e_n'(x)=\sqrt{\frac{n}{2}}e_{n-1}(x)-\sqrt{\frac{n+1}{2}}e_{n+1}(x),$$

$n\geq 0$, ponendo in particolare $e_{-1}(x)=0$. Infatti, $\frac{d}{dx}=\frac{1}{\sqrt{2}}(c-c^\dagger)$, quindi l'uguaglianza segue immediatamente dalla (2.12). Abbiamo allora

$$c_n'=\frac{1}{\sqrt{2}}\left(\sqrt{n+1}\,c_{n+1}-\sqrt{n}\,c_{n-1}\right),\tag{A.6}$$

con l'analoga posizione: $c_{-1} = 0$. Come prima, sappiamo che anche c'_n deve tendere a zero più velocemente di $\frac{1}{n^{1/2}}$. Ma allora, a causa della (A.6), questo è possibile solo se i coefficienti per $f(x)$, i c_n, decrescono più velocemente di $\frac{1}{n^1}$, e non solo più velocemente di $\frac{1}{n^{1/2}}$, come avevamo concluso in precedenza.

Se ora ripetiamo le stesse considerazioni per $f''(x)$, che è di nuovo in $\mathcal{L}^2(\mathbb{R})$, troviamo che $f''(x) = \sum_{n=0}^{\infty} c''_n e_n(x)$, con

$$c''_n = \sqrt{\frac{n(n-1)}{4}}\, c_{n-2} - \frac{2n+1}{2}\, c_n + \sqrt{\frac{(n+2)(n+1)}{4}}\, c_{n+2},$$

dove $c_{-2} = c_{-1} = 0$. Poiché c''_n deve decrescere più velocemente di $\frac{1}{n^{1/2}}$, ne segue che i c_n devono diminuire ancora più velocemente di quanto dedotto prima. Infatti, devono decrescere più rapidamente di $\frac{1}{n^{3/2}}$.

La conclusione a questo punto è ovvia: $f(x)$ ammette derivata di qualsiasi ordine, e ogni derivata è in $\mathcal{L}^2(\mathbb{R})$. Quindi c_n deve diminuire a zero, per $n \to \infty$, più velocemente di $\frac{1}{n^p}$, per tutti $p = \frac{k}{2}$, $k = 1, 2, 3, \ldots$. In particolare, possiamo vedere che le nostre successioni in l_0 soddisfano questo vincolo.

Concludiamo questa analisi sottolineando che il modo in cui abbiamo dedotto il nostro risultato qui indica chiaramente che questo comportamento asintotico dei c_n è una condizione necessaria soddisfatta da qualsiasi $f(x) \in S(\mathbb{R})$. Una domanda naturale da considerare, da questo punto di vista, è se questo sia anche sufficiente. Ancora una volta, non è così facile trovare risultati in questa direzione in letteratura, almeno a nostra conoscenza.

A.8 Appendice: alcuni integrali che coinvolgono stati coerenti

Ricordiamo prima che, come mostrato in (5.2), gli stati coerenti standard possono essere espansi come segue

$$\Phi(z) = e^{-\frac{1}{2}|z|^2} \sum_{n=0}^{\infty} \frac{z^n}{\sqrt{n!}} e_n,$$

e soddisfano la seguente sovrapposizione, vedi (5.3):

$$\langle \Phi(z), \Phi(w) \rangle = e^{-\frac{1}{2}(|z|^2+|w|^2)} e^{\overline{z}\, w},$$

per tutti $z, w \in \mathbb{C}$. Incidentalmente, questa sovrapposizione coincide con il nucleo riproducente $K(z, w)$ in (5.19) per gli BCSs. Inoltre, gli stati coerenti possono essere utilizzati per risolvere l'identità in tutto $\mathcal{H}$:

$$\int_{\mathbb{C}} \frac{d^2z}{\pi} \langle f, \Phi(z) \rangle \langle \Phi(z), g \rangle = \langle f, g \rangle,$$

$\forall f, g \in \mathcal{H}$. In particolare, se prendiamo $f = \Phi(z_f)$ e $g = \Phi(z_0)$, vediamo che

$$\int_{\mathbb{C}} \frac{d^2 z}{\pi} \langle \Phi(z_f), \Phi(z) \rangle \langle \Phi(z), \Phi(z_0) \rangle = \langle \Phi(z_f), \Phi(z_0) \rangle,$$

che è molto simile all'identità del nucleo riproducente in (5.20). Se ora usiamo la formula per $\langle \Phi(z), \Phi(w) \rangle$ qui, e semplifichiamo alcuni fattori, otteniamo l'uguaglianza

$$\int_{\mathbb{C}} d^2 z \, e^{-|z|^2} e^{\overline{z_f}\, z + \overline{z}\, z_0} = \pi e^{\overline{z_f}\, z_0}. \tag{A.7}$$

È facile estendere questo risultato semplicemente inserendo più volte la risoluzione dell'identità. Ad esempio, possiamo scrivere $\langle f, g \rangle$, $f, g \in \mathcal{H}$, come

$$\langle f, g \rangle = \int_{\mathbb{C}} \frac{d^2 z_1}{\pi} \int_{\mathbb{C}} \frac{d^2 z_2}{\pi} \langle f, \Phi(z_1) \rangle \langle \Phi(z_1), \Phi(z_2) \rangle \langle \Phi(z_2), g \rangle.$$

Ora, se ancora scegliamo $f = \Phi(z_f)$ e $g = \Phi(z_0)$, usiamo la formula (5.3), e semplifichiamo quello che possiamo, otteniamo

$$\int_{\mathbb{C}} d^2 z_1 \int_{\mathbb{C}} d^2 z_2 \, e^{-|z_1|^2 - |z_2|^2} e^{\overline{z_f}\, z_2 + \overline{z_2}\, z_1 + \overline{z_1}\, z_0} = \pi^2 e^{\overline{z_f}\, z_0}. \tag{A.8}$$

La formula può essere facilmente estesa:

$$\int_{\mathbb{C}} d^2 z_1 \int_{\mathbb{C}} d^2 z_2 \cdots \int_{\mathbb{C}} d^2 z_L \, e^{-|z_1|^2 - |z_2|^2 - \cdots - |z_L|^2} e^{\overline{z_f}\, z_L + \overline{z_L}\, z_{L-1} + \cdots + \overline{z_1}\, z_0} =$$
$$= \pi^L e^{\overline{z_f}\, z_0}, \tag{A.9}$$

per tutti gli $L = 1, 2, 3, \ldots$.

Possiamo poi verificare la seguente formula,

$$\int_{\mathbb{C}} d^2 z_1 \int_{\mathbb{C}} d^2 z_2 \cdots \int_{\mathbb{C}} d^2 z_L \, e^{-|z_1|^2 - |z_2|^2 - \cdots - |z_L|^2} e^{(\overline{z_f}\, z_L + \overline{z_L}\, z_{L-1} + \cdots + \overline{z_1}\, z_0) e^{-i\omega\epsilon}} =$$
$$= \pi^L e^{\overline{z_f}\, z_0 e^{-i\omega\epsilon(L+1)}}, \tag{A.10}$$

per ogni $L = 1, 2, 3, \ldots$. che si riduce alla (A.9) se $\epsilon = 0$. La formula (A.10) può essere dimostrata per induzione su L. Prima di tutto, se $L = 1$ abbiamo, usando la (A.7),

$$\int_{\mathbb{C}} d^2 z_1 \, e^{-|z_1|^2} e^{(\overline{z_f}\, z_1 + \overline{z_1}\, z_0) e^{-i\omega\epsilon}} = \int_{\mathbb{C}} d^2 z_1 \, e^{-|z_1|^2} e^{\overline{z_f e^{i\omega\epsilon}}\, z_1 + \overline{z_1}\, z_0 e^{-i\omega\epsilon}} = \pi e^{\overline{z_f e^{i\omega\epsilon}}\, z_0 e^{-i\omega\epsilon}},$$

che è proprio la formula (A.10) per $L = 1$. Se ora assumiamo che il risultato sia vero per $L - 1$, possiamo dimostrarlo per L:

$$\int_{\mathbb{C}} d^2 z_1 \int_{\mathbb{C}} d^2 z_2 \cdots \int_{\mathbb{C}} d^2 z_L \, e^{-|z_1|^2-|z_2|^2-\cdots-|z_L|^2} e^{(\overline{z_f}\, z_L+\overline{z_L}\, z_{L-1}+\cdots+\overline{z_1}\, z_0)e^{-i\omega\epsilon}} =$$
$$= \int_{\mathbb{C}} d^2 z_L e^{-|z_L|^2} e^{\overline{z_f}\, z_L e^{-i\omega\epsilon}} \left(\pi^{L-1} e^{\overline{z_L}\, z_0 e^{-i\omega\epsilon L}}\right),$$

dove la parte tra parentesi proviene dalla nostra ipotesi di induzione. La conclusione segue ripetendo, con piccole modifiche, gli stessi calcoli che abbiamo fatto per $L = 1$.

Riferimenti bibliografici

1. S. Albeverio, R. Hoeg-Krohn, S. Mazzucchi, *Mathematical Theory of Feynman Path Integrals: An introduction*. Lecture Notes in Mathematics, vol. 523 (2008)
2. S.T. Ali, J.-P. Antoine, J.-P. Gazeau, *Coherent States, Wavelets and Their Generalizations* (Springer, New York, 2000)
3. J.-P. Antoine, F. Bagarello, J.-P. Gazeau (eds.), *Coherent states and applications: a contemporary panorama* (Springer, Proceedings in Physics, 2018)
4. J.-P. Antoine, A. Inoue, C. Trapani, *Partial *-algebras and Their Operator Realizations* (Kluwer, Dordrecht, 2002)
5. J.-P. Antoine, C. Trapani, Reproducing pairs of measurable functions and partial inner product spaces. Adv. Oper. Theory **2**, 126–146 (2017)
6. H. Bacry, A. Grossmann, J. Zak, Proof of the completeness of lattice states in *kq* representation. Phys. Rev. B **12**, 1118–1120 (1975)
7. F. Bagarello, Algebras of unbounded operators and physical applications: a survey. Rev. Math. Phys. **19**(3), 231–272 (2007)
8. F. Bagarello, Pseudo-bosons, Riesz bases and coherent states. J. Math. Phys. **50**, 23531 (2010)
9. F. Bagarello, Examples of Pseudo-bosons in quantum mechanics. Phys. Lett. A **374**, 3823–3827 (2010)
10. F. Bagarello, G. Bellomonte, Hamiltonians defined by biorthogonal sets. J. Phys. A: Math. Ther. **50**(14), 145203 (2017)
11. F. Bagarello, Algebras of unbounded operators and physical applications: a survey. Rev. Math. Phys. **19**(3), 231–272 (2007)
12. F. Bagarello, J.P. Gazeau, F.H. Szafraniec, M. Znojil (eds.), *Non-selfadjoint operators in quantum physics: Mathematical aspects* (John Wiley and Sons, 2015)
13. F. Bagarello, *kq*-representation for pseudo-bosons, and completeness of bi-coherent states. J. Math. Anal. Appl. **450**, 631–643 (2017)
14. F. Bagarello, Deformed canonical (anti-)commutation relations and non hermitian Hamiltonians, in *Non-selfadjoint operators in quantum physics: Mathematical aspects, F*, ed. by Bagarello, J.P. Gazeau, F.H. Szafraniec, M. Znojil (Wiley, 2015)
15. F. Bagarello, From self-adjoint to non self-adjoint harmonic oscillators: physical consequences and mathematical pitfalls. Phys. Rev. A **88**, 32120 (2013)
16. F. Bagarello, F. Gargano, Model pseudofermionic systems: connections with exceptional points. Phys. Rev. A **89**, 32113 (2014)
17. F. Bagarello, R. Passante, C. Trapani, *Non-Hermitian Hamiltonians in Quantum Physics* Selected Contributions from the 15th International Conference on Non-Hermitian Hamiltonians in Quantum Physics, Palermo, Italy, 18–23 May 2015. (Springer, 2016)

F. Bagarello, *Pseudo-Bosoni e Loro Stati Coerenti*,
https://doi.org/10.1007/978-3-031-61185-8

18. F. Bagarello, F. Gargano, S. Spagnolo, Two-dimensional non commutative Swanson model and its bicoherent states, in *Geometric Methods in Physics, XXXVI* Trends in Mathematics., ed. by P. Kielanowski, A. Odzijewicz, E. Previato (Birkhäuser, 2019), pp. 9–19
19. F. Bagarello, Pseudo-bosons and bi-coherent states out of $\mathcal{L}^2(\mathbf{R})$. J. Phys.: Conf. Ser. **2038**, 12001 (2021)
20. F. Bagarello, (Regular) pseudo-bosons versus bosons. J. Phys. A **44**, 15205 (2011)
21. F. Bagarello, Linear pseudo-fermions. J. Phys. A **45**, 444002 (2012)
22. F. Bagarello, Damping and Pseudo-fermions. J. Math. Phys. **54**, 23509 (2013)
23. F. Bagarello, Some results on the dynamics and transition probabilities for non self-adjoint hamiltonians. Ann. Phys. **356**, 171–184 (2015)
24. F. Bagarello, Transition probabilities for non self-adjoint Hamiltonians in infinite dimensional Hilbert spaces. Ann. Phys. **362**, 424–435 (2015)
25. F. Bagarello, Non self-adjoint Hamiltonians with complex eigenvalues. J. Phys. A **49**, 215304 (2016)
26. F. Bagarello, E. Curado, J.P. Gazeau, Generalized Heisenberg algebra and (non linear) pseudo-bosons. J. Phys. A **51**, 155201 (2018)
27. F. Bagarello, F. Gargano, S. Spagnolo, Bi-squeezed states arising from pseudo-bosons. J. Phys. A **51**, 455204 (2018)
28. F. Bagarello, Deformed quons and bi-coherent states. Proc. Roy. Soc. A **473**, 20170049 (2017)
29. F. Bagarello, Finite-dimensional pseudo-bosons: a non-Hermitian version of the truncated harmonic oscillator. Phys. Lett. A **382**(36), 2526–2532 (2018)
30. F. Bagarello, F. Gargano, F. Roccati, A no-go result for the quantum damped harmonic oscillator. Phys. Lett. A **383**, 2836–2838 (2019)
31. F. Bagarello, J. Feinberg, Bicoherent-state path integral quantization of a non-Hermitian Hamiltonian. Ann. Phys. **422**, 168313 (2020)
32. F. Bagarello, Pseudo-bosons and Riesz bi-coherent states, in *Geometric Methods in Physics in Bialowieza, XXXIV Workshop 2015* Trends in Mathematics. (Springer, 2016), pp. 15–23
33. F. Bagarello, N. Hatano, A chain of solvable non-Hermitian Hamiltonians constructed by a series of metric operators. Ann. Phys. **430**, 168511 (2021)
34. F. Bagarello, Weak pseudo-bosons. J. Phys. A **53**, 135201 (2020)
35. F. Bagarello, F.G. Russo, A description of pseudo-bosons in terms of nilpotent Lie algebras. J. Geom. Phys. **125**, 1–11 (2018)
36. F. Bagarello, F.G. Russo, On the presence of families of pseudo-bosons in nilpotent Lie algebras of arbitrary corank. J. Geom. Phys. **137**, 124–131 (2019)
37. F. Bagarello, S. Kużel, Hamiltonians generated by Parseval frames. Acta Appl. Math. **171**, 4 (2021)
38. F. Bagarello, Coupled Susy, pseudo-bosons and a deformed $\mathbf{su}(1,1)$ Lie algebra. J. Phys. A **54**, 145201 (2021)
39. F. Bagarello, Abstract ladder operators and their applications. J. Phys. A **54**, 445203 (2021)
40. B. Bagchi, S.N. Biswas, A. Khare, P.K. Roy, Truncated harmonic oscillator and parasupersymmetric quantum mechanics. Pramana – J. Phys. **49**(2), 199–204 (1997)
41. H. Bateman, On dissipative systems and related variational principles. Phys. Rev. **38**, 815 (1931)
42. C.M. Bender, *PT Symmetry in quantum and classical physics* (World Scientific, 2019)
43. C. Bender, A. Fring, U. Günther, H. Jones Eds, *Special issue on quantum physics with non-Hermitian operators*, J. Phys. A: Math. and Ther., **45** (2012)
44. C.M. Bender, H.F. Jones, Interactions of Hermitian and non-Hermitian Hamiltonians. J. Phys. A **41**, 244006 (2008)
45. Z. Bian, L. Xiao, K. Wang, X. Zhan, F.A. Onanga, F. Ruzicka, W. Yi, Y.N. Joglekar, P. Xue, Conserved quantities in parity-time symmetric systems. Phys. Rev. Res. **022039**(R), 2 (2020)
46. O. Bratteli, D.W. Robinson, *Operator algebras and Quantum statistical mechanics 1* (Springer, New York, 1987)

47. H.A. Buchdahl, Concerning a kind of truncated quantized linear harmonic oscillator. Am. J. Phys. **35**, 210 (1967)
48. O. Christensen, *An Introduction to Frames and Riesz Bases* (Birkhäuser, Boston, 2003)
49. C. Cohen-Tannoudji, B. Diu, F. Laloë, *Quantum mechanics* vol. 1 (Wiley-VCH, 1977)
50. M. Combescure, R. Didier, *Coherent States and Applications in Mathematical Physics* (Springer, 2012)
51. F. Cooper, A. Khare, U. Sukhatme, *Supersimmetry and quantum mechanics* (World Scientific, Singapore, 2001)
52. E.M.F. Curado, M.A. Rego-Monteiro, Thermodynamic properties of a solid exhibiting the energy spectrum given by the logistic map. Phys. Rev. E **61**, 6255–6260 (2000)
53. E.M.F. Curado, M.A. Rego-Monteiro, Multi-parametric deformed Heisenberg algebras: a route to complexity. J. Phys. A **34**, 3253–3264 (2001)
54. E.M.F. Curado, Y. Hassouni, M.A. Rego-Monteiro, L.M.C.S. Rodrigues, Generalized Heisenberg algebra and algebraic method: The example of an infinite square-well potential. Phys. Lett. A **372**, 3350–3355 (2008)
55. J. da Providência, N. Bebiano, J.P. da Providência, Non hermitian operators with real spectrum in quantum mechanics. ELA **21**, 98–109 (2010)
56. J. da Providencia, N. Bebiano, J.P. da Providencia, Non-Hermitian Hamiltonians with real spectrum in quantum mechanics. Brazilian J. Phys. **41**(1), 78–85 (2011)
57. A. Das, L. Greenwood, An alternative construction of the positive inner product for pseudo-Hermitian Hamiltonians: examples. J. Math. Phys. **51**(4), 42103 (2010)
58. E.B. Davies, *Linear operators and their spectra* (Cambridge University Press, Cambridge, 2007)
59. S. Deguchi, Y. Fujiwara, K. Nakano, Two quantization approaches to the Bateman oscillator model. Ann. Phys. **403**, 34–46 (2019)
60. H. Dekker, Quantization of the linearly damped harmonic oscillator. Phys. Rev. A **16**, 2126–2134 (1977)
61. H. Dekker, Classical and quantum mechanics of the damped harmonic oscillator. Phys. Rep. **80**(1), 1–112 (1981)
62. V.V. Eremin, A.A. Meldianov, The q-deformed harmonic oscillator, coherent states and the uncertainty relation. Theor. Math. Phys. **147**(2), 709–715 (2006)
63. R. Estrada, R.P. Kanwal, *A Distributional Approach to Asymptotics Theory and Applications* (Birkhäuser, Boston, 2002)
64. F.M. Fernandez, Algebraic treatment of PT-symmetric coupled oscillators. Int. J. Theor. Phys. **54**, 3871–3876 (2015)
65. F.M. Fernandez, Symmetric quadratic Hamiltonians with pseudo-Hermitian matrix representation. Ann. Phys. **369**, 168–176 (2016)
66. F.M. Fernandez, Algebraic treatment of non-Hermitian quadratic Hamiltonians. J. Math. Chem. **58**, 2094–2107 (2020)
67. H. Feshbach, Y. Tikochinsky, Quantization of the damped harmonic oscillator. Trans. NY Acad. Sci. **38**(1 Series II), 44–53 (1997)
68. D.I. Fivel, Interpolation between Fermi and Bose statistics using generalized commutators. Phys. Rev. Lett. **65**, 3361–3364 (1990). Erratum, Phys. Rev. Lett., **69**, 2020, (1992)
69. C. Figueira de Morisson Faira, A. Fring, Time evolution of non-Hermitian Hamiltonian systems. J. Phys. A Math. Gen. **39**, 9269 (2006)
70. A. Fring, T. Frith, Mending the broken PT-regime via an explicit time-dependent Dyson map. Phys. Lett. A **381**, 2318 (2017)
71. A. Fring, T. Frith, Time-dependent metric for the two dimensional, non-Hermitian coupled oscillator. Mod. Phys. Lett. A **35**(08), 2050041 (2020)
72. J.-P. Gazeau, *Coherent states in quantum physics* (Wiley-VCH, Berlin, 2009)
73. J.-P. Gazeau, T. Koide, D. Noguera, Quantum smooth boundary forces from constrained geometries. J. Phys. A **52**, 445203 (2019)

74. I.M. Gelfand, G.E. Shilov, *Generalized Functions* vol. I (Academic Press, New York and London, 1964)
75. A. Ghatak, B.P. Mandal, Comparison of different approaches of finding the positive definite metric in pseudo-hermitian theories. Commun. Theor. Phys. **59**, 533–539 (2013)
76. I. Gilary, A.A. Mailybaev, N. Moiseyev, Time-asymmetric quantum-state-exchange mechanism. Phys. Rev. A **88**, 10102(R) (2013)
77. I.S. Gradshteyn, I.M. Ryzhik, *Table of integrals, series and products, Seventh Edition* (Academic Press, San Diego, 2007)
78. O.W. Greenberg, Particles with small violations of Fermi or Bose statistics. Phys. Rev. D **43**, 4111–4120 (1991)
79. B.C. Hall, *Quantum theory for mathematicians* (Springer, New York, 2013)
80. V.L. Hansen, *Functional analysis: entering Hilbert space* (World Scientific, Singapore, 2006)
81. C. Heil, *A basis theory primer: expanded edition* (Springer, New York, 2010)
82. A.J.E.M. Janssen, Bargmann transform, Zak transform, and Coherent states. J. Math. Phys. **23**, 720–731 (1982)
83. G. Junker, *Supersimmetric methods in quantum and statistical physics* (Springer, Berlin Heidelberg, 1996)
84. R.P. Kanwal, Delta series solutions of differential and integral equations. Int. Transf. Spec. Funct. **6**(1-4), 49–62 (1998)
85. V. Bargmann, P. Butera, L. Girardello, J.R. Klauder, On the completeness of the coherent states. Rep. Math. Phys. **2**(4), 221–228 (1971)
86. J.R. Klauder, B.S. Skagerstam (eds.), *Coherent states. Applications in physics and mathematical physics* (World Scientific, Singapore, 1985)
87. A. Kolmogorov, S. Fomine, *Eléments de la théorie des fonctions et de l'analyse fonctionelle* (Mir, 1973)
88. W. Koussa, M. Attia, M. Maamache, Pseudo-fermionic coherent states with time-dependent metric. J. Math. Phys. **61**, 42101 (2020)
89. S.S. Lachezar, N.V. Vitanov, Dynamical invariants for pseudo-Hermitian Hamiltonians. Phys. Rev. A **93**, 12123 (2016)
90. A.L. Lisok, A.V. Shapovalov, A. Yu. Trifonov, Symmetry and Intertwining Operators for the Nonlocal Gross-Pitaevskii Equation. SIGMA **9**(066), 21 (2013)
91. M. Maamache, Non-Unitary evolution of quantum time-dependent non-Hermitian systems. Acta Polytech. **57**(6), 424 (2017)
92. W. Magnus, F. Oberhettinger, R.P. Soni, *Formulas and theorems for the special functions of mathematical physics* (Springer, Berlin, 1966)
93. B.P. Mandal, S. Gupta, Pseudo-hermitian interactions in Dirac theory: examples. Mod. Phys. Lett. A **25**, 1723 (2010)
94. E. Merzbacher, *Quantum Mechanics* (Wiley, New York, 1970)
95. A. Messiah, *Quantum mechanics* vol. 2 (North Holland Publishing Company, Amsterdam, 1962)
96. B. Midya, B. Roy, R. Roychoudhury, Position Dependent Mass Schroedinger Equation and Isospectral Potentials : Intertwining Operator approach. J. Math. Phys. **51**, 22109 (2010)
97. B. Mityagin, P. Siegl, J. Viola, The shifted harmonic oscillator and the Hypoelliptic Laplacian on the circle. Ann. Henri Poincaré (2021) https://doi.org/10.1007/s00023-021-01053-0
98. R.N. Mohapatra, Infinite statistics and a possible small violation of the Pauli principle. Phys. Lett. B **242**, 407–411 (1990)
99. A. Mostafazadeh, S. Özcelik, Explicit realization of pseudo-hermitian and quasi-hermitian quantum mechanics for two-level systems. Turk. J. Phys. **30**, 437–443 (2006)
100. A. Mostafazadeh, Pseudo-hermitian quantum mechanics. Int. J. Geom. Methods Mod. Phys. **7**, 1191–1306 (2010)
101. A. Mostafazadeh, Pseudo-Unitary Operators and Pseudo-Unitary Quantum Qynamics. J. Math. Phys. **45**, 932–946 (2004)

102. A. Mostafazadeh, A. Batal, Physical Aspects of Pseudo-Hermitian and PT-Symmetric Quantum Mechanics. J. Phys. A Math. Gen. **37**, 11645–11679 (2004)
103. A. Mostafazadeh, Pseudo-Hermitian Quantum Mechanics with Unbounded Metric Operators. Philos. Trans. R Soc. A **371**, 20120050 (2013)
104. A.I. Nesterov, Non-hermitian quantum systems and time-optimal quantum evolution. SIGMA **5**(069), 17 (2009)
105. T. Ohlsson, S. Zhou, Transition probabilities for flavor eigenstates of non-Hermitian Hamiltonians in the PT-broken phase. J. Math. Phys. **62**, 42104 (2021)
106. G.K. Pedersen, *Analysis now* (Springer, New York, 1988)
107. A.M. Perelomov, On the completeness of a system of coherent states. Teor. Mat. Fiz. **6**(2), 213–224 (1971)
108. A.M. Perelomov, *Generalized coherent states and their applications* (Springer, Berlin, 1986)
109. S. Reed, B. Simon, *Methods of modern mathematical physics, Vol I: Functional analysis* (Academic Press, New York, 1972)
110. R.D. Richtmyer, *Principles of advanced mathematical physics* vol. I (Springer, New York, 1978)
111. W. Rudin, *Functional analysis* (McGraw-Hill, New York, 1973)
112. R.B.B. Santos, V.R. Da Silva, Non-hermitian model for asymmetrical tunneling. Mod. Phys. Lett. B **28**, 1450223 (2014)
113. K. Schmüdgen, *Unbounded operator algebras and Representation theory* (Birkhäuser, Basel, 1990)
114. F.G. Scholtz, H.B. Geyer, F.J. Hahne, Quasi-Hermitian operators in quantum mechanics and the variational principle. Ann. Phys. **213**, 74–101 (1992)
115. L.S. Schulman, *Techniques and Applications of Path Integration* (Dover Publications, Inc, Mineola, NY, 2005)
116. G.L. Sewell, *Quantum Theory of Collective Phenomena* (Oxford University Press, Oxford, 1989)
117. M.A.S. Martinez, A. Buendia, J.G. Muga, Symmetries and Invariants for Non-Hermitian Hamiltonians. Mathematics **6**, 111 (2018)
118. M.S. Swanson, Transition elements for a non-Hermitian quadratic hamiltonian. J. Math. Phys. **45**, 585–601 (2004)
119. G. Szegö, *Orthogonal Polynomials* (AMS, Providence, 1939)
120. C. Trapani, Quasi *-algebras of operators and their applications. Rev. Math. Phys. **7**, 1303–1332 (1995)
121. D.A. Trifonov, Pseudo-boson coherent and Fock states, in *Trends in Differential Geometry, Complex Analysis and Mathematical Physics* 2009), pp. 241–250
122. V.S. Vladimirov, *Le distribuzioni nella fisica matematica* (MIR, Moscow, 1981)
123. R.M. Young, On complete biorthogonal bases. Proc. Am. Math. Soc. **83**(3), 537–540 (1981)
124. J. Zak, The kq-representation in the dynamics of electrons in solids, in *Solid State Physics* vol 27., ed. by H. Ehrenreich, F. Seitz, D. Turnbull (Academic, New York, 1972)
125. D.-J. Zhang, Q.-H. Wang, J. Gong, Time-dependent PT-symmetric quantum mechanics in generic non-Hermitian systems. Phys. Rev. A **100**, 62121 (2019)
126. M. Znojil, Crypto-unitary forms of quantum evolution operators. Int. J. Theor. Phys. **52**, 2038–2045 (2013)

Indice analitico

F. Bagarello, *Pseudo-Bosoni e Loro Stati Coerenti*,
https://doi.org/10.1007/978-3-031-61185-8